工程建设理论与实践丛书

U0172247

CHENGSHI SHUILI GONGCHENG
SHEJI YU GUANLI SHIWU

城市水利工程
设计与管理实务

翟作卫　华 杰　江姝瑶　主编

華中科技大學出版社
http://press.hust.edu.cn
中国·武汉

图书在版编目(CIP)数据

城市水利工程设计与管理实务/翟作卫,华杰,江姝瑶主编. —武汉：华中科技大学出版社，2022.12

ISBN 978-7-5680-8921-0

Ⅰ. ①城… Ⅱ. ①翟… ②华… ③江… Ⅲ. ①城市水利-水利工程-工程设计 ②城市水利-水利工程管理 Ⅳ. ①TV512

中国版本图书馆 CIP 数据核字(2022)第 247200 号

城市水利工程设计与管理实务 翟作卫 华 杰 江姝瑶 主编

Chengshi Shuili Gongcheng Sheji yu Guanli Shiwu

策划编辑：周永华
责任编辑：陈 忠
封面设计：王 娜
责任监印：朱 玢
出版发行：华中科技大学出版社(中国·武汉) 电话：(027)81321913
武汉市东湖新技术开发区华工科技园 邮编：430223
录 排：华中科技大学惠友文印中心
印 刷：武汉科源印刷设计有限公司
开 本：710mm×1000mm 1/16
印 张：20.5
字 数：357 千字
版 次：2022 年 12 月第 1 版第 1 次印刷
定 价：98.00 元

编　委　会

主　编　翟作卫（中国市政工程中南设计研究总院有限公司厦门分院）
华　杰（中铁水利水电规划设计集团有限公司）
江姝瑶（南京扬子江生态文明创新中心）

副主编　王艳军（金华市顺通环境建设有限公司）
常陆军（新疆昌吉方汇水电设计有限公司）
郭　会（长江勘测规划设计研究有限责任公司）
刘守财（深圳市龙岗河坪山河流域管理中心）
黄　京（赣州市水利电力勘测设计研究院）

编　委　卢观彬（深圳市广汇源环境水务有限公司）
刘剑锋（深圳市广汇源环境水务有限公司）
廖卓谋（深圳市茅洲河流域管理中心）
邓凌鹏（深圳市东部水源管理中心）
刘　杰（中国葛洲坝集团第一工程有限公司）
罗海兵（湖南省洞庭水电咨询监理有限公司）
胡　琦（深圳市广汇源环境水务有限公司）
谢红霞（梅州市威华水利水电建设工程有限公司）
彭　宇（湖南省水利水电第一工程有限公司）

前　　言

从古至今，城市大多依水而建、因水而兴。城市水利与城市供水、城市排水、城市水环境等构成城市水系统，是城市“二元”水循环的重要组成部分，因此，城市水利行业发展状况与城市水系统发展状态息息相关，也关系着城市的健康运行以及人水和谐发展。

现阶段，我国处于新百年发展目标的起点，城市水利对我国新发展阶段城市的可持续发展具有重要的支撑与保障意义。党的十八大以来，在生态文明及新发展理念的指引下，我国城市不断向着海绵城市、智慧城市、韧性城市的方向发展，且形势良好，但仍然面临城市水利工程设计与管理等方面的问题，如城市洪涝灾害频发、水环境污染严重等。

为了贯彻落实新时期“节水优先、空间均衡、系统治理、两手发力”十六字治水方针，以及实现水利部在“十四五”水利发展规划中提出水利事业“把握新发展阶段、贯彻新发展理念、构建新发展格局、推进高质量发展”的目标和要求，本书围绕城市水利工程的设计与管理两大方面进行研究，主要分为6章：绪论、城市给排水工程、城市河道治理工程、城市防洪工程、海绵城市建设与创新、城市水利现代化管理。

由于作者水平有限，书中缺点和错误在所难免，请国内外同行、专家批评指正。

目　录

第1章 绪 论

1.1 水利的发展历程

“水利”一词最早见于战国末期问世的《吕氏春秋》中的《孝行览·慎人》篇，但其中所讲的“取水利”指捕鱼之利。公元前104—前91年，西汉史学家司马迁撰写《史记》，其中的《河渠书》(见《史记·河渠书》)是中国第一部水利通史。该书记述了从禹治水到汉武帝黄河瓠子堵口这一历史时期内一系列治河防洪、开渠通航和引水灌溉的史实，司马迁创作时感叹道，“甚哉！水之为利害也”，并指出“自是之后，用事者争言水利”。从此，水利一词就具有防洪、灌溉、航运等除害兴利的含义。现代社会，由于社会经济技术不断发展，水利的内涵也在不断充实、扩大。1933年，中国水利工程学会第三届年会的决议中就明确指出：“水利范围应包括防洪、排水、灌溉、水力、水道、给水、污渠、港工八种工程在内。”其中的“水力”指水能利用，“污渠”指城镇排水。进入20世纪后半叶，水利中又增加了水土保持、水资源保护、环境水利和水利渔业等新内容，水利的含义更加广泛。因此，水利一词可以概括为：人类社会为了生存和发展的需要，采取各种措施，对自然界的水和水域进行控制和调配，以防治水旱灾害，开发、利用和保护水资源。

1.1.1 水利的概念

水利的概念随着社会的发展不断扩展。最初其内容主要有防洪、灌溉和航运三方面，体现了水对人类社会的有利作用。随着技术的提升和社会需求的增加，水利的概念增加了水力发电、给排水、水土保持、水污染防治等内容，随后又增加了水景观营造、水生态环境建设等生态功能。可见，现阶段的水利是指为了满足人类生存和社会发展的需要，采取各种措施，对自然界的水和水域进行控制和调配，以满足人类生产、生活需要，同时注重生态保护的一系列活动的总称。水利发展主要包括水资源开发利用、水环境保护、水生态修复、水文化和防灾减灾等内容。水资源开发利用包括水资源开采、水资源优化配置、水资源价格机制形成等方面；水环境保护包括水资源承载力管理、污水排放管理、水污染治理等方面；水生态修复主要包括江河湖泊生态治理、湿地保护等；水文化是人类在与水打交道的过程中，对水的认识、思考、行动、治理、享受、感悟、抒情等行为，创造的以水为载体的所有物质财富和精神财富的总称；防灾减灾主要指洪涝、水旱灾害防范与治理等。尽管现有水利相关概念表述不统一，但都在不同程度上体现了水利与绿色发展理念的融合，强调了水利—经济—社会—生态综合协调发展，以期实现水利绿色生态平衡，进而带来社会、经济和生态财富的增加。

1.1.2 我国水利发展历程及阶段

1.关于水利发展阶段性演变规律的认识

(1)水利发展需求的三个层次。

水利发展通过为经济社会发展提供各方面的支撑和服务，来满足人民群众的物质文化需求。社会公众对水利发展的需求，可以分为安全性需求、经济性需求和舒适性需求三类。安全性需求是比较基本的生存性需求，特别是维护生命和财产安全的需求；经济性需求是一种发展性需求，主要指经济增长对水利发展提出的支撑性需求；舒适性需求是一种享受型需求，是在安全性需求得到较高程度保障且经济性需求得到一定程度满足的基础上，社会公众由于对更高生活品质的追求而对水利发展提出的需求。社会公众对水利发展的三类需求处于不同的层次：安全性需求处初级层次，经济性需求处于中级层次，舒适性需求处于高级层次。

水利发展包含的内容十分丰富，大致可以分为五个方面。第一个方面是防灾减灾，包括抵御洪水、旱灾和除涝治碱等。第二个方面是水资源利用，包括保障基本饮水安全，保障灌溉用水以维护粮食供给安全，供给城市和产业发展用水，以及水力发电和水运等。第三个方面是水系景观整治，如市政景观用水、河道整治，以满足人们休闲和审美等方面的精神需求。第四个方面是水资源保护，包括治理水污染、保护水源地、保障地表水和地下水水质安全等。第五个方面是水生态修复，包括防治水土流失、治理地下水超采、保障河道和湿地生态用水等。各种水利发展内容对应不同类别的需求。防灾减灾、饮水安全、灌溉用水等，主要对应安全性需求。生产供水、水力发电、水运等，主要对应经济性需求。水系景观、水休闲娱乐、高品质用水，主要对应舒适性需求。水资源保护和水生态修复，则既对应安全性需求又对应舒适性需求，这是生态环境系统的基础特征决定的。各种水利发展内容与三类需求的关系如图 1.1 所示。

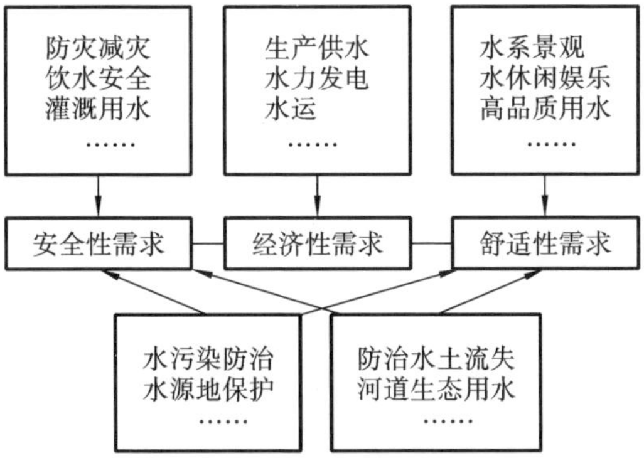

图 1.1　各种水利发展内容与三类需求的关系

(2)水利发展需求与经济社会发展的关系。

现代经济的发展具有一定的规律性。世界银行按人均国民总收入(GNI)划分经济发展水平，将各国分为低收入、下中等收入、上中等收入和高收入四个等级。不同的收入水平或经济发展阶段，经济社会发展对水利发展的需求呈现不同特征。伴随着经济发展水平的提高，也就是居民生活水平的提高，三类需求的增长具有不同的特性，可以用收入弹性来表征。安全性需求的经济学特性为必需品，收入弹性在 0～1 之间。舒适性需求的经济学特性为奢侈品，收入弹性大于 1。经济性需求的经济学特性介于必需品和奢侈品之间。

三类需求随时间的变动趋势均可以描述为“S”曲线，即初始阶段弹性增长较快，到一定阶段后增长开始放缓，如图 1.2 所示。安全性需求曲线、经济性需求曲线与舒适性需求曲线在图中分别对应 D_1、D_2 和 D_3。“S”曲线的中间有一个拐点，即增长速率由快转慢的转折点，三条需求曲线 D_1、D_2 和 D_3 的拐点，分别对应 A 线、B 线和 C 线。那么在图 1.2 中，根据 A、B 和 C 三条线的位置，水利发展需求随着发展水平的提高，在概念上可以划分为四个阶段，并且与经济发展的四个阶段密切相关。

第Ⅰ阶段，安全性需求主导的阶段。这一阶段水利发展需求主要表现为安全性需求，且随着发展水平的逐渐提高，安全性需求增长较快。社会这一阶段的经济性需求较低，且随着发展水平的提高，增长相对较慢。而舒适性需求尚不明显。这一阶段大体对应低收入发展水平，城市化水平较低，产业结构以农业为主。该阶段的水利发展需求相对单一，主要需要尽快提高安全性需求的保障水平。这一阶段往往开展大规模的水利基础设施建设，也可以称为“以单目标开发

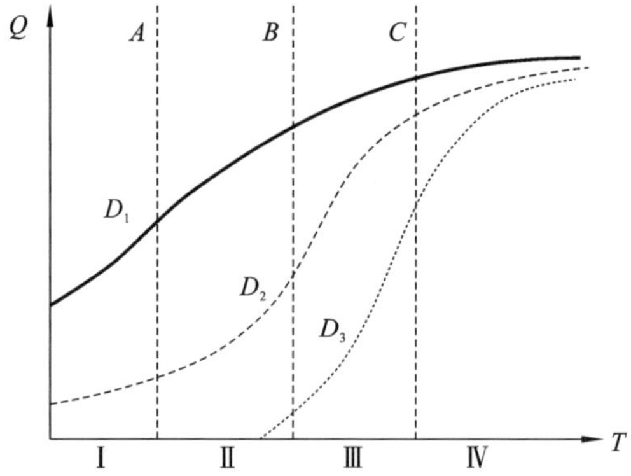

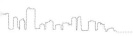

T—时间,表征经济社会发展水平的提高;Q—需求数量

图 1.2 水利发展三类需求曲线

为主的大规模水利建设时期”。

第Ⅱ阶段,经济性需求快速增长的阶段。这一阶段安全性需求增长略趋缓,经济性需求开始快速增长,舒适性需求刚刚出现。这一阶段大体对应从低收入向中等收入过渡的发展水平,城市化水平快速提高,工业化快速推进,第二产业在产业结构中的比例显著提高。随着经济发展水平的提高,水利发展的需求变得多元化,在加强安全性需求保障的同时,要大力应对快速增长的经济性需求,还要关注刚刚出现的舒适性需求。这一阶段也可以称为“以多目标开发为主的水利建设时期”。

第Ⅲ阶段,多种需求持续增长的阶段。这一阶段,安全性需求增长趋缓,经济性需求仍然增长较快,舒适性需求增长快速。这一阶段大体对应中等收入向高收入过渡的发展水平,城市化水平继续提高,经济结构快速变动,进入工业化中后期。随着经济发展水平的继续提高,水利发展的需求日趋多元化,在继续提高安全性需求保障水平的同时,仍然要应对较快增长的经济性需求,同时面临快速增长的舒适性需求。这一阶段也可以称为“水利综合治理时期”。

第Ⅳ阶段,舒适性需求成为主要新增需求的阶段。当发展水平达到较高水平之后,安全性需求和经济性需求趋于稳定,舒适性需求成为主要的新增需求。这一阶段大体对应高收入发展水平,城市化达到较高水平之后逐步稳定,随着工业化进入后期及后工业化时代的来临,第三产业在产业结构中的比例持续上升。由于处于全面富裕的高收入发展水平,社会公众对舒适性的需求持续增长,特别是对良好水生态环境的需求更加凸显。各类水利发展需求得到较高程度的保障,水生态环境保护被置于优先地位。这一阶段也可以称为“水生态环境修复和保护时期”。

以上是基于一组简化的需求曲线所做的概念上的阶段划分。实践中，各类需求曲线的样式可能更复杂，使得实际情况的阶段划分也可能更复杂。但是上述的三类需求的长期变动趋势在理论上是成立的，因而以上几个阶段划分在理论上应该成立，并可以为水利发展阶段的划分提供参考。

2. 中国经济社会发展进程与水利发展需求演变

1) 中国经济社会的发展历程

利用世界银行四个收入组的划分方法，中国 1978 年改革开放之初，人均国民收入(GNI)在 300 美元以下，属于低收入国家。到 1998 年，人均 GNI 突破 800 美元，达到下中等收入国家水平。2009 年，人均 GNI 为 3650 美元，仍然处于下中等收入国家水平，但是已经达到中等收入国家平均水平(2009 年为 3373 美元)，并且接近上中等收入国家水平(2009 年的下界为 3946 美元)。2010 年，中国成为上中等收入国家，人均 GNI 达到 4340 美元。2019 年，中国人均 GNI 进一步上升至 10410 美元，高于上中等收入国家的平均水平(9074 美元)。预计 2030 年之前，中国人均 GNI 将超过 1.2 万美元，成为高收入国家。

1949 年以来，我国在极低的人均收入水平基础上开始推进工业化，预计至 2050 年全面实现工业化和现代化，成为发达国家，前后需要经历整整一个世纪的时间。综合中国主要经济社会指标的变化，并考虑经济社会体制的演变特征等因素，可以将中国一百年的现代化建设历程划分为五大阶段。

(1)第一阶段(1949—1977 年)，极低收入水平的计划经济时期。

中华人民共和国成立之初百废待兴时，中国就开始正式推进工业化和现代化。1949 年中国人均 GNI 仅为 50 美元(按 1965 年美元价格)，处于极低收入水平。历经种种波折，这一时期迅速建立了独立的比较完整的工业体系和国民经济体系，整个计划经济时期年均经济增长率为 6%。由于经济发展起点十分低，国民经济整体处于贫困阶段。

(2)第二阶段(1978—1997 年)，低收入水平的市场经济转型期。

1978 年，中国经济进入起飞期，之后的 20 年经济增长率年均高达 10%。1995 年，中国提前实现国民生产总值比 1980 年翻两番的目标。1997 年，又提前三年实现了人均国民生产总值比 1980 年翻两番的目标。这一时期，经济发展水平经历了从贫困到温饱的过渡。至 20 世纪 90 年代后期，基本解决了吃饭问题。

(3)第三阶段(1998—2010 年)，下中等收入水平的快速发展期。

1998 年，中国人均 GNI 突破 800 美元，从低收入水平进入下中等收入水平，2010 年已经成为上中等收入国家。1998 年以来，中国经济结构变动加快，特别是 2001 年之后进入新一轮的快速经济增长周期，这一时期年均经济增长率为 9.6%。2009 年，中国人均收入水平首次超过中等收入国家的平均水平。2010 年，中国经济总量超过日本，成为世界第二大经济体。

(4)第四阶段(2011—2030 年)，从中等收入向高收入过渡的关键战略期。

2010 年，中国跃升为上中等收入国家，标志着中国开始向高收入国家逐步过渡。如前所述，2030 年之前，中国人均 GNI 将超过 1.2 万美元，成为高收入国家。2030 年，中国农业占 GDP 比重只有 5%左右，工业占 GDP 比重为 30%左右，城市人口比例超过 65%，人口总量达到高峰并开始下降，资源环境压力开始趋向缓解，人民生活水平全面走向富裕。

(5)第五阶段(2031—2050 年)，走向发达经济体和全面兴盛期。

预计 2030 年之后，中国进入全面兴盛期。尽管这一时期经济增长速率会进一步趋缓，但仍然持续增长，至 2050 年达到中等发达国家水平。预计 2050 年，中国农业占 GDP 比重只有 2%～3%，工业占 GDP 比重下降至不足 20%，城市人口比例在 78%以上，实现人口、资源和环境的协调发展，真正实现绿色现代化。

2)中国水利发展需求的阶段性变迁

经济发展水平的不断提高深刻影响社会的需求结构，也势必对水利发展需求产生深刻影响。总体来看，中华人民共和国成立 70 多年来，伴随着经济的发展和水利建设的不断推进，水利发展需求，经历了由安全性需求主导向安全性、经济性和舒适性等多元化需求并存的转变。未来水利发展需求还会逐步过渡到以舒适性需求为主要需求的阶段，具体可以分为五大阶段。

(1)第一阶段(1949—1977 年)，安全性需求占据主导地位的时期。

这一时期中国经济百废待兴，水旱灾害频繁，解决大江大河严重洪水灾害的威胁，控制水旱灾害，是保证经济建设和人民生命财产安全的首要而紧迫的任务。同时，为解决最基本的吃饭问题，应对多变干旱气候，农田水利基础设施建设的需求也非常紧迫。以防洪和灌溉为代表的安全性需求是这一阶段水利发展的主要需求。与此同时，伴随着现代经济增长和人口增加，水利发展的经济性需求开始逐步增长，其中，生产和生活用水需求不断增长，能源需求增长推动水电的开发。水生态需求开始萌芽，20 世纪 50 年代，水土流失治理已经被提到议事日程，水污染问题开始出现，但直到 1973 年之后才受到关注。

总体来看，这一时期处于低收入经济发展阶段，这是一个安全性需求占据主导地位的时期，也是一个“以单目标开发为主的大规模水利建设时期”。

(2)第二阶段(1978—1997年)，安全性需求继续增长、经济性需求快速增长的时期。

改革开放之后，由于国家财政汲取能力下降、发展战略调整等，水利建设资金被大大削减。水旱灾害成灾率持续上升，特别是20世纪90年代，水旱灾害明显增加。与此同时，饮水困难也是这一时期突出的社会问题。这一时期对防洪减灾、农业灌溉和农村饮水安全等方面的安全性需求仍然很高。伴随工业和城镇化加速发展，工业和城市用水需求快速增长。1980—1997年，工业用水从457亿立方米增长到1121亿立方米，生活用水从68亿立方米增长到248亿立方米，农业用水增长势头明显趋缓，仅从3912亿立方米增长到3920亿立方米。20世纪90年代，水资源短缺的问题日益凸显，黄河连年断流是中国北方缺水的缩影。经济起飞对能源的旺盛需求，带动了水电事业的迅速发展。从20世纪80年代开始，中国水电建设进入了大发展时期，特别是20世纪90年代后期以来，呈现加速发展的势头。

伴随着改革开放之后的经济发展，水环境持续恶化，至20世纪90年代后半期集中爆发。淮河流域的水环境演变具有一定的典型性，淮河水污染始于20世纪70年代后期，20世纪80年代水质恶化加剧，20世纪90年代水污染事故频发，水生态迅速恶化。西北、华北和中部广大地区因水资源短缺而造成水生态失衡，引发江河断流、湖泊萎缩、湿地干涸、地面沉降、海水入侵、土壤沙化、土地荒漠化等一系列生态问题。

总之，这一时期仍然处于低收入经济发展阶段，安全性需求仍然巨大，同时伴随着快速的经济增长，经济性需求快速增长。水生态环境迅速恶化，在收入水平较低时即产生了生态修复和环境治理的巨大需求。这一时期具有过渡性质，从“以单目标开发为主的大规模水利建设时期”转向“以多目标开发为主的水利建设时期”。

(3)第三阶段(1998—2010年)，安全性需求和经济性需求并重的时期。

1998年特大洪水之后，中国集中力量进行防洪基础设施建设，使七大水系主要河流干流抵御洪水能力大大增强，水灾成灾率趋于下降，但是由于受干旱气候和农田水利基础设施薄弱等因素的影响，旱灾成灾率有所上升。与此同时，中国受气候变化影响越来越大，极端天气事件频发，给防灾减灾工作带来很大压力。同时，农村饮水不安全的问题十分突出。2004年底，全国农村饮水不安全人口为3.2亿人，占农村总人口的34%。

进入21世纪之后，随着新一轮快速经济增长周期的到来，工业化和城镇化加速推进。对能源的强劲需求带动了水电大开发的高潮。1999—2010年，中国水电年均增加装机容量1100万千瓦。2004年中国水电装机容量突破1亿千瓦，跃居世界第一。2010年中国水电装机容量达到2亿千瓦，成为世界上第一个水电装机容量突破2亿千瓦的国家。与此同时，工业和城镇供水需求进一步增长，但是受制于水资源短缺的影响，从外延式地扩大供水总量转向主要依靠科技进步和加强管理来提高用水效率，工业和生活用水总量实现低速增长。综合来看，这一时期水利发展的经济性需求快速增长，成为水利发展需要应对的突出主题。

21世纪以来，水污染事故频繁发生，对饮水安全和供水保障的不利影响日趋加大。水污染已经从局域污染发展成为流域污染，从以点源污染为主转向以面源污染为主。主要污染物排放持续增长，目前水功能区达标率仅为47.4%，水环境治理面临着巨大需求。同时水生态持续恶化，水土流失形势严峻。除此之外，随着居民生活水平从小康走向富裕，对水生态安全、水景观建设、娱乐休闲等舒适性需求开始出现，水生态修复开始成为一项重要的水利工作。

综上所述，这一时期处于从低收入向中等收入过渡的经济发展阶段，经济性需求快速增长，安全性需求和经济性需求并重，同时舒适性需求开始出现，是一个“以多目标开发为主的水利建设时期”。

(4)第四阶段(2011—2030年)，安全性需求、经济性需求和舒适性需求均持续增长的时期。

2011年初，《中共中央　国务院关于加快水利改革发展的决定》发布，同年7月，中央水利工作会议召开，标志着水利被摆上党和国家事业发展更加突出的位置。新一轮水利建设高潮来临，水利成为国家基础设施建设的优先领域，农田水利成为农村基础设施建设的重点任务。在这个阶段，用水需求仍将持续增长，但是由于节水型社会的全面建立和用水效率的持续提高，用水总量保持缓慢增长，2030年将控制在7000亿立方米。随着居民收入水平从中等收入向高收入过渡，居民对水生态安全、水景观建设、娱乐休闲等舒适性需求会迅速提高，水生态修复和治理将成为重要的新兴需求。

可以预见，这一时期处于从中等收入向高收入过渡的经济发展阶段，水利发展的安全性需求、经济性需求和舒适性需求均持续增长，呈现出非常复杂的态势，是一个“水利综合治理时期”。

(5)第五阶段(2031—2050 年),舒适性需求快速增长的时期。

预计 2030 年之后,中国水利发展的安全性需求基本得到较好满足,特别是防洪减灾、农业灌溉和饮水安全将得到较高程度的保障。届时水环境已经显著改善,水生态不断恢复。在继续保障防洪安全和粮食安全的前提下,保障水生态环境的安全成为主要的安全性需求。伴随着人口零增长以及经济增长速度的放缓,水利发展的经济性需求将趋于稳定。其中水电开发将趋向饱和而转向低增长,用水总量实现零增长。水利发展的舒适性需求将会快速增长成为主要的新增需求,水生态修复、水景观建设、更高水质标准的饮水、水休闲娱乐、水旅游、水文化等都将有巨大的社会需求。

展望未来,随着收入水平进入高收入阶段,各种水利发展需求并存且维持在比较高的水平,安全性需求和经济性需求趋于稳定,舒适性需求快速增长,水生态环境保障将会成为主要的水利工作,因而这一时期可以称为“水生态环境修复和保护时期”。

3. 中国水利发展历程的阶段性划分

考虑中国经济社会发展及水利发展的关键年份,可以将中华人民共和国成立以来的水利发展,在五大时期的基础之上进一步划分为七个阶段,如表 1.1 所示。

表 1.1　中国水利发展的五大时期和七个阶段划分

五大时期			七个阶段	
1949—1977 年:第一时期	极低收入水平的计划经济时期	安全性需求占据主导地位的时期	1949—1977 年:第一阶段	大规模水利建设时期
1978—1997 年:第二时期	低收入水平的市场经济转型期	安全性需求继续增长、经济性需求快速增长的时期	1978—1987 年:第二阶段	水利建设相对停滞期
			1988—1997 年:第三阶段	水利发展矛盾凸显期
1998—2010 年:第三时期	下中等收入水平的快速发展期	安全性需求和经济性需求并重的时期	1998—2010 年:第四阶段	水利改革发展转型期

续表

五大时期			七个阶段	
2011—2030 年：第四时期	从中等收入向高收入过渡的关键战略期	安全性需求、经济性需求和舒适性需求均持续增长的时期	2011—2020 年：第五阶段	水利加快发展黄金期
			2021—2030 年：第六阶段	水利全面协调发展期
2031—2050 年：第五时期	走向发达经济体和全面兴盛期	舒适性需求快速增长的时期	2031—2050 年：第七阶段	人水关系趋向和谐期

(1)第一阶段(1949—1977 年)，大规模水利建设时期。

这一阶段开展了大规模的水利基础设施建设，特别是集中力量兴建防洪灌溉基础设施。防灾减灾、粮食安全、饮水保障等安全性需求得到了一定程度的保障，但是起点低、需求巨大，供求之间的整体差距仍然很大。这一阶段属于水利开发的起步阶段，水利投资增长速度较快，为中国水利设施的建设奠定了基础，但是由于建设强度高、时间紧迫，水利建设缺乏有效规划，水利工程设施质量普遍不高。同时重工程建设、轻工程管理，导致水利发展呈现粗放式发展。

(2)第二阶段(1978—1987 年)，水利建设相对停滞期。

这一阶段中国水利基础设施建设的步伐明显放缓，水利投资甚至出现负增长。农田水利的发展几乎陷入停滞，水利设施建设的重点从防洪灌溉转向供水。水资源短缺和水生态环境恶化的问题日益显现，且未引起足够重视。水利发展的供给与安全性需求之间的差距开始拉大，成为历史的欠账，也为经济社会的进一步发展埋下了隐患。相对于同时期的国民经济其他基础设施部门，这一阶段的水利建设相对停滞。

(3)第三阶段(1988—1997 年)，水利发展矛盾凸显期。

这一阶段农田水利重新得到重视与发展。以 1988 年《中华人民共和国水法》的颁布为标志，水管理法制建设取得显著进展。随着国家财政能力和弥补历史欠账等因素，水利投资也呈现快速增长。供水和水电等快速发展，经济性需求得到一定程度的保障。但是由于水利建设整体步伐较为缓慢，积累的历史欠账不断增多，安全性需求与供给之间的差距越来越大，导致各种水问题在 20 世纪 90 年代后期集中爆发。水旱灾害呈现增加趋势，水资源短缺的问题日益严重，农村饮水安全的问题非常突出，水生态环境加速恶化。当时的长江洪水、黄河断流和淮河污染等标志性事件，表明中国已经面临全面的“水危机”。相对于经济社会发展，水利发展显著滞后已经成为这一阶段中国可持续发展的主要瓶颈。

(4)第四阶段(1998—2010年)，水利改革发展转型期。

应对日益严峻的“水危机”，以1998年特大洪水为契机，水利建设迎来了改革开放以来的第一个高潮。这一阶段水利投入快速增长，防洪建设成就突出，农田水利建设得到进一步加强，农村饮水安全保障工作加快推进。水环境治理的力度不断加大，水环境恶化的趋势得到一定程度的遏制，水生态修复工作持续推进，水生态恶化的趋势有所减缓。但是由于水情复杂、历史欠账多、基础薄弱等，安全性需求的保障水平总体不高，特别是在防灾减灾和农田水利方面。在水利发展的经济性需求方面，受水资源短缺和水质恶化的影响，水资源供求矛盾比较突出。水系景观、水休闲娱乐、高品质用水等舒适性需求开始出现，带动了相应供给的较快增长，但是水利发展的供给总体上与舒适性需求的快速增长不适应。这一阶段开启了治水模式的历史性转型。水利发展大量引入新理念、新思路和新手段，从传统水利开始转向现代水利和可持续发展水利，水利发展的重点从开发、利用和治理转向节约、配置和保护。

(5)第五阶段(2011—2020年)，水利加快发展黄金期。

随着2011年中央一号文件的出台及中央水利工作会议的召开，中国水利迎来了加快发展的历史性战略机遇，水利建设掀起新一轮的高潮。这是水利加快发展的黄金期，水利改革发展全面提速，水利建设明显滞后的局面从根本上扭转。2020年，中国基本建成防洪抗旱减灾体系以及水资源合理配置和高效利用体系，饮水安全问题得到全面解决，水环境得到明显改善，水生态恶化趋势基本被遏制。水利发展的安全性需求得到较高程度的保障。随着水资源制度的严格实施以及节水型社会建设的深入开展，水资源利用全面从“以需定供”转向“以供定需”，用水效率大幅度提升，水资源供求矛盾趋于缓解。更多的城市和地区将开展水系景观建设，水休闲娱乐消费将在更多地区普及，东部地区和发达城市将更重视供水品质的提高。

(6)第六阶段(2021—2030年)，水利全面协调发展期。

这一阶段，防灾减灾、农田水利和饮水安全的保障水平将得到进一步提高，水利应对气候变化的能力不断增强。由于水利投资总量规模持续扩大，投资增长率增速有所减缓。水污染压力明显趋缓，水环境得到全面改善，生态修复工作全面推进，水生态状况趋向好转。到2030年，水利发展的安全性需求得到较高程度的保障，全国用水将实现零增长，水资源供求基本平衡，全国范围内将开展大规模的河道整治和水系景观建设，水休闲娱乐业快速发展，城乡供水水质标准逐步提高。水利工作将全面实现科学发展，水利建设、治理水平与经济社会发展水平相适应，水利与人口、经济、社会基本实现协调发展。

(7)第七阶段(2031—2050年)，人水关系趋向和谐期。

预计这一阶段，水利发展的安全性需求和经济性需求均已得到较高程度的保障，主要面临的任务是进一步提高保障标准，以及应对气候变化的影响。水利发展的突出问题是如何满足人民日益增长的舒适性需求，特别是良好的生态环境需求。促进人与自然和谐相处，全面修复和保护水生态环境，将成为这一阶段水利工作的核心任务。至2050年，水利工作将有力支撑绿色现代化，中国将山川秀美、人水和谐。

综上所述，2021年，中国水利进入第六个阶段，即“水利全面协调发展期”。经过21世纪以来20多年大规模的水利建设，中国水利供需突出的矛盾已经大大缓解，中国国情、水情发生了深刻变化。2021年，中国经济站在人均GDP突破1万美元并达到世界平均水平的新起点上，开始全面向高收入国家过渡，预计到2035年人均GDP翻一番，达到中等发达国家水平，基本实现社会主义现代化。很显然，目前中国水利已经站在一个新的起点上，进入一个新的发展阶段。

1.2 城市水利与城市水利工程

当社会经济发展到一定水平，城市必将面临各种水问题。为了解决城市建设与发展过程中的防洪、供水、排水，以及城市废水处理等问题，保障城市供水安全，确保城市安全度汛、及时排涝，使城市与水之间和谐相处，实现城市可持续发展而进行的各类水利活动统称为城市水利。城市是地区政治、经济、文化的中心，在城市的现代化发展进程中，城市水利的现代化建设为城市经济、环境等的可持续发展提供了重要支撑，已成为我国城市管理和决策者不可回避的重大课题。

1.2.1 城市水利概述

1.城市水利的概念

水利是利用人工或者自然的手段对自然界的水，如海洋、溪流、湖泊及地下水等进行引导、调节、保护、开发和管理等工作。作用是减轻和免除洪涝、干旱等灾害,并供给人类生产和生活必需的水。

城市水利是指为了解决城市的给排水、防洪以及处理城市排污而进行的水利相关工作。城市水利以城市的建设发展为研究对象,平衡城市水利与环境之间的关系,通过城市水利的能动作用有效改善城市环境,在充分利用城市水利的基础上进一步提升城市品牌效应、城市间的竞争力等。水利建设能在一定程度上带动经济社会的发展。

随着城市人口的急剧增加,水资源开始日益紧缺、水污染逐步严重、水生态环境也逐渐恶化,水问题导致的人类生存发展问题开始凸显,我们要借鉴国内外优秀的实践来解决这些问题。如城市水安全、水保障、水文化、水旅游等方面规范的制定与改善,都可归属于城市水利建设。为了解决这些问题,国家在积极应对、筹备,例如我国已于 2001 年成立城市水利专业委员会,针对城市水利问题进行深入且有层次的探究。这从侧面反映出了社会对水利的需求催生了城市水利。

2. 城市与水利的关系

人们对传统的水利建设和城市建设并不陌生,城市的快速发展无法缺少水利工程的辅佐。长期以来,城市防洪标准普遍设防较低,导致水利在城市建设发展中地位不够凸显,而水利建设的主要地点也往往不在城市。传统的水利建设和城市建设的关系已不适应新形势发展的要求。

城市水问题的产生是人、社会、自然三者相互影响的结果。城市在水问题上面临的重重差异是由城市的地理环境,城市规模、结构、功能、政治经济地位,以及城市发展阶段不同而产生的。城市的过快发展相比水利统筹规划的相对滞后也在一定程度上导致了水问题。因此在前期城市水利规划阶段就需要考虑未来如何应对因时而变的水问题。

目前城市与水利的发展并不对等,主要由于城市新而水利旧,以及城市水利设施过时。我国大部分具有防洪需求的城市设施陈旧,其中有八成防洪标准低于五十年一遇,更有甚者达不到十年一遇,众多防洪标准较低的城市一直面临水灾隐患的威胁。比如 2008 年 5 月深圳遭受暴雨袭击,河道水位暴涨,2000 辆汽车被淹,5000 辆公交车无法正常运营,广深线动车全线被迫停摆,经济财产损失巨大。2016 年 6 月的一场罕见的持续暴雨给武汉市造成了严重的内涝灾害,大范围交通、电力、通信系统瘫痪,社会经济财产损失严重。2021 年 7 月 17 日至 23 日,河南省遭遇历史罕见特大暴雨,发生严重洪涝灾害,特别是 7 月 20 日郑州市遭受重大人员伤亡和财产损失。这是一场因极端暴雨导致严重城市内涝、河流洪水、山洪滑坡等多灾并发，造成重大人员伤亡和财产损失的特别重大自然灾害。这场灾害共造成河南省150个县(市、区)1478.6万人受灾，因灾死亡失踪398人，其中郑州市380人，占全省95.5%；直接经济损失1200.6亿元，其中郑州市409亿元，占全省34.1%。所以，随着社会的发展，在城市扩张更新的同时也要完善配套城市水利设施，为维护城市水安全做好准备工作，保证水安全的同时确保城市的稳步发展。

3. 城市水利的基本理念

城市化和工业化的发展使得城市用水十分紧张，城市建设侵占河湖的现象随处可见，而工业发展造成的河湖污染更是屡见不鲜。经济水平的提高使得人们对城市生活水平有着更高的要求，河湖建设是宜居城市环境必不可少的部分，因此城市水利必须在满足城市用水的同时考虑宜居城市环境的要求。

城市水利的基本理念主要包括：合理优化水资源的配置，合理制定水价，强化节水建设，满足城市的基本用水需求；整治水环境污染，减少工业“三废”，使水环境与城市环境更好地融合；提高城市水利防治灾害的能力，实现蓄水防洪；实现城市水资源的统一规划和综合管理，综合满足宜居城市、生态城市和发展城市的要求。

城市水利是一项比较复杂的工程，它与城市的环境、发展、资源等是一体的，是作为城市发展的一部分而存在的，实现城市水利与城市发展的协调一致正是未来城市水利的发展趋势。

1.2.2 城市水利工程概述

随着社会经济的发展，城市人口总数急剧增加，城市化进程逐渐加快。在这个过程中，城市给排水、水污染及防洪排涝等问题更加尖锐。水资源紧缺、水污染恶化等问题呈现加剧趋势，并已严重制约城市发展。结合城市水利工程特点，科学树立水利工程设计理念，对于城市水利建设有着重要意义。

1. 城市水利工程的主要特点

(1)水利工程的区域性。

城市水利工程规划具有区域性，必须以大流域规划为依据，有效结合流域规划与城市水利规划。因为大多数城市从郊区发展而来，在城市建设过程中不断填湖造地，获得更多的土地资源，扩大城市的可利用土地面积，所以城市内水域面积较小。这就导致城市地面调蓄能力急剧下降，雨季河流径流量增加，城市排水性能大大下降。在城市水利规划中，必须扩大城市的水面率。另外，受城市水利工程区域性影响，城市防洪工程普遍具有复杂性。城市人口密度较大，工业区、商业区、住宅区对防洪标准要求较高。但是城市防洪体系的建设又受到城市街道及各类建筑物的制约，防洪工程设计相对复杂。在城市水利工程规划过程中，必须考虑防汛管理与城市正常运作的相互影响，要改变以往大江大河建设水利工程的设计方法，结合城市的具体特点，科学制定适合城市发展的防洪体系。

(2)城市水利工程建设问题较多。

我国城市水利工程大多位于市区，相对来说建设范围较小、人口密集，因此在建设过程中存在较多问题。城市的土地资源相对农村更宝贵，因此市区征用土地的成本较高，为了尽可能地降低施工成本，必须压缩施工场地。水利工程在建设过程中受到的影响因素较多，水利工程施工不可避免地会在夜间进行，极有可能影响当地居民的正常生活，使居民满意度下降。

(3)城市水利工程与生态环境相关。

随着生活水平的提高，人们对环境的要求也在不断提高。以湖北省荆州市为例，荆沙河、荆襄河、护城河和江津湖、张李家渊等河流及湖泊的水功能恢复已经引起社会的广泛关注，荆州市生态环境需水量逐年增长。在以往的水利工程建设中，往往以施工质量为基本目标，严重忽视水利工程的外观造型。但在建设节约型社会的新时期，水利工程设计人员不仅要严格抓好水利工程的施工质量，更要确保水利工程建设与城市生态环境相协调。水体生态系统修复的核心是建立区域生态系统平衡。要遵循生态学的基本原理，结合系统工程的优化理论，设计分层多级利用物质的人工生态系统，主要目标是保存和保护生态生物多样性，并为受损的生态提供恢复生物或其他自然资源的重要物质基础。

对需要修复的水体，首要目标是防止其进一步恶化；其次是修复其生态完整性，尽可能重建水生态系统的完整性；再次是修复其生态系统的自然结构和自然功能。需要修复的生态系统，许多问题来自不利的水体形态或其他物理特征的改变，这些改变导致环境退化和水体水文情势、淤积状况的变化。河流渠道化、湿地挖渠排水、相邻生态系统的联系中断等都是典型的结构变化，都需要恢复到接近原来的形态和自然特征。

在城市生态河道的设计规划中，设计人员要切实提高水利工程的生态功能，充分结合城市的自然条件，以兼顾蓄泄为基本原则，加强对河网水源问题的重视，充分发挥城市现有河道的自然动力，确保城市河流湖泊等水系的自然流动，从而达到保护自然生态环境的目的。

(4)水利工程建设的长期性与综合性。

每个城市所处的地理位置、发展规模、发展阶段、功能特征、政治经济文化特性等都具有差异性，所以每个城市面临的水资源问题也各不相同。随着城市水利工程建设水平的提高，水资源得到合理配置，对水资源的保护力度、对水污染问题的治理及洪涝灾害的防治要求也不断提高，但是，目前我国大多数城市的水利工程建设力度严重不足，水利工程建设大多只关注工程的当前利益，没有从长远角度考虑水利工程规划及建设问题。要想充分发挥水利工程的作用，必须综合考虑资源环境等要素，将水利工程建设、城市生态环境建设及城市可持续发展有机结合起来。此外，城市水利工程建设还是一项综合性、系统性的工作，涉及水资源利用与保护、给排水系统建设、江河湖泊整治、污水处理、废水循环利用等多个方面。因而要建立一套完整的水利工程体系，综合运用多种方法来促进城市水利工程的发展。当前，肆意排放工业污水及生活污水、向河道倾倒生活垃圾等现象屡禁不止，因此，要对城市水利工程进行综合规划及长期治理。

2. 城市水利工程的设计目的

随着人类生活水平的提高，人们开始希望享受生活，体验高质量的人生，追求舒适的生活环境。但是由于城市工业等对水环境的污染，现在城市中已经很难看到清澈见底的河水。城市建设侵占河湖，河湖面积减少了，人们在紧张的工作之余放松休息的环境也减少了。客观上城市的面貌日新月异，但人们生活的舒适度并没有随之提高，城市居民的生存环境遭到破坏。人居环境的建设是人类社会可持续发展的重要内容，人居环境建设要与城市水环境和水生态的治理和保护相结合，营造优美的人居环境。城市水利工程的设计在满足用水功能的同时，必须考虑人居环境要求。

城市水利工程的设计目的可分为以下几点。

(1)建设节水城市。加强节水工程建设，有效利用水资源；科学调度，优化水资源配置；合理制定水价，体现水资源的价值；净化污水，实现水资源的再利用；增设水资源监督机制，提高水资源管理水平。

(2)利用水的各种自然功能，通过工程措施使水环境与各项城市机能有机融合，从而使水利工程更好地发挥环境效益。

(3)处理城市水系受到的严重污染,包括工业废水、生活污水、降雨污水、乱扔的杂物等污染,防治城市水系的脏、乱、臭。

(4)提高城市防洪标准,以多种形式蓄滞雨水,延缓雨洪的汇流时间,减少灾害损失,提高雨洪的利用率。完善现有的防洪工程体系。

(5)加强城市水资源的统一规划和综合管理。将城市水资源规划纳入城市建设统一规划,避免"多龙管水"的现象。统一规划和管理地表水和地下水,重视对地下水资源的管理。

(6)人居环境建设与城市水环境和水生态的治理和保护相结合,营造水流潺潺、鱼虾横游、草长莺飞的优美人居环境,满足城市居民的水生活要求。

3. 城市水利工程的设计理念

(1)以人为本。

水是生命之源,是工业生产、人民生活的重要物质保障。水利工程建设不仅关系防涝抗洪安全、给排水顺畅,还关系社会经济发展、生态文明安全与国计民生。城市水利工程设计必须遵循以人为本的理念,切实注重水利工程的实际效用。人的健康与社会的发展都离不开水资源,城市水利工程的建设与完善能够有效促进城市的建设与发展,也能够有效促进人与社会的可持续发展。城市水利建设是城市基础设施建设的重要组成部分,一方面会影响当地的社会经济发展,另一方面会直接影响当地的生态环境。因此,城市水利工程建设在设计时要充分考虑防洪抗灾的基本需求,充分遵循以人为本的设计理念,充分考虑生态环境建设、水资源管理及历史文化等因素。

(2)统筹人与自然和谐发展。

在城市水利工程建设过程中,要能够遵循科学发展观,结合城市经济发展布局、社会经济结构及城市的水资源需求,在综合考虑多种因素的基础上,科学合理地设立水利工程的发展目标、建设规模。水利工程设计要始终以人与自然和谐相处为基本原则,尊重自然规律及经济规律,实现城市水资源的合理开发与利用,有效节约水资源,使水资源利用率最大化。此外,在城市水利工程的设计与建设过程中,要切实保护水资源,尽可能解决水利工程建设过程中的环境问题,从而有效提高城市水利工程建设水平,实现城市可持续发展。

(3)保护水资源。

在城市水利工程建设过程中,相关部门要加大监管力度,不断健全水资源保护制度,注重改善水资源质量及保护生态环境。为了实现这一目标,要在水功能区划分的基础上,准确控制排污总量,做好水域排污能力的核查工作,切实提高水利工程的纳污总量控制水平。排污工厂要到相关部门登记入河排污口,相关部门要及时做好监控工作,加大水利工程的管理力度。在资源节约型社会建设过程中,要想有效解决水资源严重缺乏的问题,就要建立健全节水制度,以制度为保障加快建设节水型社会。除此之外,相关部门要能够结合水资源的实际需求,积极调整水价,充分发挥经济手段的节水作用,不断创新节水技术,在保护水资源的基础上,促进城市水利工程的持续发展。

第 2 章　城市给排水工程

2.1　城市给水设计

2.1.1　城市给水工程规划概述

水是人类生命之源，是城市生活与生产必不可少的物质，供应城市生命之水的给水工程是城市重要的基础设施之一。城市给水工程包括水源、取水、水质处理及输配水管网，城市给水工程的建设必然与整个城市的发展和布局有关，给水工程的规划应成为城市总体规划的一部分。

1. 城市给水工程规划的基本任务

城市给水工程规划设计的基本任务是安全可靠、经济合理地供应城乡人民生活、工业生产、保安防火、交通运输、建筑工程、公共设施、军事建设等用水，满足用户对水量、水质和水压的要求。

城市给水工程规划的任务可以概括为三个方面：一是根据不同的水源设计建造取水设施，并保障源源不断地取得满足一定质量的原水；二是根据原水水量和水质设计建造给水处理系统，并按照用户对水质的要求对水进行净化处理；三是按照城市用水布局通过管道将净化后的水输送到用水区，并向用户配水，供应用户所需的生活、生产和消防等用水。

城市给水按其用途主要分为以下类型。

（1）生活用水。

生活用水包括居住建筑、公共建筑、生活福利设施等生活饮用、洗涤、烹饪、清洁卫生，以及工业和企业内部职工的生活用水及淋浴用水等。

生活用水量随当地的气候、生活习惯、生活水平、供水压力、收费方法等的不同而有所不同。生活用水水质关系到人们的身体健康，生活饮用水的水质必须符合《生活饮用水卫生标准》(GB 5749—2022)的要求。城市给水系统供水压力要满足城市内大多数建筑供水点的压力要求。

(2)生产用水。

生产用水是指工业企业生产过程中的工艺用水，如食品、酿造、饮料工业的原料用水；冶炼、化工、电力等工业的冷却用水；锅炉蒸汽用水；纺织、造纸工业的洗涤、空调、印染用水；等等。

工业企业部门很多，生产工艺多种多样，生产用水的水量、水质和水压的要求也有很大的差异。生产用水必须由生产工艺设计部门提供其对水量、水质和所需压力的要求。

(3)消防用水。

消防用水是扑灭火灾的用水，只有在发生火灾时才由给水管网供给。消防用水对水质没有特殊要求。一般城市给水均采用低压制消防系统，即发生火灾时，由消防车自管网中取水加压进行灭火。工业企业和民用建筑小区内也有采用高压制消防系统的，即发生火灾时，提高整个管网的水压，以保证必需的灭火水柱高度。火灾次数、消防水量以及相应管网压力应按《建筑设计防火规范(2018年版)》(GB 50016—2014)执行。

(4)市政用水。

市政用水包括道路清扫用水、绿化用水等。市政用水量应根据路面类型、绿化、气候、土壤以及当地条件等实际情况和有关部门的规定确定。市政用水量将随着城市建设的发展而不断增加。市政用水对水质、水压无特殊要求，随着城市雨水利用技术及废水综合应用技术的进步，市政用水一部分可由收集净化的雨水和中水系统提供。

2. 城市给水工程规划的内容

水资源是十分重要的自然资源，是城市可持续发展的制约因素。在水的自然循环和社会循环中，水质、水量因受多种因素的影响常常发生变化。为了促进城市发展，提高人民生活水平，保障人民生命财产安全，要建设合理的城市供水系统。给水工程规划的方案要能经济合理地开发、利用、保护水资源，用最低的基建投资和最少的运营管理费用满足用户用水要求，避免重复建设。具体说来，一般包括以下几方面的内容。

(1)搜集并分析本地区地理、地质、气象、水文和水资源等条件。

(2)根据城市总体规划要求，估算城市总用水量和给水系统中各单项工程设计流量。

(3)根据城市的特点确定给水系统的组成。

(4)合理地选择水源,并确定城市取水位置和取水方式。

(5)制定城市水源保护及开发对策。

(6)选择水厂位置,并考虑水质处理工艺。

(7)布置城市输水管道及给水管网,估算管径及泵站提升能力。

(8)比较给水系统方案,论证各方案的优缺点,估算工程造价与年经营费,选定规划方案。

3. 城市给水工程规划的一般原则

根据城市总体规划,考虑到城市发展、人口变化、工业布局、交通运输、供电等因素,城市给水工程规划应遵循以下原则。

1)城市给水工程规划应根据国家标准规范编制

城市给水工程规划应执行《城市给水工程规划规范》(GB 50282—2016)和《室外给水设计标准》(GB 50013—2018)。

2)城市给水工程规划应保证社会、经济、环境效益的统一

(1)编制城市供水水源开发利用规划,应优先保证城市生活用水,统筹兼顾,综合利用,讲究效益,发挥水资源的多种功能。

(2)开发水资源必须进行综合科学考察和调查研究。

(3)给水工程的建设必须建立在水源可靠的基础上,尽量利用就近水源。根据当地具体情况,因地制宜地确定净水工艺和水厂平面布置,尽量不占或少占农田、少拆民房。

(4)城市供水工程规划应依靠科学技术,推广先进的处理工艺,提高供水水质,提高供水的安全可靠性,尽量降低能耗、降低药耗,减少水量漏失。

(5)采取有效措施保护水资源,严格控制污染,保护植被,防止水土流失,改善生态环境。

3)城市给水工程规划应与城市总体规划相一致

(1)应根据城市总体规划所确定的城市性质、人口规模、居民生活水平、经济发展目标等,确定城市供水规模。

(2)根据国土规划、区域规划、江河流域规划、土地利用总体规划,以及城市用水要求与功能分区,确定水源数目及取水规模。

(3)根据城市总体规划中有关水利、航运、防洪排涝、污水排放等规划以及河

流河床演变情况，选择取水位置及取水构筑物形式。

(4)根据城市道路规划确定输水管走向，同时协调供电、通信、排水管线之间的关系。

4)城市给水工程方案选择应考虑城市的特殊条件

(1)根据用户对水量、水压的要求和城市功能分区、建筑分区、地形条件等，通过技术经济比较，选择水厂位置，确定集中、分区供水方式，确定增压泵站、高位水池(水塔)位置。

(2)根据水源水质和用户类型，确定自来水厂的预处理、常规处理及深度处理方案。

(3)应从科学管理水平和增加经济效益出发，根据需要和可能，妥善确定给水工程的自动化程度。

5)给水工程应统一规划、分期实施，合理超前建设

(1)根据城市总体规划方案，城市给水工程规划一般按照近期 5～10 年、远期 20 年编制，按近期规划实施，或按总体规划分期实施。

(2)城市给水工程规划应保证城市供水能力与生产建设的发展和人民生活的需要相适应，并且要合理超前建设。避免出现因水量年年增加，自来水厂年年扩建的情况。

(3)城市给水工程近期规划时，应首先考虑设备挖潜改造、技术革新、更换设备、扩大供水能力、提高水质，再考虑新建工程。

(4)对于一时难以确定规划规模和年限的城镇及工业企业，城市给水工程设施规划时，应给取水、处理构筑物、管网、泵房留有余地。

(5)城市给水工程规划的实施要考虑城市给水投资体制与价格体制等经济因素的影响，注意投资的经济效益分析。

4. 城市给水工程规划的步骤和方法

城市给水工程的规划是城市总体规划的重要组成部分，因此规划的主体通常是城市规划部门，规划设计任务委托给水专业设计单位，规划设计一般按下列步骤和方法进行。

1)明确规划设计任务

进行给水工程规划时，首先要明确规划设计的目的与任务。其中包括：规划设计项目的性质，规划任务的内容、范围，相关部门对给水工程规划的指示、文

件，以及与其他部门分工协议事项，等等。

2)搜集基础资料并现场踏勘

城市基础资料是规划的依据，基础资料的充实程度决定着给水工程规划方案编制质量，因此，搜集基础资料是规划设计工作的一个重要环节，基础资料主要内容如下。

(1)城市和工业区规划和地形资料：应包括城市近远期规划、人口分布、工业布局、第三产业规模与分布、建筑类别、卫生设备完善程度及标准、区域总地形图资料等。

(2)现有给水系统概况资料：主要涵盖给水系统服务人数、总用水量和单项用水量、现有设备及构筑物规模和技术水平、供水成本、药剂和能源的来源等。

(3)自然资料：包括气象、水文及地质、工程地质、自然水体状况等资料。

(4)城市和工业企业对水量、水质、水压的要求资料等。

在规划设计时，为了收集上述资料并了解实地情况，以便提出合理的方案，一般都必须进行现场踏勘。现场踏勘有助于工作人员了解和核对实地地形，增强地区概念和感性认识，核对用水要求，掌握备选水源地现况，核实已有给水系统规模，了解备选厂址条件和管线布置条件，等等。

3)制订给水工程规划设计方案

在搜集基础资料并现场踏勘的基础上，着手考虑给水工程规划设计方案。在给水工程规划设计时，首先确定给水工程规划大纲，包含制定规划标准、规划控制目标、主要标准参数、方案论证要求等。

在具体规划设计时，通常要拟订几个可选方案，对各方案分别进行设计计算，绘制给水工程方案图，进行工程造价估算，对各方案进行技术经济比较，从而选择出最佳方案。

4)绘制城市给水工程系统图

按照最佳方案，绘制城市给水工程系统图，图中应包括给水水源和取水位置、水厂厂址、泵站位置，以及输水管(渠)和管网的布置等。规划总图比例采用1∶10000～1∶5000。

5)编制城市给水工程规划说明文本

规划说明文本是规划设计成果的重要内容，应包括规划项目的性质、城市概况、给水工程现况、规划建设规模、方案的组成及优缺点、方案优化方法及结果、工程造价、主要设备材料、节能减排评价与措施等。此外还应附有规划设计的基础资料、主管部门指导意见等。

5. 城市给水工程规划的影响因素

在进行给水工程规划时，要根据城市和工业企业的规划，水源情况，地形条件，水量、水质和水压的要求，并考虑原有给水工程设施条件，从全局出发，进行技术经济比较。以下仅对城市规划、水源情况和地形条件3个因素加以分析。

1）城市规划

给水系统的规划应密切配合城市规划，做到统筹考虑、分期建设，既能及时供应生产、生活和消防用水，又能适应今后发展的需要。

根据城市的规划人口，居住区房屋层数和建筑标准，城市现状资料和气候等自然条件，可得出整个给水工程的设计规模；根据工业布局可知生产用水量分布及其要求；根据当地农业灌溉、航运和水利等规划资料，水文和水文地质资料，可以确定水源和取水构筑物的位置；根据城市功能分区，街道位置，用户对水量、水压和水质的要求，可以选定水厂、调节构筑物、泵站和管网的位置；根据城市地形和供水压力，可确定管网是否需要分区给水；根据用户对水质的要求，确定是否需要分质供水等。

2）水源情况

水源种类、水源距给水区的远近、水质条件的不同，会影响给水系统的规划。如水源处于适当的高程，能借重力输水，则可省去一级泵站或二级泵站或二者同时省去。城市附近山上有泉水时，建造泉室供水的给水系统最为经济简单。城市附近的水源丰富时，往往随着用水量的增长而逐步发展成为多水源给水系统，从不同部位向管网供水，可以从几条河流取水，或从一条河流的不同位置取水，或同时取地表水和地下水，或取不同地层的地下水，等等。我国许多大中城市，如北京、上海、天津等，都使用多水源的给水系统。

3）地形条件

地形条件对给水系统的规划有很大影响。中小城市如地形比较平坦，工业用水量小，对水压又无特殊要求，可用统一给水系统。大中城市被河流分隔时，两岸工业和居民用水一般先分别供给，自成给水系统；随着城市的发展，再考虑将两岸管网连通，成为多水源的给水系统。

2.1.2　城市给水系统

1.城市给水系统的分类

城市给水系统的分类见表2.1。

表2.1　城市给水系统的分类

分类	系统
根据水源性质分类	地表水给水系统
	地下水给水系统
根据给水方式分类	重力给水系统
	压力给水系统
根据服务对象分类	城镇给水系统
	工业给水系统

①地表水给水系统。取用地表水时给水系统比较复杂,须建设取水构筑物,从江河取水,由一级泵房送往净水厂进行处理。处理后的水由二级泵房将水加压,通过管网输送给用户。

②地下水给水系统。取用地下水的给水系统比较简单,通常就近取水,且可不经净化,直接加氯消毒供应给用户。

③重力给水系统。当水源位于高地且有足够的水压可直接供应给用户时,可利用重力输水。以蓄水库为水源时,常采用重力给水系统。

④压力给水系统。压力给水系统是常见的给水系统。还有一种混合系统,即整个系统部分靠压力给水,部分靠重力给水。

⑤城镇给水系统。大城市中的工业生产用水,如果其水质、水压要求与生活饮用水相近或相同,可直接由城镇管网供给;如要求不同,可对用水量大的工厂采取分质和分压给水,以节省水厂的建造、运转和管理费用。小城镇中的生产用水在总用水量中所占比例不大,一般只设一个给水系统。

⑥工业给水系统。一般情况下,城市内的工业用水可由城市水厂供给,但如果工厂远离城市,或用水量大但对水质要求不高,或城市无法供水,则工厂自建给水系统。一般工业用水中冷却水占极大比例,为了保护水源并节约电能,要将水重复利用,于是出现直流式、循环式和循序式等系统,这便是工业给水系统的特点。

不同城市的历史、现状、发展规划、地形、水源状况和用水要求等因素不同，使得城市给水系统千差万别，但概括起来有下列几种。

(1)统一给水系统。

当城市给水系统的水，均按生活用水标准统一供应各类建筑作为生活、生产、消防用水时，则称此类给水系统为统一给水系统，如图 2.1 所示。这类给水系统适用于新建中小城市、工业区或大型厂矿企业中用水户较集中，地形较平坦，且对水质、水压要求比较接近的情况。

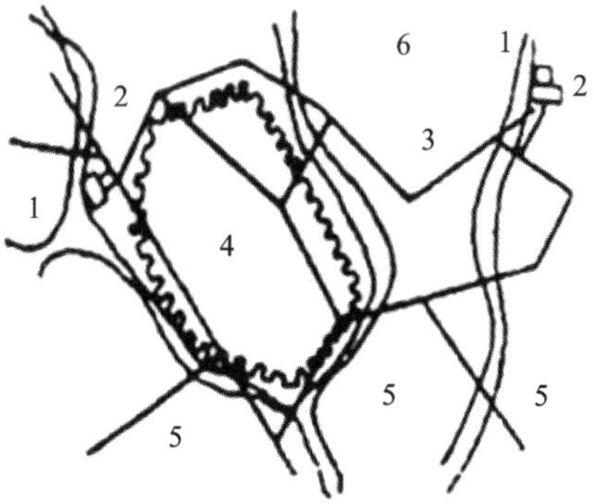

图 2.1　统一给水系统示意图

1—取水构筑物；2—自来水厂；3—输、配水管网；4—旧城区；5—新城区；6—远郊区

(2)分质给水系统。

当城市或大型厂矿企业的用水，因生产性质不同而对水质的要求不同，特别是用水大户对水质的要求低于生活用水标准时，则适宜采用分质给水系统。分质给水系统(如图 2.2 所示)既可以对同一水源进行不同的处理，以不同的水质和压力供应工业和生活用水；也可以采用不同的水源，例如地表水经沉淀后作为工业生产用水，地下水加氯消毒后作为生活用水等。分质给水系统因分质供水而节省了净水费用，其缺点是须设置两套净水设施和两套管网，管理工作复杂。选用分质给水系统时应做技术、经济分析和比较。

(3)分压给水系统。

当城市或大型厂矿企业用水户对水压要求差别很大时，如果统一供水，压力没有差别，会造成高压用户压力不足而增加局部增压设备，这种分散增压不但增加了管理工作量，而且能耗大，此时采用分压给水系统是很合适的，如图 2.3 所示。分压给水系统可以采用并联和串联两种方式。并联分压给水系统根据高、

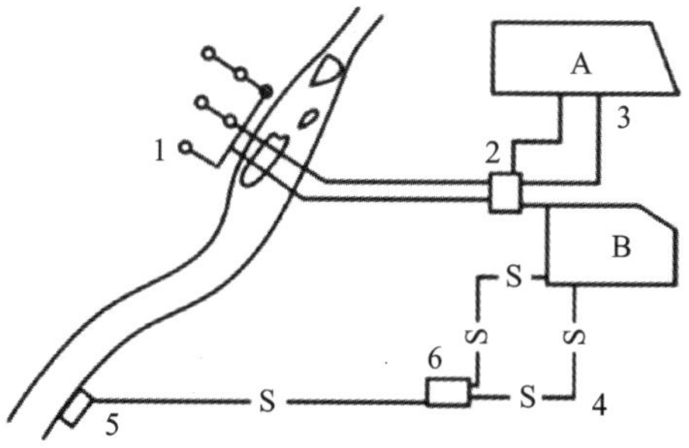

图 2.2　分质给水系统示意图

A—居住区；B—工厂；

1—井群；2—泵站；3—生活给水管网；4—生产用水管网；5—地表水取水构筑物；6—生产用净水厂

低压供水范围和压差值由泵站水泵组合完成。串联分压给水系统多为低区给水管网向高区供水并加压到高区管网，而形成分压串联。

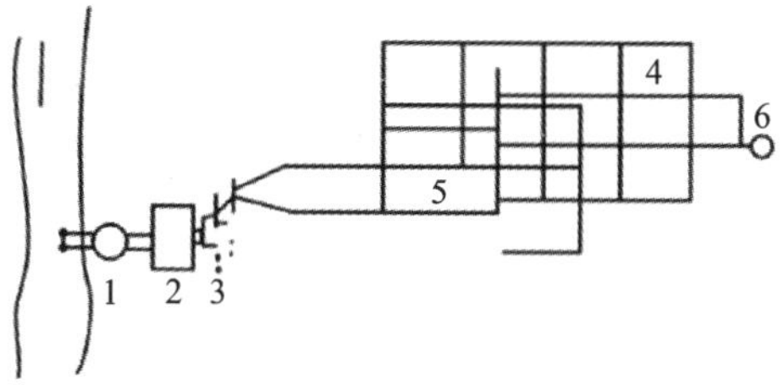

图 2.3　分压给水系统示意图

1—取水构筑物；2—水净化构筑物；3—加压泵站；4—低压管网；5—高压管网；6—网后水塔

(4)分区给水系统。

分区给水系统是将整个系统分成几个区，对各区采取适当的联系，每区有单独的泵站和管网，如图 2.4 所示。在技术上，分区的作用是使管网的水压不超过水管能承受的压力，因为一次加压往往使管网前端的压力过高，经过分区后，各区水管承受的压力下降、漏水量减少。在经济上，分区的作用是降低供水能量的费用。在给水区范围很大、地形高差显著或远距离输水时，均须考虑分区给水系统。

(5)循环和循序给水系统。

循环给水系统将使用过的水处理后循环使用，只从水源取得少量循环时损耗的水，应用较广泛。

循序给水系统在车间之间或工厂之间，根据水质重复利用的原理，先在某车间或工厂使用水源水，用过的水又应用于其他车间或工厂，或经冷却、沉淀等处

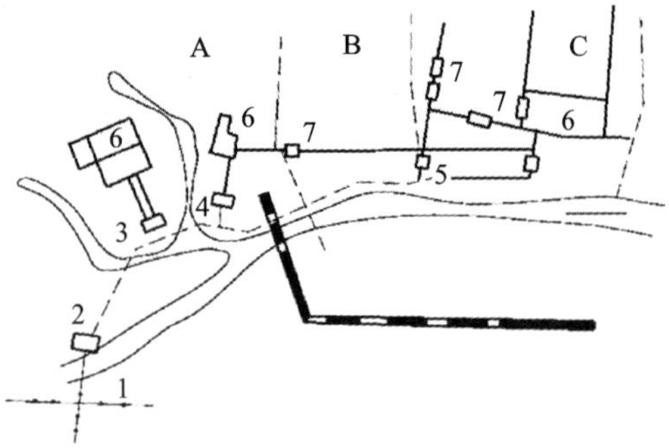

图 2.4　分区给水系统示意图

A—新城区；B—工业区；C—旧城区；

1—井群；2—低压输水管路；3—新城区加压配水站；4—工业区加压配水站；

5—旧城区加压配水器；6—配水管网；7—加压站

理后再循序使用。循序给水系统不能普遍应用，原因是水质较难符合循序使用的要求。当城市工业区中某些生产企业生产过程所排放的废水水质尚好，适当净化还可以循环使用或循序供其他工厂生产使用时，这时的循序给水系统无疑是一种节水给水系统。

(6)区域给水系统。

区域给水系统统一从沿河城市的上游取水，经水质净化后，用输、配管道送给沿该河的诸多城市使用，是一种区域性供水系统。这种系统因水源不受城市排水污染，水源水质稳定，但开发投资较大。

2. 城市给水系统的组成设施

为了完成从水源取水，按照用户对水质的要求处理水，然后将水输送至给水区，并向用户配水的任务，给水系统通常包括如下组成设施，如表 2.2 所示。

表 2.2　给水系统的组成设施

类型	作用
取水构筑物	从地表水源或地下水源取得原水，并输往水厂
水处理构筑物	对原水进行水处理，使水符合用户对水质的要求。常集中布置在水厂内
给水管网	分为输水管和配水管网，输水管是将原水送到水厂或将水厂处理后的清水送到管网的管渠，配水管网是将处理后的水送到各个给水区的全部管道

续表

类型	作用
泵站	将所需水量提升到要求的高度。分为抽取原水的一级泵站、二级泵站和设于管网中的泵站
调节构筑物	存水以调节用水流量的变化。此外，高地水池和水塔兼有保证水压的作用

在以上组成设施中，泵站、给水管网以及调节构筑物总称为输配水系统。从给水系统整体来说，输配水系统是投资最大的子系统，占给水工程总投资的70%～80%。

图 2.5 为地表水源给水系统。取水构筑物从江河取水，经一级泵站送往水处理构筑物，处理后的清水储存在清水池中。二级泵站从清水池取水，经输水管送往给水管网，供应给用户。一般情况下，从取水构筑物到二级泵站都属于自来水厂的范围。有时为了调节水量和保持管网的水压，可根据需要建造水库泵站、水塔或高地水池。

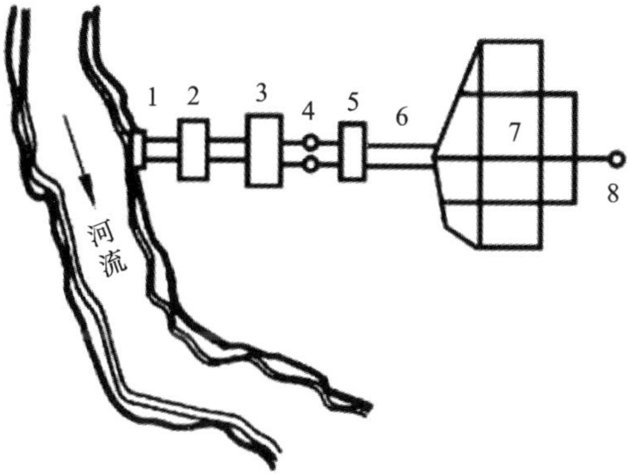

图 2.5　地表水源给水系统示意图

1—取水构筑物；2——级泵站；3—水处理构筑物；4—清水池；5—二级泵站；6—输水管；7—配水管网；8—水塔

给水管线遍布整个给水区，根据管线的作用，可分为干管和分配管。前者主要用于输水，管径较大；后者用于配水给用户，管径较小。地下水源给水系统常用管井、大口井等取水，地下水水质较好时可省去水处理构筑物，只对水进行消毒处理，从而使给水系统简化，如图 2.6 所示。

(1)取水构筑物。

城市给水系统的取水构筑物可分为地表水取水构筑物和地下水取水构筑

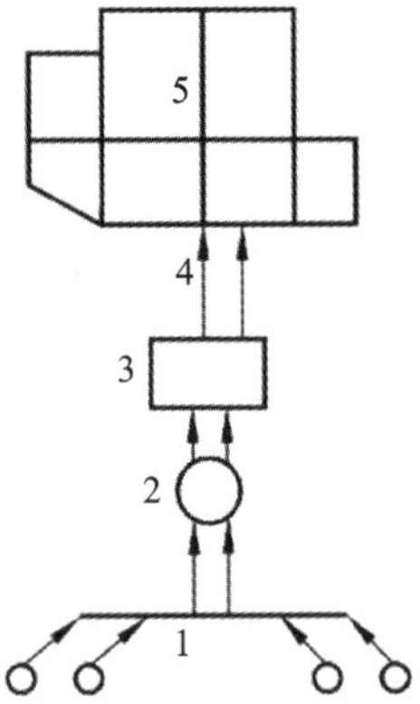

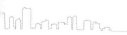

图 2.6　地下水源给水系统示意图

1—取水构筑物；2—集水池；3—泵站；4—输水管；5—配水管网

物。前者是从江河、湖泊、水库、海洋等地表水取水的设备，一般包括取水头部、进水管、集水井和取水泵房，如图 2.7 所示。后者是从地下含水层取集表层渗透水、潜水、承压水和泉水等地下水的构筑物，有管井、大口井、辐射井、渗渠、泉室等类型，其提水设备为深井泵或深井潜水泵，如图 2.8 和图 2.9 所示。

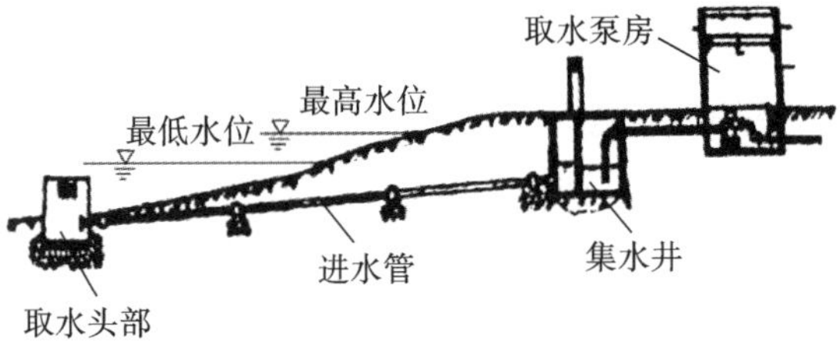

图 2.7　取水构筑物示意图

(2)水处理构筑物。

水处理构筑物用于对原水进行水处理。水处理是指通过一系列水处理设备将被污染的工业废水或河水进行净化处理，使之达到国家规定的水质标准的过程，一般采用沉降、过滤、混凝、絮凝、缓蚀、阻垢等，利用物理、化学方法，去除水中对生产、生活有害的物质。其中加工原水作为生活或工业用水为给水处理对象。最常用的给水处理方法是通过去除原水中部分或全部杂质来获得所需要的水质；还可以通过在原水中添加新的成分来获得所需要的水质。

杂质处理方法按其应用的理论基础，可以分为物理化学法和生物法两大类，

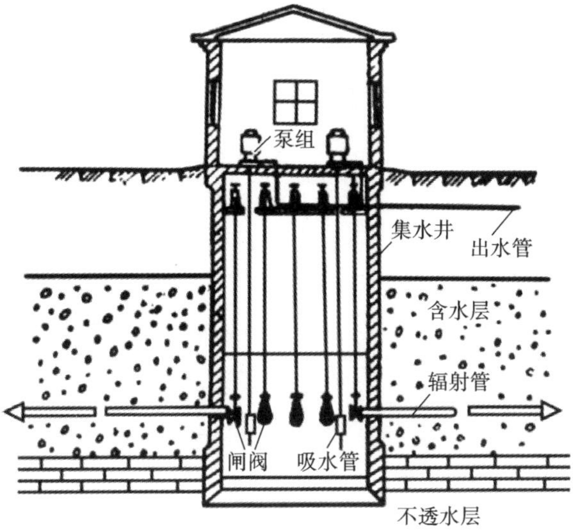

图 2.8　辐射井示意图

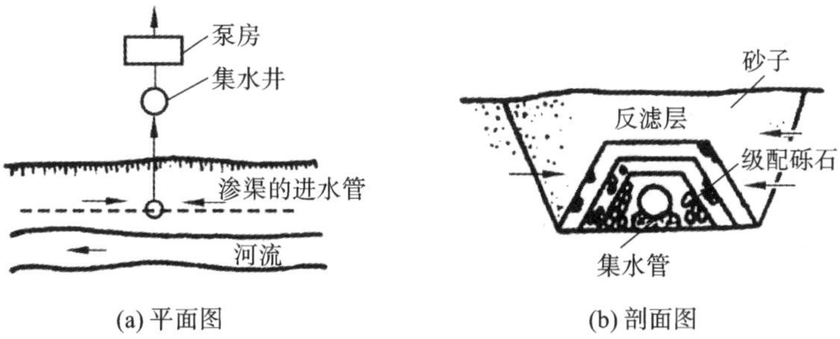

图 2.9　渗渠示意图

以物理、化学或兼用两者的原理为理论基础的处理方法为物理化学法；以微生物的生命活动为理论基础的处理方法为生物法，也称生物化学法。如图 2.10 所示为城市水厂给水处理的一般流程。

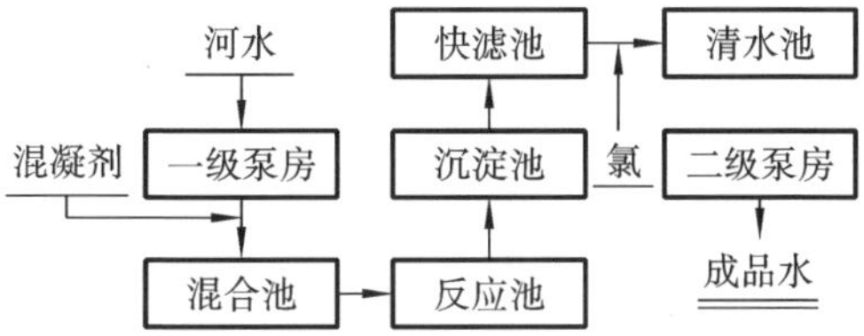

图 2.10　城市水厂给水处理的一般流程

(3)给水管网。

给水管网遍布整个给水区域,只要有需要用水的地方就会铺设给水管道。管网的规划既要考虑现场的实际情况,又要综合考虑给水区域总体规划,并为管道的分期铺设留充分的余地。

给水管网的布置有两种基本形式,即树枝状管网和环状管网,如图 2.11 所示。树枝状管网是将管网布置成树枝,管道短,投资省。但一条管道出现故障就将影响一大片区域的用水,供水安全性差;同时,树枝状管网末端的水流停滞,水质较差。环状管网内的管道是连成环状的,当某段管道损坏时,影响范围较小。但环状管网内的管道长度较长,投资高。如农村给水系统中,由于经济条件的限制和供水点分散等,基本先采用树枝状管网,随着经济条件的改善,有条件时再逐步扩建为环状管网。

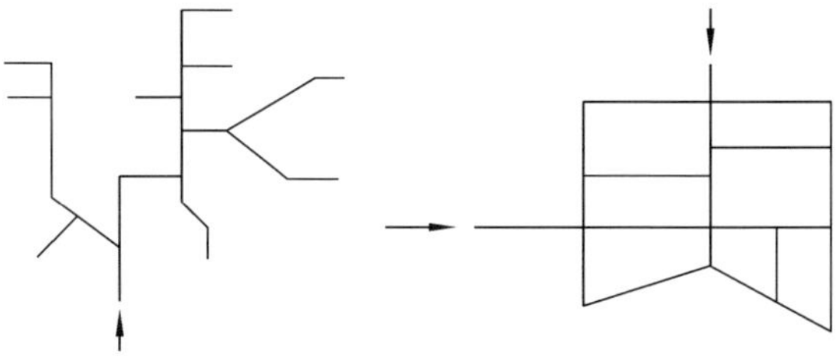

(a) 树枝状管网　　(b) 环状管网

图 2.11　给水管网

(4)泵站。

水泵是给水系统中不可缺少的设备(见图 2.12),从水源取水到输送清水,都要依靠水泵来完成。水泵站是安装水泵和动力设备的场所,是自来水厂的心脏。水泵站的基建投资在整个给水系统中所占的比例虽然不是太大,但是水泵站运行所消耗的动力费用往往占自来水制水成本的 50%～70%。因此,正确地选择水泵,合理地进行泵站设计,使水泵能在高效率情况下运行,对于节约电耗、降低制水成本等具有极大的经济意义。

(5)调节构筑物。

调节构筑物是管网的重要组成部分,其主要作用是在高峰用水、停电或检修设备时调节水量和稳定供水压力。调节构筑物主要有高位水池、水塔、气压给水设备和清水池。

图 2.12　城市水厂中的给水水泵

2.1.3　城市用水量预测与计算

城市用水分为生活用水、生产用水、市政用水、消防用水，用水量一般采用用水量标准来计算。用水量标准不仅与用水类别有关，还与地区差异有关。

城市用水量预测是指采用一定的理论和方法，有条件地预计城市将来某一阶段的可能用水量。用水量预测一般以过去的资料为依据，以今后用水趋向、经济条件、人口变化、资源情况、政策导向等为条件。各种预测方法都是对各种影响用水的条件做出合理的假定，从而通过一定的方法求出预期水量。城市用水量预测涉及未来的诸多因素，在规划期难以准确确定，所以预测结果常常不准，一般采用多种方法相互校核。不同规划阶段条件不同，所以城市总体规划和详细规划的预测与计算也不同。这里先介绍城市总体规划用水量的预测与计算方法。

总体规划用水量预测一般分为城市综合生活用水量预测、工业用水量预测和城市用水总量预测三种类型。

1. 用水量标准

用水量标准有居民生活用水量标准、公共建筑用水量标准、工业企业用水量标准、市政用水量标准和消防用水量标准。

城市居民日常生活所用的水量称为居民生活用水量标准，常用 L/(人・d)

计。由于生活习惯、气候、建筑设备等不同，用水量标准也不同，居民生活用水量标准参见《室外给水设计标准》(GB 50013—2018)。居民生活用水量标准与当地自然气候条件、城市性质、社会经济发展水平、给水工程基础条件、居民生活习惯、水资源充沛程度、居住条件等都有较大关系。各地规划时采用的指标应根据当地生活用水量统计资料和水资源情况合理确定。

公共建筑的用水标准参见《建筑给水排水设计标准》(GB 50015—2019)中的公共建筑生活用水定额表。

工业企业职工生活用水标准根据车间性质确定；淋浴用水标准根据车间卫生特征确定。工业企业职工生活用水标准参见《建筑给水排水设计标准》(GB 50015—2019)中的工业企业职工生活用水量和淋浴用水量表。工业企业生产用水量标准根据生产工艺过程的要求确定，可采用单位产品用水量、单位设备日用水量、万元产值用水量、单位建筑面积工业用水量等。由于生产性质、工艺过程、生产设备、政策导向等不同，工业生产用水的差异很大。有时即使生产同一类产品，不同工厂、不同阶段的生产用水量差异也很大。一般情况下，工业企业生产用水量标准由企业工艺部门提供。当缺乏具体资料时，可参考同类型工业企业的生产用水量指标。

市政用水量标准与路面种类、绿化面积、气候和土壤条件、汽车类型、路面卫生情况等有关。其各项用水量标准可按以下取值：街道洒水用水量标准为 1.0～2.0 L/(m^2·次)，平均 2～3 次/d；绿化浇水用水量标准为 1.5～4.0 L/(m^2·次)，1～2 次/d；小轿车冲洗用水量标准为 250～400 L/(辆·d)，公共汽车、载重汽车冲洗用水量标准为 400～600 L/(辆·d)，汽车库地面冲洗用水量标准为 2～3 L/m^2。

消防用水量标准按同时发生的火灾次数和一次灭火的用水量确定，与城市规模、人口、建筑物耐火等级、火灾危险性类别、建筑物体积等有关，可根据《建筑设计防火规范(2018 年版)》(GB 50016—2014)来确定。

2. 城市综合生活用水量预测

城市综合生活用水量指城市居民生活用水和公共设施用水两部分的总量。城市综合生活用水量预测主要采用定额法，有居民用水量定额、公共设施用水量定额。定额法预测就是在确定了当地居民用水量定额和规划人口后，由下式计算得到居民生活用水量：

$$Q=\frac{kNq}{1000} \tag{2.1}$$

式中：Q 为居民生活用水量，m^3/d；N 为规划期末人口，人；q 为规划期限内的生活日用水量标准，L/(人・d)；k 为规划期用水普及率。

公共设施的种类和数量是按城市人口规模配置的，居民生活用水与公共设施用水之间存在一定比例关系，因此在总体规划阶段可由居民生活用水量推出公共设施用水量。有时也可以直接由城市综合生活用水定额计算得到，此时式(2.1)中的 q 为城市综合生活用水量标准。

定额法以过去统计的若干资料为基础，进行经验分析，确定用水量标准。它只以人口作变量，忽略了影响用水的其他相关因素，预测结果可靠性较差。数学模型方法弥补了定额法的缺陷，它依据过去若干年的统计资料，通过建立一定的数学模型，找出影响用水量变化的因素与用水量之间的关系，来预测城市未来的用水量。在城市综合生活用水量预测中常采用递增率、线性回归、生长曲线等方法。从大量的城市生活用水的统计资料来看，其增长过程一般符合生长曲线模型，可以用下式表示：

$$Q = L \cdot \exp(-be^{-kt}) \tag{2.2}$$

式中：Q 为预测年限的用水量，m^3/d；b、k 为待定系数，要根据过去用水量统计资料，通过最小二乘法或线性规划法求出；L 为预测用水量的上限值，m^3/d；t 为预测年限。

确定预测用水量的上限值 L 是生长曲线法的关键，可采用两种方法计算：一种是以城市水资源的限量为约束条件，按现有生活用水与工业用水的比值及城市经济结构发展等来确定两类用水的比例，再考虑其他用水情况，对水源总量进行分配，得到上限值；另一种是参考其他发达国家类似工业结构的城市，判断城市生活用水量是否进入饱和阶段，并以此类推，确定上限值。

3. 城市工业用水量预测

城市工业用水量在城市总用水量中占有较大比例，其预测的准确性对城市用水量规划具有重要影响。因为影响城市工业用水量的因素较多，预测方法也比较多，常见的有单位面积指标法、万元产值指标法、重复利用率提高法、比例相关法、线性回归法等。

比例相关法是在准确算出生活用水量之后，根据生活用水和工业用水的比例算出工业用水量。不同城市的比例不相同，可以参照类似城市的比例取值。

线性回归法是根据过去相互影响、相互关联的两个或多个因素的资料，利用数学方法建立相互关系，拟合成一条确定曲线或一个多维平面，然后将其外延到适当时间,得到预测值。回归曲线有线性和非线性之分,回归自变量有一元和多元之分。线性回归法应用到城市工业用水量预测中,要建立用水量与供水年份、工业产值、人口数量、工业用水重复利用率等的相互关系。

4. 城市用水总量预测

城市用水总量是整个城市在一定的时间内用水的总量,除由城市给水工程统一供水的居民生活用水量、公共建筑用水量、工业用水量、市政用水量及消防用水量的总和外,还包括企业独立水源供水的用水量。城市用水量的预测方法有分类用水预测法、单位用地面积法、人均综合指标法、年递增率法、生长曲线法、线性回归法、灰色系统理论法。

(1)分类用水预测法是分类预测城市综合生活用水量、工业企业用水量、消防用水量、市政用水量、未预见及漏失水量,然后将它们叠加。

(2)单位用地面积法就是制定城市单位建设用地的用水量指标,根据规划的城市用地规模,求出城市用水总量。

(3)人均综合指标法是根据城市历年人均综合用水量的情况,参照同类城市人均用水指标,合理确定本市规划期内人均用水标准,再乘以规划人口,得出城市用水总量。

(4)年递增率法就是根据历年供水能力的年递增率,考虑经济发展的速度,选定供水的递增函数,再由现状供水量求出规划期的供水量,假定每年的供水量都以一个相同的速率递增,可用下式计算:

$$Q = Q_0(1+\gamma)^n \tag{2.3}$$

式中:Q 为预测年份规划的城市用水总量,m^3/d;Q_0 为起始年份实际的城市用水总量,m^3/d;γ 为城市用水总量的年平均增长率,%;n 为预测年限。

(5)生长曲线法是把城市用水总量绘制成 S 形曲线,这符合城市在数量上、人口上的变化规律,以及从初始发展到加速阶段,最后发展速度减缓的规律。生长曲线有龚珀兹的数学描述和雷蒙德・皮尔(Raymond Pearl)提出的模型,即:

$$Q = \frac{L}{1+a\mathrm{e}^{-bt}} \tag{2.4}$$

式中:Q 为预测年限的用水量,m^3/d;a、b 为待定系数:L 为预测用水量的上限值,m^3/d;t 为预测年限。

5. 城市详细规划用水量计算

在详细规划阶段,用地性质与面积、建筑密度、人口等指标都已确定,所以用水量预测可以细化计算，并为下一步管网计算做准备。

在计算时，先根据人口、用水标准等，分别计算居民生活用水量、公共建筑用水量、工业企业用水量、市政绿化用水量、消防用水量以及未预见和漏失水量，然后叠加得到规划年最高日用水量，再乘以时变化系数，得出规划年最高日最大小时用水量，即：

$$Q_{\max} = K_{h}Q/24 \tag{2.5}$$

式中：$Q_{\max}$为规划年最高日最大小时用水量，m^3/h；Q 为规划年最高日用水量，m^3/d；K_h为时变化系数。

2.1.4　城市水源规划及供水量分配

1. 城市水源规划

城市水源规划是城市给水工程规划的一项重要内容，它影响到给水工程系统的布置、城市的总体布局、城市重大工程项目选址、城市的可持续发展等战略问题。城市水源规划作为城市给水排水工程规划的重要组成部分，不仅要与城市总体规划相适应，还要与流域或区域水资源保护规划、水污染控制规划、城市节水规划等相配合。

城市水源规划中，要研究城市水资源量、城市水资源开发利用规模和可能性、水源保护措施等。水源选择的关键在于对所规划水资源的认识，应进行认真深入的调查、勘探，结合有关自然条件、水质监测情况、水资源规划、水污染控制规划、城市远近期规划等进行分析、研究。通常情况下，要根据水资源的性质、分布和供水特征，从供水水源的角度对地表水和地下水资源从技术经济方面进行深入全面的比较，力求水源经济、合理、安全可靠。水源选择必须在对各种水源进行全面的分析研究，掌握其基本特征的基础上进行。

城市给水水源有广义和狭义之分。狭义的水源一般指清洁淡水，即传统意义的地表水和地下水，是主要的城市给水水源；广义的水源除了清洁淡水，还包括海水和低质水（微咸水、再生污水和暴雨洪水）等。在水资源短缺日益严重的情况下，对海水和低质水的开发利用，是解决城市用水问题的发展方向。

2. 供水量分配

1）平衡计算区域的划分

分流域、分地区进行平衡计算。在流域和省级行政区范围内进行划分。要对城镇和农村单独划分，并对建制市城市单独计算。流域与行政区的方案和成果应相互协调，提出统一的供需分析结果和推荐方案。

2）平衡计算时段的划分

计算时段可以采用月或者旬。一般采用长系列月调节计算方法，以正确反映流域或区域的水资源供需的特点和规律。主要水利工程、控制节点、计算区域的月流量系列应根据水资源调查评价和供水量预测部分的结果进行分析计算。无资料或资料缺乏的区域，可采用不同来水频率的典型年法分析计算。

3）平衡计算方法

采用下式进行水资源供需平衡计算：

$$\text{可供水量}-\text{需水量}-\text{损失的水量}=\text{余(缺)水量} \tag{2.6}$$

出现余水时，即可供水量大于需水量时，如果蓄水工程尚未蓄满，余水可以在蓄水工程中滞留，把余水作为调蓄水量加入下一时段的供需平衡计算；如果蓄水工程已经蓄满水，则余水可以作为下游计算区域的入境水量，加入下游计算区域的供需平衡计算；还可以通过减少供水或增加需水来实现供需求平衡。

出现缺水时，即可供水量小于需水量时，要根据需水方反馈信息要求的供水增加量与需水调整的可能性与合理性，进行综合分析及合理调整。在条件允许的前提下，可以通过减少用水方的用水量（通过增加节水工艺、节水器具等措施来实现）或者从外流域调水来实现水资源供需平衡。

总的原则是不留供需缺口，即出现不平衡的情况可以按照以上方法进行二次、三次水资源供需平衡调整。

（1）一次平衡时。考虑需水量要考虑到人口自然增长速度、经济发展状况、城市化程度和人民生活水平提高程度等方面；考虑供水量要考虑到流域水资源开发利用现状和格局，且要充分发挥现有供水工程潜力。

（2）二次平衡时。要强化节水意识，加大治污力度与污水处理再利用程度，注意挖潜配套相结合，通过合理提高水价、调整产业结构来合理抑制用水方的需求，同时要注重生态环境的改善。

（3）三次平衡时。要加大对产业结构和布局的调整力度，进一步强化群众的节水意识；在条件允许的情况下（具有跨流域调水的可能时），通过从外流域调水来解决水资源供需平衡问题。

2.1.5 取水工程设计

取水工程设计是给水工程规划的重要组成部分，通常包括给水水源选择和取水构筑物规划设计等。在城市给水工程规划中，要根据水源条件确定取水构筑物的基本位置、形式、取水量等。取水构筑物位置的选择，关系到整个给水系统的组成、布局、投资、运行、管理、安全可靠性及使用寿命等。

（1）地表水取水构筑物位置的选择应根据地表水源的水文、地质、地形、卫生、水力等条件综合考虑，进行技术经济比较。选择地表水取水构筑物位置时，应考虑以下基本要求。

①设在水量充沛、水质较好的地点，宜位于城镇和工业的上游清洁河段。取水构筑物应避开河流中回流区和死水区，潮汐河道取水口应避免海水倒灌的影响；水库的取水口应在水库淤积范围以外，靠近大坝；湖泊取水口应选在靠近湖泊出口处。

②具有稳定的河床和河岸，靠近主流。取水口不宜在入海的河段和支流向主流的汇入口处。

③尽可能避开有泥砂、漂浮物、冰凌、冰絮、水草、支流和咸潮影响的河段。

④具有良好的地质、地形及施工条件。

⑤取水构筑物位置应尽可能靠近主要用水地区，以减少投资。

⑥应考虑天然障碍物和桥梁、码头、丁坝、拦河坝等人工障碍物对河流条件的影响。

⑦应与河流的综合利用相适应。取水构筑物不应妨碍航运和排洪，并且应符合灌溉、水力发电、航运、排洪、河湖整治等的要求。

（2）地下水取水构筑物位置的选择与水文地质条件、用水需求、规划期限、城市布局等都有关系。在选择时应考虑以下要求。

①取水点与城市或工业区总体规划以及水资源开发利用规划相适应。

②取水点应水量充沛、水质良好，应设于补给条件好、渗透性强、卫生环境良好的地段。

③取水点的布置应与给水系统的总体布局统一，力求降低取水、输水电耗和取水井、输水管的造价。

④取水点应有良好的水文、工程地质、卫生防护条件，以便于开发、施工和管理。

⑤取水点应设在城镇和工矿企业的地下径流上游。

合理的取水构筑物形式，对提高取水量、改善水质、保障供水安全、降低工程造价及运营成本有积极影响。多年来根据不同的水源类型，工程界总结出了多种取水构筑物形式供规划设计时选用，同时施工技术的进步、城市基础设施建设投资的加大、先进工程控制管理技术的运用,为取水工程设计提供了更广阔的创新空间。

2.1.6 净水设计

城市给水处理的目的就是通过合理的处理方法去除水中杂质,使其符合生活用水和工业生产的要求。不同的原水水质有不同的处理方法,目前主要的处理方法有常规处理(包括澄清、过滤和消毒)、特殊处理(包括除味、除铁、除锰、除氟、软化、淡化)、预处理和深度处理等。

1. 水质标准

天然水或流经地表或穿行于地层的水,会不同程度地携带杂质或受到污染,不能直接用于生活或生产,须进行处理,使水质达到符合使用的标准,方可用于生活或生产。对于不同用途的水,国家以规范的形式制定了水质标准。城市供水的水质要满足《城市供水水质标准》(CJ/T 206—2005)规定的要求。城市供水是按生活饮用水水质标准的要求进行的,其他更高要求的用水,则在饮用水的基础上进行处理。

2. 净化常规处理工艺与净水厂

1)净水工艺流程

净水工艺根据水源原水水质与用户对水质的要求确定。对于不同水源原水,净水工艺有所不同。一般地表水水源选择不受人为污染的水体(如江河、湖泊、水库),尽管如此,大气降水流经地面时会携带泥沙、细菌等各种污染物,其净水工艺流程如图 2.13 所示。

2)地下水处理工艺流程

对于清洁的地下水,一般只进行消毒处理即可;但对于含有铁、锰、氟、砷等有害物的地下水,应进行除铁、锰、氟、砷处理。地下水处理工艺流程如图 2.14 所示。

3)净水常规处理工艺

(1)混凝、沉淀。

原水中一些十分细小的悬浮颗粒(包括细菌等),在水中受水分子的碰撞,可以被推着运动,水分子的碰撞力可以抵消重力的作用,使它们不能靠重力下沉。

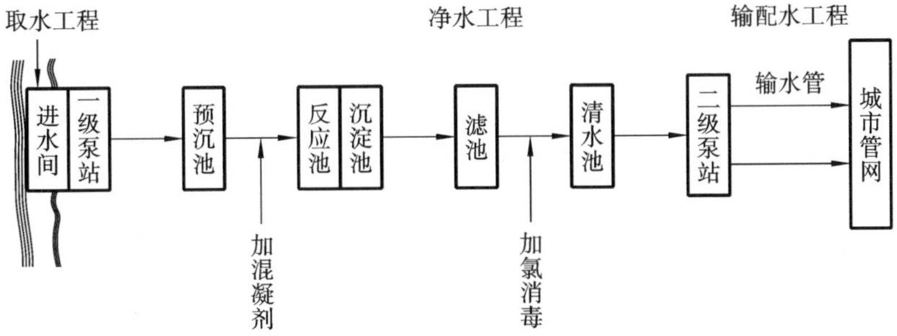

图 2.13 地表水水源的净水工艺流程图

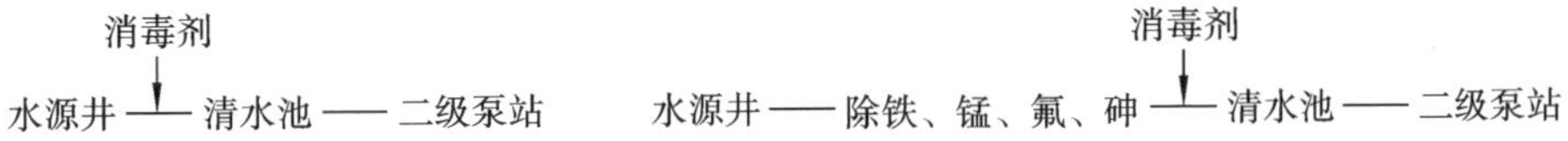

(a) 清洁的地下水　　(b) 含有害物的地下水

图 2.14 地下水处理工艺流程图

另外,这些悬浮颗粒比表面积大,在表面会选择性地吸附带电离子而呈带电状态,同种悬浮颗粒带同种电荷,在碰撞运动中,彼此相斥,不能相聚成大颗粒,因此它们在水中永远呈悬浮状态、不能下沉。这种带电悬浮颗粒称为胶体颗粒。要去除这种颗粒,首先要消除胶体颗粒表面的电荷,使之呈电中性,然后创造条件,使胶体颗粒彼此接触而凝聚成较大的悬浮颗粒,再使它们在一个较为平稳的水流条件下通过重力作用沉淀下来。

为消除胶体颗粒表面的电荷而投加的药剂称混凝剂,在水中投加混凝剂后使药剂与水混合,并且创造条件使胶体颗粒接触并凝聚的设备称混凝池。

创造一个平稳水流条件,使凝聚后的悬浮颗粒沉淀的设备称为沉淀池。兼有混凝和沉淀功能的构筑物称澄清池。图 2.15 为平流式沉淀池,图 2.16 为机械加速澄清池。

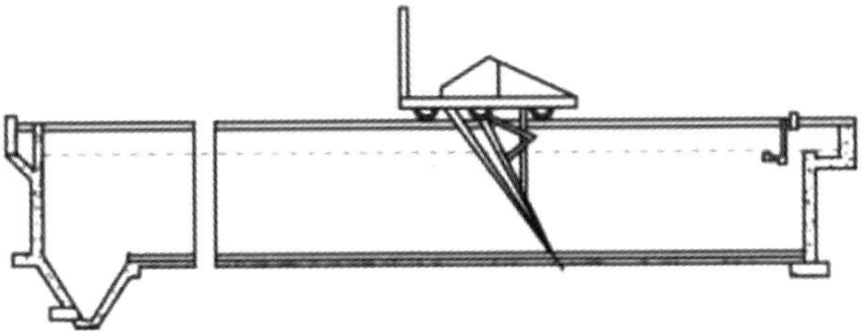

图 2.15 平流式沉淀池示意图

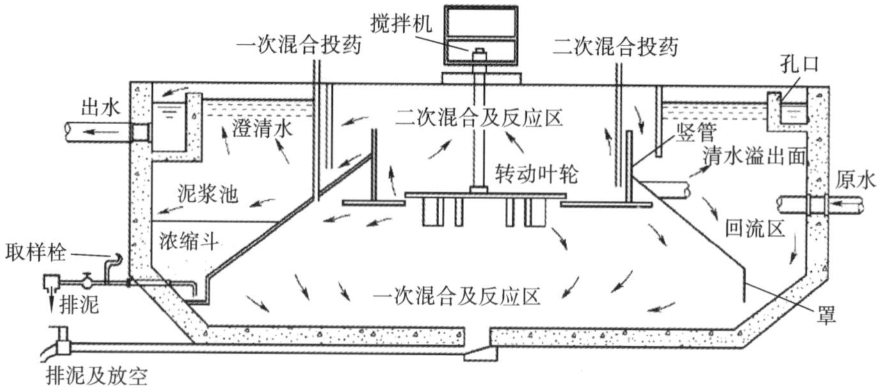

图 2.16　机械加速澄清池示意图

(2)过滤。

过滤工艺是使水流经过颗粒滤料,通过滤料表面的吸附作用,将经过混凝后已经呈电中性的悬浮颗粒去除的工艺。滤料表面的吸附作用达到饱和后须反冲,将被吸附物冲走后,再次工作。为提高滤料的吸附效率,一般将过滤放在沉淀之后,沉淀池未去除的小颗粒,由过滤工艺去除,充分发挥滤料的吸附作用。过滤设备形式多样,图 2.17 为普通快滤池结构示意图。

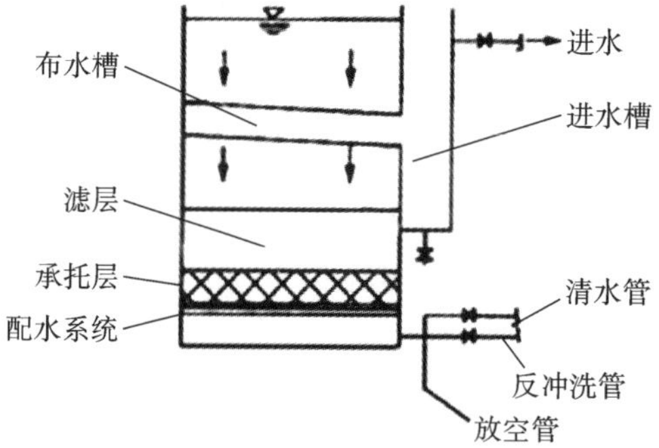

图 2.17　普通快滤池结构示意图

过滤工艺对去除悬浮物很有效,一般进水浊度在 20 度左右,过滤后出水浊度在 3 度以下。过滤工艺对细菌、藻类和病毒都有去除能力,而且还可以去除部分溶解性有机物。

(3)消毒。

经过混凝、沉淀、过滤工艺处理后的水,仍然有残留的细菌、病原菌。为保证饮用水的安全,必须进行消毒处理。消毒的方式很多,主要有投加化学药剂(如氯、氯胺、二氧化氯），采用臭氧、紫外线等。消毒时，不但要求保证消毒的用药量，而且要确保水的输送管网内也保持一定浓度的消毒药剂，以抑制病原菌的复活、繁殖。

4）净水厂

净水厂宜选择在交通便捷、供电安全、取水和排水便利的地方，地下水水厂宜选择在取水构筑物附近。水厂的布置应紧凑，同时应留有发展余地，周围应设宽度不小于 10 m 的绿化地带。图 2.18 为一个以地表水为水源的净水厂平面图。

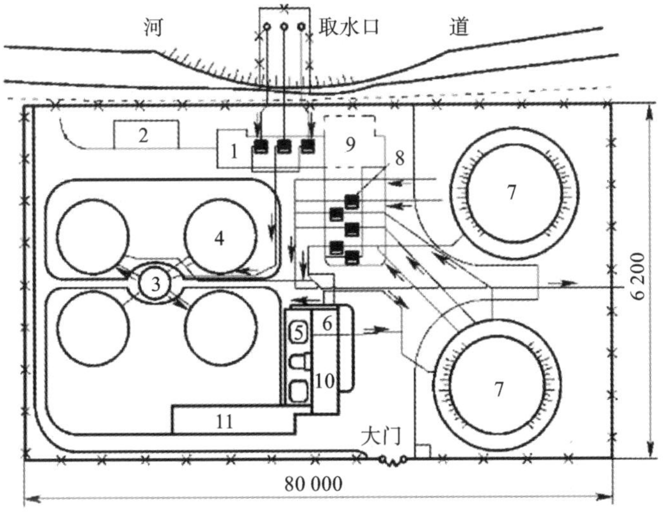

图 2.18　净水厂平面图（单位：mm）

1—一级泵房；2—加药间；3—配水井；4—澄清池；5—快滤池；6—加氯间；7—清水池；8—二级泵站；9—变电间；10—化验室；11—办公室

2.1.7　城市给水管网布置

给水管网的作用是将水从净水厂或取水构筑物输送给用户，它是给水系统的重要组成部分，并与其他构筑物（泵站、水池或水塔等）有着密切的联系。城市给水管网是由大大小小的给水管道组成的，遍布整个城市的地下。

1. 给水管网布置的原则

给水管网布置应遵循以下原则。

(1)应符合城市总体规划的要求,并考虑供水的分期发展,留有充分的余地。

(2)应布置在整个给水区域内,在技术上要使用户有足够的水量和水压。

(3)在局部管网发生故障时,应保证供水不中断。

(4)在经济上要使给水管道修建费最少,定线时应选用最短的线路并要使施工方便。

给水管网一般由输水管(从水源到水厂及从水厂到配水管网的管道,一般不接用户管)和配水管网(把水送给各用户的管道)组成。输水管不宜少于两条。配水管网又分为干管和支管,前者主要向市区输水,而后者主要将水分配给用户。

2. 输水管的布置

从水源到水厂或从水厂到配水管网的管道,因沿线一般不接用户管,主要起传输水的作用,所以叫作输水管。有时,从配水管网接到个别大用水户水管的管线,因沿线一般也不接用水管,这种管线也叫作输水管。

输水管选择与布置的要求如下。

(1)应能保证供水不间断,尽量做到线路最短,土石方工程量最小,工程造价低,施工维护方便,少占或不占农田。

(2)有条件时最好沿现有道路或规划道路敷设。

(3)应尽量避免穿越河谷、重要铁路、沼泽、工程地质不良的地段,以及易被洪水淹没的地区。

(4)选择线路时,应充分利用地形,优先考虑重力输水或部分重力输水。

(5)输水管线的条数(即单线或双线),应根据给水系统的重要性、输水量大小、分期建设的安排等因素,全面考虑确定。当允许间断供水或水源不止一个时,一般可以设一条输水管线。当不允许间断供水时,一般应设两条输水管线;或者设一条输水管线,同时修建有相当容量的安全贮水池,用于在输水管线发生故障时供水。

给水系统中,输水管的费用占很大比例,尤其是长距离输送大量水时,输水管的根数、输水方式和构筑物形式对输水管的费用影响很大,选择时应慎重考虑并有充分的技术经济依据。

输水管的基本任务是保证不间断输水,多数用户特别是重要的工业企业不允许断水,甚至不允许减少水量。因此,平行敷设的输水管应不少于两根,或敷设一根输水管同时建造有相当容量的蓄水池,以备输水管发生故障时不致中断供水。当输水量小、输水距离长、地形复杂、交通不便时，应首先考虑单管输水另加水池的方案。只有在允许中断供水的情况下，才可敷设一根输水管。

采用两根输水管时，尽可能用相同的管径和管材，以便施工和维修，并在适当位置设置连接管，将输水管分成多段。当管线损坏时，只需关闭损坏的一段而不是将整条输水管关闭，从而可使供水量不致降低得过多。输水管分段数可根据事故流量计算确定。

输水方式有水泵加压输水和重力输水两类。输水方式的选择，往往受到当地自然条件，特别是天然水源条件的制约。图 2.19 为重力管和压力管相结合输水。

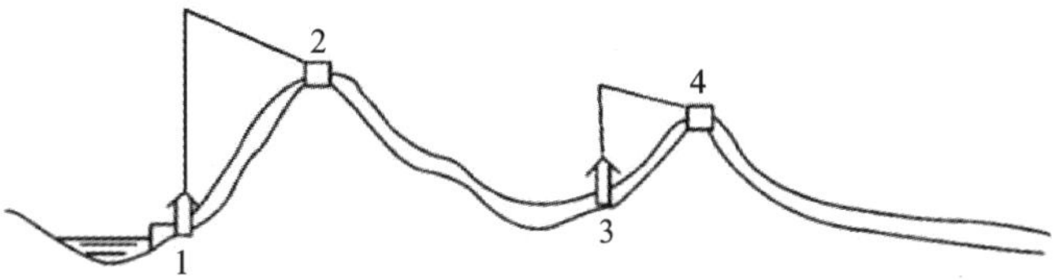

图 2.19　重力管和压力管相结合输水示意图

1、3—泵站；2、4—高位水池

3. 给水管网的布置要求

在给水管网中，由于各管道所起的作用不同，管径也不相等。城市给水管网按管道作用的不同可分为干管、配水管和接户管等。

干管的主要作用是输水至城市各用水地区，直径一般在 100 mm 以上，在大城市为 200 mm 以上。

配水管是把干管输送来的水送到接户管和消火栓的管道，它敷设在每条道路下。配水管的管径由消防流量决定，一般不予计算。为了满足安装消火栓要求的管径，不致在消防时水压下降过大，通常配水管管径不小于 100 mm，在中等城市为 100～150 mm，在大城市为 150～200 mm。

接户管又称进水管，是连接配水管与用户管的水管。

城市给水管网的布置和计算，通常只限于干管。干管的布置通常按下列原则进行。

(1)干管的主要方向应按供水主要流向延伸，供水主要流向取决于最大用水户或水塔等调节构筑物的位置。

(2)通常为了保证供水可靠，按照主要流向布置几条平行的干管，其间用连通管连接，这些管道以最短的距离到达用水量大的主要用户。干管间距根据供水区大小和供水情况确定，一般为 500～800 m。

(3)一般按规划道路布置，尽量避免在重要道路下敷设。管道在道路下的平面位置和高程，应符合管网综合设计的要求。

(4)应尽可能布置在高地，以保证用户附近配水管中有足够的压力。

(5)干管的布置应考虑发展和分期建设的要求，留有余地。

按以上原则，干管通常由一系列临街的环网组成，并且较均匀地分布在城市整个供水区域。

2.2 城市排水设计

2.2.1 城市排水工程规划概述

人们生产和生活中产生的大量污废水，如不加以控制，任意直接排入水体或土壤，使水体或土壤受到污染，会破坏原有的自然环境，以致造成环境问题，甚至造成公害。城市雨水和冰雪融水也要及时排除，否则将积水为害、妨碍交通，甚至危及人们的生产和日常生活。城市排水工程的任务是将城市污水有组织地按一定的方式汇集起来，并处理到符合排放标准后再排放至水体。

1. 城市排水工程规划的对象

人们在日常生活和生产活动中，都要使用水。水在使用过程中受到了污染，成为污水，须进行处理与排放。此外，城市内降水(雨水和冰雪融化水)，径流流量较大，亦应及时排放。

(1)生活污废水。

生活污废水是在人们日常生活过程中产生的，根据水受污染程度的不同，可分为生活污水和生活废水两种。

生活污水一般指冲洗便器以及类似的卫生设备所排出的，含有大量粪便、纸屑、病原菌等被严重污染的水。

生活废水一般指厨房、食堂、洗衣房、浴室、盥洗室等处的卫生器具所排出的洗涤废水。生活废水一般可作为中水的原水，经过适当的处理，可以作为杂用水，用于冲洗厕所、浇洒绿地、冲洗道路、冲洗汽车等。

因此根据污废水水质的不同，以及污水处理、杂用水的需要等情况的不同，生活排水系统可以分为生活污水排水系统、生活废水排水系统。

(2)工业废水。

工业废水是工业生产过程中产生的废水，来自工厂车间或矿场等地。根据它的污染程度不同，分为生产废水和生产污水两种。

生产废水是指生产过程中，水质只受到轻微污染或仅水温升高，可不经处理直接排放的废水，如机械设备的冷却水等。

生产污水是指生产过程中，水质受到较严重的污染，须经处理后方可排放的废水。生活污水含有污染物质，有的主要含无机物，如发电厂的水力冲灰水；有的主要含有机物，如食品工厂废水；有的含有机物、无机物，并有毒性，如石油工业废水、化学工业废水等。废水性质根据工厂类型及生产工艺过程不同而不同。

(3)雨雪降水。

雨雪降水主要是指地面上、建筑物屋面上的雨水和冰雪融水。降水径流的水质与流经表面的情况有很大的关系，一般是比较清洁的，但雨水径流后期比较脏，一般建筑雨水排放系统要单独设置。新建居住小区应采用生活排水与雨水分流排水系统，以利于雨水的回收利用。

工业废水的危害多种多样，除耗氧性等危害外，更严重的是会危害人体健康；生活污水的主要危害是它的耗氧性；雨水的主要危害是雨洪，即市区积水造成损失。

2. 城市排水工程规划的内容

城市排水工程规划是根据城市总体规划，制订全市排水方案，使城市有合理的排水条件。其具体规划内容如下。

(1)估算城市各种排水量。

估算城市各种排水量时，要分别估算生活污水量、工业废水量和雨水量。一般将生活污水量和工业废水量之和称为城市总污水量，而单独估算雨水量。

(2)拟订城市污水、雨水的排除方案。

在拟订城市污水、雨水排除方案时，要确定排水区界和排水方向，研究生活污水、工业废水和雨水的排除方式，研究旧城区原有排水设施的利用与改造，以及确定在规划期限内排水系统建设的远近期结合、分期建设等问题。

(3)研究城市污水处理与利用的方法，选择污水处理厂位置。

城市污水是指排入城镇污水管道的生活污水和生产污水。根据国家环境保护规定及城市的具体条件，确定其排放程度、处理方式以及污水、污泥综合利用的途径。

(4)布置排水管道。

布置排水管道，包括污水管道、雨水管渠、防洪沟等，要确定大干管、干管的平面位置、高程，估算管径、泵站设置等。

(5)估算城市排水工程的造价及年经营费用。

一般按扩大经济指标计算。

3. 城市排水工程规划的方法

进行城市排水工程规划时，要掌握正确的方法，一般按下列步骤进行。

(1)搜集必要的基础资料。

进行排水工程规划，首先要明确任务、掌握情况，进行充分的调查研究和现场踏勘，搜集必要的基础资料。以必要的基础资料作为依据，使规划方案建立在可靠的基础上。排水工程规划所需资料如下。

①有关明确任务的资料：包括城市总体规划及城市其他单项工程规划的方案，上级部门对城市排水系统规划的有关指示、文件，城市范围内各种排水量、水质资料，环保、卫生、航运等部门对水利利用和卫生防护方面的要求等。

②工程现状方面的资料：包括城市道路、建筑物、地下管线分布情况及现有排水设施情况，绘制排水系统现状图(比例为 1∶10000～1∶5000)，调查分析现有排水设施存在的问题。

③自然条件方面的资料：包括气象、水文、地形、水文地质、工程地质等原始资料。

由于资料多、涉及面广，往往不易短时间搜集齐全。搜集时应有目的、分主次，对有些资料可在今后逐步补充，不一定等待全部资料搜集齐全后才开始规划设计。

(2)考虑排水系统规划设计方案及分析比较。

在基本掌握资料的基础上，着手考虑规划设计方案，绘制排水方案图，进行工程造价估算。一般要做几个方案，进行技术经济比较，选择最佳方案。

(3)绘制城市排水系统规划图及作出文字说明。

绘制城市排水系统规划图，图纸比例可采用 1∶10000～1∶5000，图上标明城市排水设施现状，规划的排水管网位置、管径，污水处理厂及出水口的位置，泵站位置，等等。图纸上无法表达的内容应采用文字说明，如规划项目的性质、建设规模、采用的定额指标、估算的造价、年经营费、方案的优缺点以及尚存在的问题等，并附整理好的原始资料。

2.2.2　城市排水系统

排水系统是指排水的收集、输送、处理、利用以及排放等设施以一定方式组合成的总体。下面对城市生活污水、工业废水、雨水排水系统的主要组成部分分别加以介绍。

城市污水包括排入城市污水管道的生活污水和工业废水。将工业废水排入城市生活污水排水系统，就组成了城市污水排水系统。

1. 生活污水排水系统

城市生活污水排水系统由下列两个主要部分组成。

1）室内污水管道系统及设备

室内污水管道系统及设备的作用是收集生活污水，并将其排送至室外居住小区污水管道系统中。

在住宅及公共建筑内，各种卫生设备既是人们用水的容器，也是承受污水的容器，还是生活污水排水系统的起端设备。生活污水从这里经水封管、支管、竖管和出户管等室内管道系统排入室外居住小区污水管道系统。每一出户管与室外居住小区污水管道的连接点处设有检查井，供检查和清通管道时使用。

2）室外污水管道系统

分布在地面下的依靠重力流输送污水至泵站、污水厂或水体的管道系统称为室外污水管道系统。它分为居住小区管道系统及街道污水管道系统等。

（1）居住小区污水管道系统。

居住小区污水管道系统是敷设在居住小区内，连接建筑物出户管的污水管道系统。它分为接户管、小区污水支管和小区污水干管。接户管是指布置在建筑物周围，接纳建筑物各污水出户管的污水管道。小区污水支管是指居住小区内与接户管连接的污水管道，一般布置在小区内道路下。小区污水干管是指在居住小区内接纳小区污水支管流来的污水的污水管道，一般布置在小区道路或市政道路下。居住小区污水排入城市排水系统时，其水质必须符合《污水排入城镇下水道水质标准》（GB/T 31962—2015）的要求。居民小区污水排出口的数量和位置规划，要取得城市市政部门的同意。

(2)街道污水管道系统。

街道污水管道系统是敷设在街道下,用于排除居住小区污水管道流来的污水的污水管道系统。在一个城市内,它由支管、干管、主干管等组成,如图 2.20 所示。

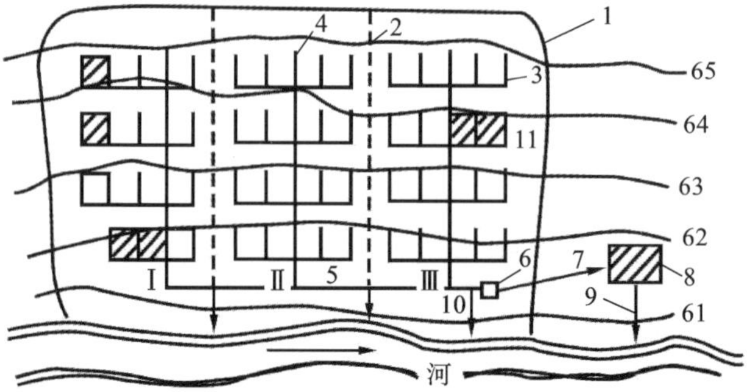

图 2.20　城市街道污水管道系统示意图(等高线:m)

Ⅰ、Ⅱ、Ⅲ—排水流域;

1—城市边界;2—排水流域分界线;3—支管;4—干管;5—主干管;6—总泵站;

7—压力管道;8—城市污水厂;9—出水口;10 —事故排出口;11—工厂

支管承受居住小区污水干管流来的污水或集中流量排出的污水。排水区界常按分水线划分成几个排水流域。在各排水流域内,干管汇集输送由支管流来的污水,常称流域干管。主干管汇集输送由两个或两个以上干管流来的污水。市郊干管从主干管把污水输送至总泵站、污水处理厂或通至水体出水口,一般在污水管道系统设置区范围之外。管道系统上的附属构筑物有检查井、跌水井、倒虹管等。

(3)污水泵站及压力管道。

污水一般以重力流排除,但往往由于受到地形等条件的限制而排除困难,这时就要设置泵站。泵站分为局部泵站、中途泵站和总泵站等。

输送从泵站出来的污水至高地自流管道或污水厂的承压管段,称为压力管道。

(4)污水处理厂。

污水处理就是采用各种技术与手段,将污水中所含的污染物分离去除、回收利用或转化为无害物质,使水得到净化。污水处理的方法可归纳为物理法、化学法、生物法等。城市污水与生产污水中的污染物是多种多样的,往往要综合采用几种方法才能处理不同性质的污染物与污泥,达到净化的目的与排放标准,城市污水处理流程如图 2.21 所示。现代污水处理技术按处理程度划分，可分为一级、二级和三级处理。

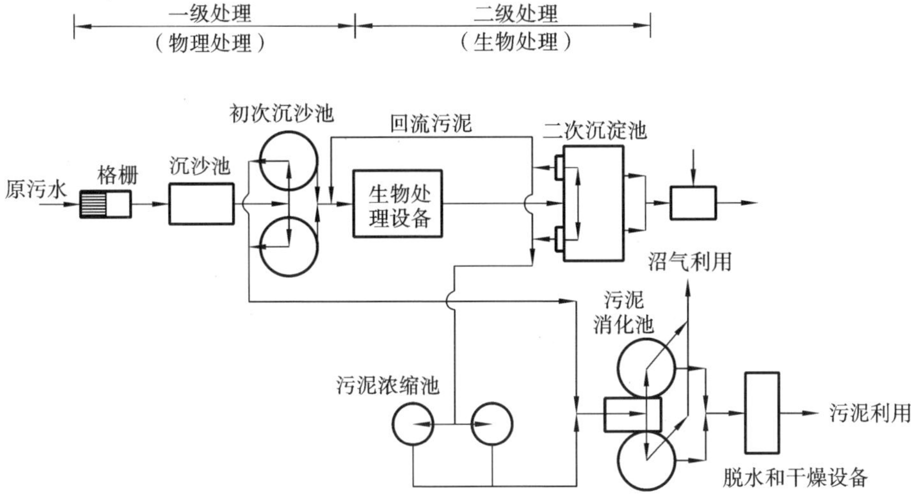

图 2.21　城市污水处理流程

供处理和利用污水、污泥的一系列构筑物及附属构筑物总称为污水处理厂。在城市中常称污水厂，在工厂中常称废水处理站。城市污水厂一般设置在城市河流的下游地段，并与居民点或公共建筑保持一定的卫生防护距离。若采用区域排水系统，每个城市就无须单独设置污水厂，而将全部污水送至区域污水厂进行统一处理。

(5)出水口及事故排出口。

污水排入水体的渠道和出口称出水口，它是整个城市污水排水系统的终点。事故排出口是指在污水排水系统的中途，在某些易于发生故障的组成部分的某一段，例如在总泵站的前面，设置的辅助性出水渠，一旦发生故障，污水就通过事故排出口直接排入水体。

2. 工业废水排水系统

有些工业废水没有单独形成系统，直接排入城市污水管道或雨水管道；而有些工厂则单独形成工业废水排水系统，其组成如下。

(1)车间内部管道系统和设备。其作用是收集各生产设备排出的工业废水，并将其输送至厂区管道系统。

(2)厂区管渠系统。敷设在厂区地下，用于汇集并输送各车间排出的工业废水。

(3)厂区污水泵站及压力管道。

(4)废水处理站。废水处理站是回收和处理工业废水与污泥的综合设施。工业废水经处理后达到直接排入水体或排入城市排水系统的标准。

(5)出水口。

3. 雨水排水系统

雨水来自两个方面:一部分来自屋面,一部分来自地面。屋面上的雨水通过天沟和竖管流至地面,然后随地面雨水一起排除。地面上雨水通过雨水口流至街坊(或庭院)雨水管道或街道下面的管道。雨水排水系统主要包括以下内容。

(1)房屋雨水管道系统。其作用是收集和输送屋面雨水,并将其排入街区雨水管渠中,主要包括屋面上的天沟、雨水斗、水落管及屋面雨水内排水系统。

(2)街区雨水管渠系统。主要包括设置在厂区、街坊或庭院内的雨水管渠和收集雨水的雨水口等。作用是收集地面和房屋雨水管道系统排出的雨水,并将其输送至街道雨水管渠系统中。

(3)街道雨水管渠系统。主要包括设置于城市主要街道下的雨水管渠(支管、干管、主干管)、雨水口等。

(4)排洪沟。其作用是将可能危害居住区及厂区的山洪及时拦截并引至附近的水体,以保障城区的安全。

(5)雨水排水泵站。由于雨水径流量大,一般应尽量少设和不设雨水泵站,但在必要时可设置,用于抽升雨水。

(6)雨水出水口。雨水出水口是设在雨水排水系统终点的构筑物,雨水经出水口向水体排放。

雨水排水系统的管渠上,还应设检查井、消能井、跌水井等附属构筑物。

此外,合流制排水系统只有一种管渠系统,具有雨水口、溢流井、溢流口。在管道系统中设置截流干管,其他组成部分与污水排除系统相同。

4. 城市排水系统的规划原则

(1)排水系统既要实现市政建设所要求的功能,又要实现环境保护方面的要求,缺一不可。环境保护方面的要求必须恰当、分期实现,以适应经济条件。

(2)城市要为工业生产服务,工厂也要顾及并满足城市整体运作的要求。厂方应充分提供资料,对城市提出的预处理要求应在厂内完成。

(3)规划方案要便于分期执行,以利集资和对后期工程提供完善设计的机会。

(4)研究和确定各种废水的处理方式和要求,争取利用废水,以降低费用。

(5)研究和确定排水区域的划分。

(6)确定各排水区干管和处理厂的位置。干管位置要便于汇集支管来水和施工,要考虑地形、地质和地下管线条件。避免在干管上设置造价较高的倒虹管、跌水井和泵站。对必须设置的倒虹管和泵站,须确定其初步位置。

(7)初步确定各污水处理厂的流程和各主要污水处理构筑物与附属建筑物的尺寸。

(8)初步确定废水处置方式和工程要点。

(9)调整分区界线,完成方案。多方案时,在工程费用、工程效益、合理性和现实性上做客观而细致的综合比较。

2.2.3　排水的体制与选择

生活污水、工业废水和雨水可以采用一套管渠系统或采用两套及两套以上各自独立的管渠系统来排除,这种不同的排除方式所形成的排水系统,称为排水体制。排水系统主要有合流制和分流制两种体制。

1. 合流制排水系统

合流制排水系统是将生活污水、工业废水和雨水混合在同一套管渠内排除的系统。合流制排水系统分为下面三种情况。

1)直排式合流制排水系统

直排式合流制排水系统属于早期的合流制排水系统,就是将排除的混合污水不经处理和利用,就近直接排入水体。图 2.22 所示为直流式合流制排水系统,全部污水不经处理直接排入水体,虽然投资较低,但随着环境质量标准的提高,这种体制无法满足环境保护的要求。因此,一般不宜采用这种体制。

2)截流式合流制排水系统

截流式合流制排水系统在早期直排式合流制排水系统的基础上,沿水体岸边增建一条截流干管,并在干管末端设置污水厂,同时在截流干管与原干管相交处设置溢流井。图 2.23 所示为截流式合流制排水系统,这种排水系统虽比直排式有了较大的改进,但当雨量超过截流干管的输水能力时,将出现溢流,部分混

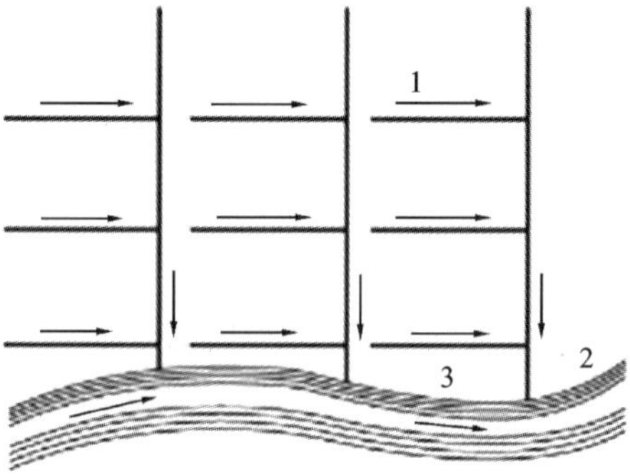

图 2.22 直排式合流制排水系统

1—合流支管;2—合流干管;3—河流

合污水将直接排放而污染水体。为了弥补截流式合流制排水系统这一缺陷,可设置调蓄设施贮存雨污水,待雨后再送至污水厂处理。这样做有可能降低污水厂进水量的变化幅度,从而降低基建费用并改善运行条件。

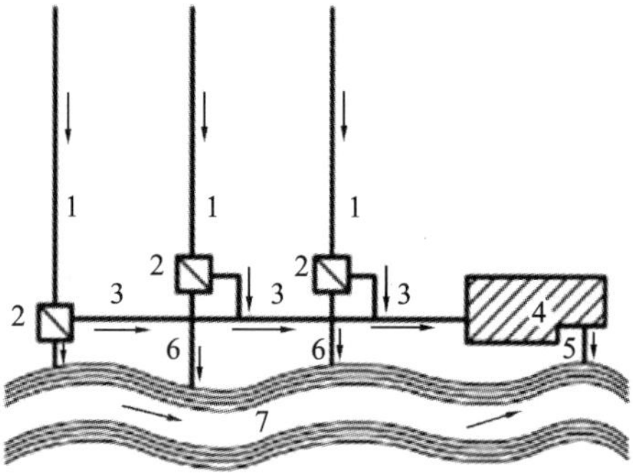

图 2.23 截流式合流制排水系统

1—合流干管;2—溢流井;3—截流主干管;4—污水厂;5—出水口;6—溢流干管;7—河流

3)全处理合流制排水系统

全处理合流制排水系统将污水、废水、雨水混合汇集后全部输送到污水厂处理后再排放。这对防止水体污染、保障环境卫生当然是最理想的,但全处理合流制排水系统主干管的尺寸很大,污水处理厂的容量也较多,基建费用相应提高,很不经济。同时由于晴天和雨天时污水量相差很大,晴天时管道中流量过小,水力条件不好。污水厂在晴天及雨天时的水量、水质负荷很不均衡,会造成运转管理困难。因此,这种方式在实际情况下很少采用。

2. 分流制排水系统

分流制排水系统是将污水和雨水分别在两套或两套以上各自独立的管渠内排除的系统。排除生活污水、工业废水或城市污水的系统称为污水排水系统；排除雨水的系统称为雨水排水系统。由于排除雨水的方式不同，分流制排水系统又分为完全分流制、不完全分流制和半分流制三种。

1）完全分流制排水系统

完全分流制排水系统既有污水排水系统，又有雨水排水系统，如图 2.24 所示。生活污水、工业废水通过污水排水系统排至污水厂，经处理后排入水体，雨水则通过雨水排水系统直接排入水体，故环保效益较好，但有初期雨水的污染问题，而且其投资费用一般比截流式合流制排水系统高些。新建的城市及重要的工矿企业，一般采用完全分流制排水系统。

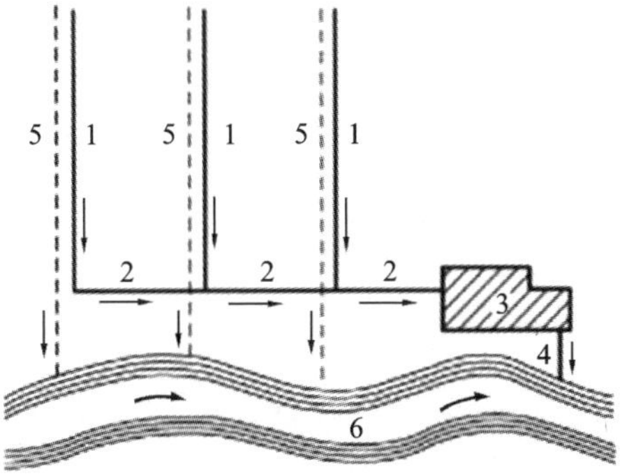

图 2.24　完全分流制排水系统

1—污水干管；2—污水主干管；3—污水厂；4—出水口；5—雨水干管；6—河流

2）不完全分流制排水系统

不完全分流制排水系统只设有污水排水系统，没有完整的雨水排水系统，如图 2.25 所示。污水通过污水排水系统送至污水厂，经处理后排入水体。雨水则通过地面漫流进入不成系统的明渠或小河，然后进入较大的水体，故投资较少。这种体制适用于地形适宜、地表水体可顺利排泄雨水的城镇。发展中的城镇，可先建污水系统，再完善雨水系统。我国很多工业区、居住区在以往建设中采用不完全分流制排水系统。

3）半分流制排水系统

半分流制排水系统既有污水排水系统，又有雨水排水系统，如图 2.26 所示。

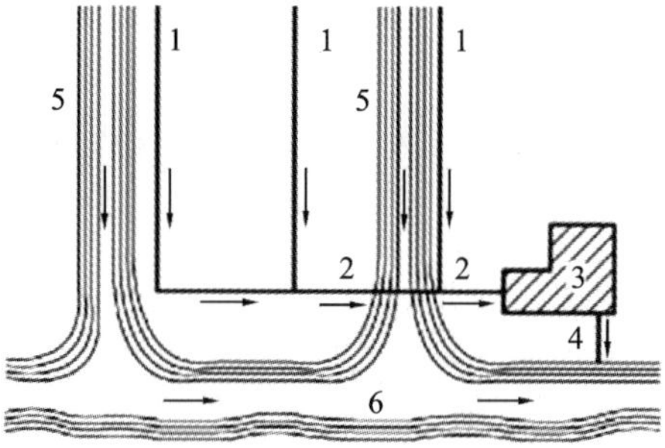

图 2.25　不完全分流制排水系统

1—污水干管；2—污水主干管；3—污水厂；4—出水口；5—明渠或小河；6—河流

该系统之所以称为半分流制排水系统，是因为它在雨水干管上设置了雨水跳跃井，可截留初期雨水和街道地面冲洗废水进入污水管道。雨水干管流量不大时，雨水与污水一起被引入污水厂处理；雨水干管流量超过截流量时，则雨水跳跃截流管道流出干管并排入水体。在生活水平、环境质量要求高的城镇可以采用。

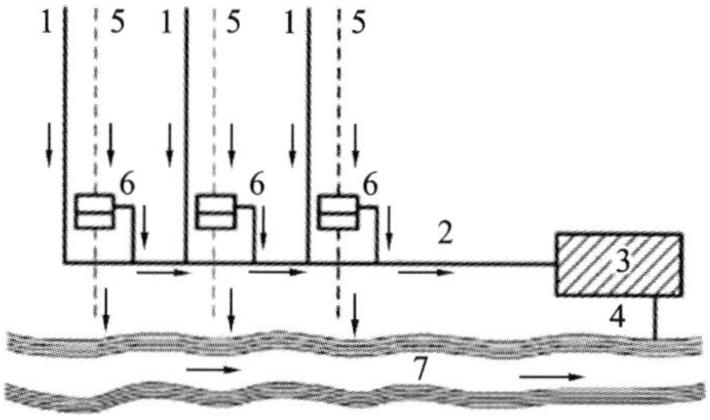

图 2.26　半分流制排水系统

1—污水干管；2—污水主干管；3—污水厂；4—出水口；5—雨水干管；6—跳跃井；7—河流

合理选择排水系统的体制，是城镇和工业企业排水系统规划和设计的重要内容。通常排水系统体制的选择，应当在满足环境保护需要的前提下，根据当地的具体条件，通过技术经济比较决定。

3. 排水体制的选择

1)排水体制选择的影响因素

排水体制的选择关系到整个排水系统是否实用，能否满足环境保护要求；同时也影响排水工程的总投资、初期投资和经营费用。对于目前常用的分流制和合流制排水系统，可从下列几方面分析。

(1)环境保护方面。合流制排水系统汇集部分雨水输送到污水厂处理,特别是较脏的初期雨水,带有较多的悬浮物,其污染程度有时接近生活污水,这对保护水体是有利的。但另一方面,暴雨时通过溢流井将部分生活污水、工业废水泄入水体,周期性地给水体带来一定程度的污染,这对保护水体是不利的。分流制排水系统将城市污水全部输送到污水厂处理,但对初期雨水径流未加处理直接排入水体,是其不足之处。一般情况下,在保护环境卫生及防止水体污染方面,合流制排水系统不如分流制排水系统。分流制排水系统比较灵活,较易适应发展需要,也能符合城市卫生要求,因此,目前得到广泛的应用。

(2)基建投资方面。合流制排水系统只需一套管渠系统,大大减少了管渠的总长度。据国内外经验,合流制排水管渠长度比完全分流制排水管渠长度少30%～40%,而断面尺寸与分流制雨水管渠断面基本相同,因此合流制排水管渠造价一般比分流制排水管渠低20%～40%。虽然合流制排水系统泵站和污水厂的造价比分流制排水系统高,但由于管渠造价在排水系统总造价中占70%～80%,影响大,所以分流制排水系统的总造价一般比合流制排水系统高。

(3)维护管理方面。合流制排水管渠可利用雨天时剧增的流量来冲刷管渠中的沉积物,维护管理较简单,可降低管渠的经营费用。但对于泵站与污水处理厂来说,由于设备容量大,晴天和雨天流入污水厂的水量、水质变化大,泵站与污水厂的运转管理更复杂,增加经营费用。分流制排水系统可以保持污水管渠内的自净流速,同时流入污水厂的水量和水质比合流制排水系统变化小,有利于污水的处理、利用和运转管理。

(4)施工方面。合流制排水系统管线单一,与其他地下管线、构筑物的交叉少,施工较简单,适用于人口稠密、街道狭窄、地下设施较多的市区。但在建筑物有地下室的情况下,遇暴雨时,合流制排水管渠内的污水可能倒流入地下室内,所以合流制排水系统安全性不及分流制排水系统。

总之,排水体制的选择应根据城市总体规划、环境保护要求、当地自然条件和水体条件、城市污水量和水质情况、城市原有排水设施情况等综合考虑,通过技术经济比较决定。一般新建城市或地区的排水系统,多采用分流制排水系统;旧城区排水系统改造多采用合流制排水系统。在大城市中,因各区域的自然条件以及城市发展相差较大,可因地制宜地在各区域采用不同的排水体制,即混合排水体制,既有分流制排水系统,也有合流制排水系统。

2)合流制管渠的适用条件

在考虑采用合流制排水系统时,首先应满足环境保护的要求,充分考虑水体的环境容量限制。目前,我国不少城市大多是直排式合流制排水系统,污水就近排入水体,对环境影响很大。如将其改为分流制排水系统,则受到各种条件限制,难以实现,在不少情况下,仍可采用合流制排水系统,沿河设截流干管,把城市污水送往下游进行处理、排放或利用。

通常在下列情况下可考虑采用合流制排水系统。

(1)雨水稀少的地区。

(2)排水区域内有一处或多处水源充沛的水体,能使合流的排水得以充分稀释,一定量的混合污水排入水体后对水体造成的危害程度在允许范围以内。

(3)街坊和街道的建设比较完善,必须采用暗管渠排除雨水,而街道横断面比较窄、地下管线多、施工复杂、管渠的设置位置受到限制时。

(4)地面有一定坡度倾向水体,当水体高水位时,岸边不受淹没。污水在中途无须泵站提升。

(5)水体卫生要求特别高的地区,污水和雨水均需要处理时。

2.2.4 排水管道系统的布置

1. 布置内容

污水管道系统的平面布置内容包括:确定排水区界,划分排水流域;选择污水厂出水口的位置;拟定污水干管及总干管的路线;确定需要抽升的排水区域和泵站的位置等。

排水区界是排水系统敷设的界限。在排水区界内,应根据地形及城市和工业企业的竖向规划划分排水流域,一般排水区界应与排水区域分水线相符合。污水厂和出水口要设在城市的下风向、水体的下游;与居住区和工业区间距必须符合环境卫生的要求,且应通过环境影响评价最终确定。

管道定线一般按总干管、干管、支管顺序依次进行。污水总干管的走向取决于污水厂和出水口的位置,因此污水厂和出水口的数目与分布位置会影响主干管的数目和走向。在一般情况下,污水管道沿道路敷设,所以管道定线时要考虑街道宽度及交通情况,同时污水干管一般不宜在交通繁忙而狭窄的街道下敷设。污水支管的平面布置除取决于地形外,还要考虑街坊的建筑特征,并便于用户的接户管排水。

排水泵站的具体位置设置应考虑环境卫生、地质、电源和施工条件等因素,并应征询规划、环保、城建等部门的意见。

2. 布置形式

(1)正交式布置。

在地势适当向水体倾斜的地区,排水流域的干管与水体垂直相交布置称为正交式布置。正交式布置形式干管长度短,管径小,排水迅速,但污水未经处理直接排放,会使水体遭受严重污染,故一般只用于雨水排除。正交式布置形式如图 2.27(a)所示。

(2)截流式布置。

对正交式布置的河岸再敷设总干管,将各干管的污水截流送至污水厂,这种布置称为截流式布置。这种形式对减轻水体污染、改善和保护环境有重大作用,适用于分流制排水系统将生活污水及工业废水进行处理后排入水体,也适用于区域排水系统的区域总干管截流各城镇的污水送至城市污水厂进行处理。但截流式合流制排水系统因雨天有部分混合污水排入外水体,易造成外水体污染。截流式布置形式如图 2.27(b)所示。

(3)平行式布置。

这种形式使干管与等高线及河道基本平行、主干管与等高线及河道成一定角度敷设,主要用于地势向河流方向有较大倾斜的地区,目的是避免干管坡度过大及管内流速过大使管道受到严重冲刷。平行式布置形式如图 2.27(c)所示。

(4)分区式布置。

在地势高差相差很大的地区,当污水依靠重力不能自动流至污水厂时,可根据位置的高低采用分区式布置形式,如图 2.27(d)所示。即在高区和低区敷设独立的管道系统,高区的污水靠重力直接流入污水厂,低区的污水则用泵站输送至高区干管或污水厂。其优点是可充分利用地形排水,节省电能。

(5)分散式布置。

当城市周围有河流,或城市中心地势高并向周围倾斜时,各排水流域的干管常采用辐射状分散式布置形式,各排水流域具有独立的排水系统,如图 2.27(e)所示。这种布置形式具有干管长度短、管径小、管道埋深浅、便于用污水灌溉等优点,但污水厂和泵站(如需要设置)的数量较多。在地形平坦的大城市,采用辐射状分散式布置形式是比较合适的。

(6)环绕式布置。

从规模效益的角度出发,不宜建造大量小规模的污水厂,而宜建造规模大的

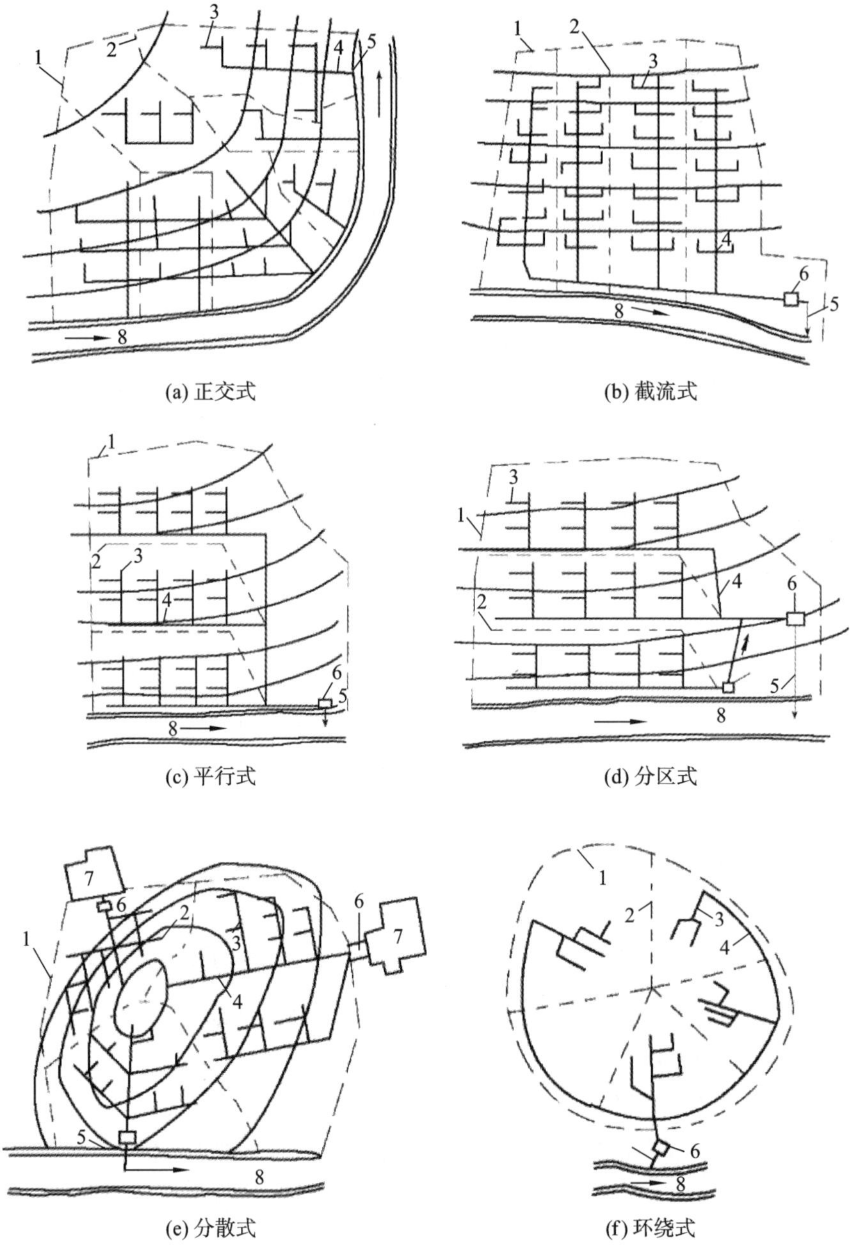

图 2.27　排水管道系统的布置形式

1—城市边界；2—排水流域分界线；3—支管；4—干管；5—出水口；6—泵站；7—灌溉田；8—河流

污水厂时，采用环绕式布置。这种形式沿四周布置主干管，将各干管的污水截流并送往污水厂，如图 2.27(f)所示。

(7)区域性布置。

把两个以上城镇的污水统一排除和处理的系统，称为区域性布置。这种形式使污水处理设施集中化、大型化，有利于水资源的统一规划管理，节省投资，运行稳定，占地少，是水污染控制和环境保护的新发展方向，但也有管理复杂、工程效益回收慢等缺点。区域性布置比较适用于城镇密集区及区域水污染控制的地区，并应与区域规划相协调。区域性布置形式如图 2.28 所示。

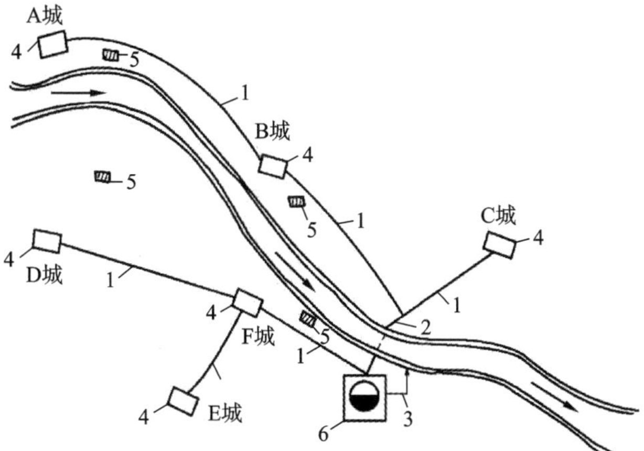

图 2.28 区域性布置形式

1—污水主干管；2—压力管道；3—排放管；4—泵站；5—废除的城镇污水处理厂；6—污水处理厂

2.3 城市给排水工程管理

2.3.1 城市给排水工程管理概述

城市给排水工程是城市建设的重要组成部分，城市给排水工程直接影响城市的环境质量，对环境保护、居民生活质量、城市发展都有着重要影响，城市给排水工程也是城市稳定发展的基础保障。因此，加强城市给排水工程管理是非常有必要的，对提高我国经济效益与经济发展有非常积极的意义。

1. 城市给排水工程管理的重要作用

城市给排水工程的质量对居民生产生活有非常大的影响,对环境的影响更加明显,也会影响城市水资源的利用率与可持续发展。一旦城市给排水工程出现问题,会导致日常生活无法进行,工厂生产也会停滞。城市给排水工程的有效建设与合理管理,对整个城市的发展都有着至关重要的影响,因此在对城市给排水工程进行设计时,要保证排水的通畅,并且定期进行检查。而且,对于特殊地形的给排水工程,比如高层、地势崎岖等的给排水工程,要进行合理的设计,与实际情况相结合,保证城市给排水工程的质量,提高城市居民生活生产质量。

2. 城市给排水工程施工及管理中存在的问题

施工的质量问题会严重影响城市给排水工程的质量,提高给排水问题出现的概率,对居民的生活造成一定的影响。目前我国城市给排水工程施工及管理过程中主要存在的问题如下。

(1)施工工艺粗糙。

施工工艺粗糙主要是施工过程中出现的问题,施工人员对城市给排水工程的重视程度不够,施工过程中工作态度不积极,对于施工工艺草草了事,导致施工流程粗糙,出现许多小问题,影响整个给排水工程的质量。出现的问题可能有水管连接处不严,导致漏水,随着使用时间的增加,漏水加剧,对城市给排水工程造成影响,还可能有验收检查不严格等问题。这些问题发生的原因普遍都是施工单位为了获取高额的利润,降低成本。

(2)施工程序不规范。

我国城市给排水工程在施工工程中,缺少明确的施工流程安排,施工人员进行施工时,缺少秩序,施工顺序混乱,导致施工流程的衔接出现问题,对工程质量造成严重的影响。并且城市给排水工程责任划分不明确,当给排水工程出现问题时,无法找到责任人,有关人员相互推脱责任,问题无法妥善解决,导致工期延长,施工效率降低,对工程造成影响。

(3)施工水平较低。

城市给排水工程施工过程中存在的比较严重的问题就是施工水平较低,施工人员对整个施工过程没有完整的了解,技术水平比较低,缺乏施工经验,导致施工质量降低。如果施工完成后的验收人员的技术水平较低,验收不够严谨,也会导致城市给排水工程存在严重的质量问题。

(4)施工质量意识不强。

因城市给排水工程具有特殊地位,少数施工企业经常借各种名义拒绝有关部门的质量检查,甚至为抢工期而忽视施工质量,没有严格执行给排水工程各段管线的强制性标准,或不熟悉强制性标准内容,在思想上没有足够重视,导致施工质量降低。

(5)质量管理水平略显薄弱。

目前给排水工程施工企业在质量管理上略显薄弱,一些施工企业采取内部项目承包方式进行管理,项目部只向企业缴纳一定比例的管理费,这种与工程转包挂靠类似的行为削弱了企业对工程质量管理的作用,容易导致质量低劣的给排水工程出现。甚至一些施工企业完全没有相应资质,挂靠其他有资质企业进行施工,或者以包代管,质量保证体系不完善,不严格按照图纸进行施工,擅自更改设计等问题都充分暴露了给排水工程质量管理的薄弱环节。

(6)监理不到位。

在给排水工程管理中,监理的作用十分重要。但在城市给排水工程中,一些企业却利用不同借口拒绝接受监理。这对城市给排水工程施工管理造成严重影响,也导致给排水工程存在各类质量问题。

3. 城市给排水工程施工管理的改进措施

1)提高施工人员的技术水平,引进先进的施工机械

提高施工人员的技术水平要定期对施工人员组织培训,使施工人员对给排水工程施工有完整的了解,并且掌握先进的给排水施工技术,提高给排水工程质量。在提高施工人员技术水平的同时,也要不断引进先进的施工机械,提高施工效率。

2)提高工程质量意识

提高给排水工程施工人员的使命感与责任感,使其认识到给排水设施是城市系统的重要组成部分,如果发生质量问题,将会对国家和群众生产生活带来无法预计的严重损失。施工人员应加强对工程质量先进经验的学习,使质量管理水平不断提高。通过反面教材对工程施工人员进行警示教育。

3)落实施工质量管理的责任

建立施工质量管理制度对于提高工程质量管理水平具有重要作用。施工时,无论工程规模如何,政府及有关管理部门都要安排人员负责具体管理工作,

对工程质量承担相应领导责任，并将责任对具体的人进行分解落实。若工程发生质量问题，可对责任人进行追究。

4)施工准备阶段的质量控制

(1)熟悉图纸。开工前必须熟悉图纸，以免施工时忙中出错。至少要做到以下几点：①会同建设方、设计方、监理方和施工方进行四方图纸会审并交底；②结合图纸，深入施工现场了解工程的基本面貌，如管线总长度、管线走向、管材直径、检查井数量等，以及与工作面开挖有关的地形、地貌、地物等，特别要注意查明煤气、电力等交叉管线的位置，做好标志及保护措施；③依照图纸确定的桩号走向采用水准测量复测一次，避免差错；④每隔 100 m 左右设置一个水准高程参照点，建立准确的水准高程控制网，便于管道施工时的测量。

(2)现场情况的调查与故障排除。开工前除保障“三通”外，还要结合管线走向，施工开挖工作面，堆土堆料所占场地，地形地貌、地物、交通问题等。任何妨碍施工的因素都要进行记录，请有关单位或部门协助排除。另外，对于管线与城市道路交叉等不可忽视的障碍因素，开工前就应会同有关单位研究解决。

(3)测量放线。地面可见障碍排除后，即可开始测量放线的准备工作。施工放线是整个给排水工程中的一个重要程序，指导着后续的施工，放线前必须做好严密的准备工作。如排水工程的工期较紧，道路施工方交出一段排水作业面后，排水施工方在未交出道路中桩的情况下立即组织进场施工，放线前利用电脑 CAD 软件输入道路中桩坐标、绘出中线图，然后根据管线与中桩距离在软件中自动计算出该段工作面各个井位的坐标，再根据各个井位坐标，利用全站仪现场放出各个井位。打桩撒灰放线时，中心线、边坡系数调整后因开挖受限制，开挖面必须变窄，就要考虑在沟槽内设置支撑来保证安全施工，以免塌方伤人造成事故。

5)加强施工质量管理

一是检验材料。根据施工有关设计规范，对材料强度、尺寸及密封性进行试验，不可采用质量低劣的材料。然后按照设计要求对各类材料的型号、材质、规格进行仔细核对，同时检查施工材料外观。

二是加强施工现场管理。总承包企业要在以下几方面加强现场管理：由总承包企业组织协调各施工企业讨论相邻施工区域同类管线碰头事宜，具体落实施工日期、人员、地点、质量检验等事宜，避免发生施工事故；总承包企业统一协调指导各施工企业的施工进度，在相同时间段内各施工企业应在所承担区域内完成相应施工任务。确有需要时由总承包企业协调各施工企业对部分施工任务进行调整,使施工按照进度计划准时完成。总承包企业对各施工企业用电用水量进行统一调度,在雨季施工时统一采取防洪排涝措施,确保施工道路通畅。

其中,特别要注意排水管道施工质量管理,其重点注意事项如下。

(1)沟槽开挖与支护。挖沟槽时,对于检查井中心桩,可依据井基圆圈的尺寸挖好井基,待管材放稳后,调节直管线管口,预留井筒位置,即可开始砌检查井的工序。通常在排水管道工程施工中,土方的工作量占整个工程的比例很大,因此,必须合理安排开挖机械和人员,应采用机械与人员开挖相结合的措施,并在开挖前逐一探明地下既有管道、电缆和其他构筑物的位置,以便采取相应的保护、迁移等措施,保证开挖工作顺利进行。

(2)合理选用及检验管材。

选择合适的管道材料,对于城市给排水工程也是非常重要的。管道材料的质量对给排水工程的使用寿命有很大影响,如果给排水工程使用的管道材料的质量没有达到要求,管道在使用过程中会很快出现变形、开裂的情况。随着使用时间的延长,管道会出现断裂情况,甚至报废。管道报废后再进行修复会导致给排水工作无法进行,在修复期间也会浪费一定的资源,对城市居民的生活、交通都会造成严重的恶劣影响。

管材及主要配件由选定的合格制造商提供,管材进场后,由施工方材料工程师对产品的质量进行检验。当外观检查无法确保管材的质量时,进行内外压试验。进场的管材必须是经过专业实验室批量检验合格并取得检验合格报告的产品。

(3)做好闭水试验是保障工程质量的重要措施。

闭水试验是检测管道施工质量的重要环节,首先应明确是否要做闭水试验,污水管道、雨污合流管道以及设计要求闭水的其他排水管道必须做闭水试验,闭水试验合格后才能回填土。对于进行闭水试验的管段,应仔细检查每根管材是否有沙眼、裂缝,若管材出现沙眼、裂缝现象,可用细砂浆修补;若有渗水部位,可用水泥浆刷补填实。

6)施工安全管理

在施工安全管理中要加强以下工作。

(1)在施工期间,应到施工现场检查、指导各施工企业施工情况,避免违章作业,切实消除各项安全事故隐患,并积极组织开展文明施工评比活动。

(2)对各施工企业安全管理工作的正常开展做好监督检查,确保其落实施工安全教育及安全措施。

(3)各施工企业需断路开挖管沟时,应提前上报至总承包企业,总承包企业按照施工道路情况,在相同时间、道路上进行统一安排,几个施工企业在多个地方开挖管沟施工时,施工应限期完成并及时恢复道路交通。道路开挖施工时,应在管沟两侧设置警戒红灯与标志,确保交通安全。

(4)安装施工凉水塔时应重视防火工作,对施工顺序进行合理安排,并采取防火措施。使用电动工具时,仔细检查导线绝缘性与工具安全性,避免电火花引发火灾。对混凝土框架柱子、水池进行防腐处理时,做好凉水塔玻璃钢、机械设备、PVC 部件、仪表电器等部件的安装工作。

(5)总承包企业对临时施工用水管网的埋设应进行统一规划,将其埋设于冰冻线以下,施工用水主管网上应每 100 m 设置 1 个消火栓。

7)加强施工监理

(1)采取跟踪监理,对施工过程加强控制。施工质量与每道工序、每项施工任务都有关系,不只是检验评定完成的,所以管理人员要严格控制每道工序。监理人员要在施工中做好跟踪监控,对承包商在施工前的技术交底工作做好督促,使参与者明确施工质量要求,自觉提高施工质量意识。

(2)对分部分项工程施工质量应进行严格评定。保证每个分项工程质量都符合设计要求。若某分项工程没有达到设计控制标准,就不能继续下道工序施工,以工序质量确保整个工程质量和安全。

8)加强试验与验收管理

在工程施工后期,总承包企业应邀请建设单位有关人员积极参与工程收尾工作。各施工企业在管线试验期间,应设专职人员设置、记录和拆除管线临时盲板。供水系统和循环水系统管网冲洗应与供水系统、循环水系统各种水泵试运转相结合,使两项工作同时进行。冲洗排水管线时,在注水的排水井壁与井底水流冲击处用镀锌铁皮做好防护。人工处理循环水管道的大口径管段时,必须要有相应的安全保护措施,并且不允许单人进入管道。完成设计文件全部内容且预试车成功,工程质量达到要求,技术资料齐全,并且达到要求后,才可以清理机械,办理全部工程的交接手续。

9)恢复施工场地

管道安装完毕并经水压试验合格后,经项目经理批准后及时进行管道回填。管道回填采用人工回填。检查井回填前先将盖板坐浆盖好,并经过测量保证标高准确后，同时回填井墙和井筒周围。管沟回填前清除槽内遗留的木板、草帘、砖头、钢材等杂物，且槽内不能有积水。将所有回填土的含水量控制在最佳含水量附近。还土时按基底排水方向由高到低分层进行，管腔两侧也同时进行。工程完工之后，迅速仔细地复原所有施工地面，使其恢复施工前的状态，达到监理认可的程度。

给排水工程与人民生产生活息息相关，涉及千家万户的切身利益，因此加强给排水工程的施工质量具有重要意义，以上仅从给排水施工管理方面提出了几点简单的施工管理措施，要加强施工管理工作还需要相关工作人员进一步研究。

2.3.2　城市给排水节水节能管理

1. 给排水系统节水节能现状

(1)供水装置节能刻不容缓。

市政给排水系统的设计主要包括取水设计、供水设计、排水设计以及净水设计，难度更大的部分包括消防、热水和中水设计等。在整套给排水系统设计方案中，最重要的耗能点来源于水泵的压力装置。据统计，全国供水装置用电总量占工业总用电量的比例非常高，并且总耗电量呈上升趋势，面对日益增加的耗电需求，施行有效的节能措施是刻不容缓的事情。

(2)给排水系统缺乏节能规划。

目前的市政给排水系统无论是供水还是排水都有浪费水资源的情况，究其原因是市政给排水系统在初期规划及设计时就缺乏对于节能的考虑，这导致后续的管道管理中存在管道过多、过少、泄漏等问题，阻碍了整个市政系统管理水平的提升。为了合理使用水资源、节约能源，应该先规划再实施，从整体上把握节能设计。

(3)缺少专业性。

我国幅员辽阔，每个地方的情况都不相同，而城市给排水工作非常依赖地方特色，想做好给排水系统管理，必须具体情况具体分析，这就需要有很强的专业性指导，不能生搬硬套。但是现在很多市政给排水系统中缺少专业人员，想要实现节能系统管理专业性和效能最大化，就需要更多的专业人员进入系统中工作。

(4)供水管道质量有待提升。

城镇中居民用水基本都通过管道运输，而当给排水系统中的管道出现问题时，居民用水就会受到污染，直接导致居民的身体健康出现问题，很多城市给排水系统中的管道在施工时偷工减料，导致管材质量差，很容易出现漏水的现象，给城市给排水管理工作增加了工作难度。

(5)排水管道缺乏合理性。

随着我国社会发展速度加快，一些老旧城区中的排水管道已经无法满足新城市发展的需要。老旧管道维护和保养的成本正在逐渐提高，管道年久失修，出现腐蚀或者堵塞的情况时，工作人员无法及时排查和处理，增加了给排水系统的压力。另外，原建筑单位的专业性不足，会导致排水管道在规划及管理上存在一定的缺陷，许多管道存在不同程度的重叠，一些污水泵埋置深度不合理等，都会使节能系统受到影响。

2. 城市给排水节水节能管理的必要性

1)建设节水型城市

在众多的自然资源中，水资源是十分重要的基础性资源。我国幅员辽阔、人口众多，水资源分布不均匀，使得水资源供需矛盾越来越突出。如何从资源节约和资源保护的角度提高水资源的利用效率，是当前我国城市可持续发展面临的一个重要问题。社会经济飞速发展，水资源的消耗量随之不断增大，浪费情况十分严重。随着我国可持续发展战略的深入，人们的节水节能意识不断增强。

节水型城市就是指一个城市能够对该城市的用水和节水工作做出科学的规划和预测，并在实际工作中能根据现实需要科学调整用水结构，不断加强用水管理工作，能够科学合理地对水资源进行开发、利用和调配，能够建设科学合理的用水体系，满足其社会经济活动所需的水资源量，要保持该地区自然界提供的水，或者正常可得到的范围以内的水，同时要做好水资源保护工作。

《节水型社会建设“十三五”规划》要求各地在推进节水型社会建设过程中，要坚持节水优先的大方向，优化管理，政府在节水社会的建设过程中起引导作用，要充分发挥市场的积极作用，对水资源承载能力进行严格的约束，对水资源的使用进行严格掌控，确保水资源的使用量和使用强度在合理的范围内，全社会要积极鼓励和倡导节约用水，要把节水工作深入社会发展的每个角落，积极应用先进技术，不断提高对水资源的使用效率。

2)给排水系统节能环保管理的必要性

(1)生活废水、粪便污水等的混合排放。当前我国大部分地区生活废水及粪便污水都存在混合排放的现象，这就导致大量的水资源无法实现循环利用，使水资源短缺形势更为严峻。这对市政给排水系统节能环保管理提出了更高的要求。

(2)热水供应系统。在当前市政给排水系统中，热水供应系统耗能量较大，但一直以来给排水系统设计都对热水系统的耗能问题缺乏有效重视，这导致能源消耗量一直较大。因此在进行热水供应系统管理时，要重视节能设计，通过改进旧设备并开发利用绿色能源，实现给排水系统的节能环保管理。

3. 给排水管理中的节能理念

1)给水管理中的节能理念

水资源具有不可替代性和有限性的特点，随着我国经济的不断发展和城市化建设进程的不断加快，水资源不足的问题越来越严峻，所以把节能的理念加入市政给水管理中来提高水资源的利用效率和循环利用率，是非常有必要的。在市政给水规划管理中，要根据当地实际情况，建设一些储水设施，在雨水充足的时候，既能有效地防止洪涝灾害，又能对多余的水资源进行储存。加强对城市内工厂用水的管理，尽量要求企业调整生产计划，用水量多的产业要在雨季进行生产，不用水的产业则多在干旱季节进行生产，使水资源得到充分的利用。很多地方存在水资源分布不均匀的问题，在规划市政给水系统之前，要做好市场调查，准确预测各个地区用水的需求量，使水资源供需平衡，合理运用和分配水资源。

2)排水管理中的节能理念

排水系统的管理主要包括以下几个方面的内容。

(1)防洪排涝。市政部门和水利部门要对城市排洪排涝的设计标准进行规范，对重现期有一个统一的标准。

(2)污水的处理。对市政排水系统的管理要符合当地的实际情况，充分了解城市处理污水的能力，并在具体的建设中利用节能材料和环保技术，如先进的施工工艺、环保的管道材料等，污水排水管网的规划与管理也要科学合理，以有效地提高城市污水的排放效率，以及大大降低投资成本。

4. 供水资源的全面整合与利用

水资源是城市生产生活发展的根本动力，在城市建设与工业建设不断加快的今天，城市供水系统面临着巨大的考验和压力。为了缓解城市供水压力，应调节城市水资源供给平衡，这对城市水资源的开发和引用具有十分长远的战略意义。对于城市供水系统，必须制定一套全面合理的水资源调配、供给方案，解决城市水资源短缺问题。

(1)应全面提高水资源的利用率,形成一套完备的城市供水循环系统。在提高水资源利用率方面要做到两方面的具体工作:①要加强城市给排水净化处理系统,对城市生活用水和工业用水进行循环调配,生活用水通过相应的污水处理设施达到净化的要求,经过净化的水资源能够用于工业生产,从而改变水资源"一次性"使用造成的浪费,这一点需要市政供水部门加大硬件投入,在城市供水枢纽区域建立蓄水站和排污站,合理调配水循环系统中的水;②要加强城市节水教育工作,鼓励市民开展节水节能活动,对于工业生产采取积极的引导措施,同时借助行政手段对工业节能减排进行政策支持,鼓励工业用水自净设施的建设,从已有的水资源循环中寻求节水方法的新突破。

(2)市政供水系统要积极开发水资源,合理使用城市地表径流、地下水层以及山地积雪融水。从目前城市水源使用状况来看,地下水是城市用水的主要部分,其次是地表径流。市政供水部门可以因地制宜,利用城市水文区位特点进行水源的开发:如山区城市可以使用季节性高山冰雪融水,通过修建蓄水池、水库对城市用水量进行有效调蓄;近河流地区城市可以通过对河流的开挖与引用,引入河流水资源;沿海发达城市具有雄厚的经济实力,可以在部分区域试点采用海水淡化装置,使水源的开发呈现出多元化的发展趋势。

在市政排水设计方面,应该根据区域对污水进行集散式运输,即生活区、工业区的污水在排放过程中经过第一道污水集中区域集中后,将污水沿管线进行分项排污。对污水中转设施地所在城市污水的收集、储存、处理功能进行优化,增强污水处理质量。市政建设资料显示,居民生活污水在通过中转处理后会减少30%~50%,集中处理区域内污水能够减少城市的总体排污压力,同时,污水分类处理有利于对城市地表径流及地下水的保护。

5.基于城市节能标准做好给排水系统区域化规划管理

对于市政给水系统,要根据不同的建筑区域及城市功能区域的需要来选择合适的给水系统,提高市政给水的有效性。特别是在城市智能化给排水系统的建设过程中,要事先根据城市供水区域的不同供水特点进行合理规划,城市高层住宅区域水压控制规划及新型水能引用措施等都要建立在节能资源的开发和利用上,为城市给排水设计提供长远的规划方向。做好规划工作后,还要基于城市节能标准做好城市给排水管线规划管理。

随着城市智能化供水系统的全面应用,特别是对城市供水管网及区域供水监测力度的加强，市政供水规划应从区域化管理方面进行思考。城市供水管道可以根据城市不同区域水资源使用情况进行管线安装，比如生活住宅区的供水系统可以使用片区枢纽供水模式，通过一个供水分枢纽对片区内水资源的供给进行整合，这个供水系统应该具有水源二次净化、加压系统，废水排放的储水系统和初级自净系统，形成一整套水源循环处理系统。在工业区域，可以使用工业用水分管水利枢纽，可以在就近的水源开采地直接铺设管线。在节能方面，可以使用城市二次净化用水作为工业冷却水，工业区域内水压加注可以采用独立水塔或者机械加压装置。在城市未来扩建与发展的规划中，对于输水管线要设计预留线路安装接入位置，使用统一规格口径的输水管线，减少新管线安装时重复拆卸造成的损失。

6. 城市给排水节水节能管理的具体措施

1)利用太阳能技术

太阳能是一种非常清洁且用之不竭的能源。我国现阶段对太阳能的利用已经非常成熟，将太阳能运用到市政给排水的设计中势在必行。合理地运用太阳能，可以有效地降低对有限资源的消耗，保护环境，达到节能减排的目的。在实际建设中，可以把太阳能板放置在闲置的屋顶上，对太阳能进行直接有效的利用，既环保又节能。

2)降低水泵能耗

在市政给排水系统工作过程中，水厂的水泵机组能源消耗量一直很高，所以在设计市政给排水系统时，要充分考虑这一问题，尽可能地降低水泵机组在能源方面的消耗。一些大型供水厂，为了满足需求，大多采用功率高、容量大的水泵机组，所以它们在电力消耗方面都有严格控制。水泵机组大致分为使用地表水和使用地下水两种类型。在实际的给排水系统设计中，要充分考虑它们不同的电耗指标，严格地按照电耗标准对水泵机组进行选择。根据城市对水的实际需求量，合理地配置水泵机组的数量，确保水的供应和需求达到平衡，防止水资源过剩。还要对供水路线进行优化，在满足所有人的供水要求的前提下，使管道的铺设总路线最短(可以借鉴物流中的邮递员问题来处理)，在此基础上对水泵的设置地点进行合理的选择，使能源的消耗降到最低。

3)提升给排水管网处理污水的能力

在设计市政工程中的给排水管网系统时，不仅要考虑给水和供水问题，还要全面考虑污水的排放处理，借助新型处理技术循环利用污水，降低水资源消耗量。设计师可以结合城市回收再利用水资源工作的发展现状和标准要求，对水质的成分组合进行优化处理，在坚持技术性和经济性原则的基础上，选择合适的处理技术。与此同时，在设计给排水系统时，可以适当地吸收和借鉴外国的设计理念与方法，借助外国的污水处理技术，将污水变为可以直接使用的净水，为城市提供更多可以利用的水资源。

4)合理规划雨水系统和污水系统

(1)雨水系统的规划。尽量利用已建排水设施，采用抽排方式的局部地势过低处尽量减少抽排范围。在原有地面偏低的旧村落设临时泵站，在旧村改造的同时，逐步提高现有地面标高，形成自然的雨水排放系统。尽快完善管道建设，坚持排水工程设施建设与镇政、交通道路建设同步进行。加强排水管理，健全管理机构，做好水土保持工作，及时进行管渠、河道清淤，保证雨水排放系统的畅通。全面实施防洪防潮规划，加快整治河道，建设高标准防洪工程。对于挤占河流行洪断面的阻水构筑物，要结合河道整治规划进行清障、改建或重建。充分发挥汇水面积内湖洼、河、渠道、水库的调蓄能力。

(2)污水系统规划。一般而言，在新城区采用分流制排水系统，旧城区采用截流式合流制排水系统。但真正意义上的分流制排水系统在实践中很难做到。完全分流制排水系统必须从化粪池出口分流开始，并且要求专业队伍施工和专业监督。另外，初期雨水污染比较严重，截流式合流制排水系统有利于截流初期雨水，因此中小城市宜采用截流式合流制排水系统。要重视污水的循环再利用，从“污染控制”向“水生态修复和恢复”转变，污水厂尾水排放应以就近向内河排放作景观用水为宜。

2.3.3 城市给排水现代化管理

1.城市给排水现代化管理的基本理念

城市给排水实行现代化管理的主要目的在于提高人们的生活质量，带动社会经济稳步发展，它取决于现代化理念。然而，长期以来，由于受到传统思想的限制，未将人类视作生态系统的组成部分，过于关注满足社会发展需求，导致流域生态系统遭到了不同程度的破坏，无法与社会发展相协调、适应。构建完善的现代化理念是实行城市给排水现代化管理的重要前提，人与水之间的关系应是利用和保护共存、改造和适应结合。现代化理念不仅存在于无形，而且无法进行量化，具有阶段性与连续性的特征，在城市给排水的管理中发挥着决定性的作用。

城市给排水现代化管理的观念转变主要如下。

(1)由单纯的索取转变为人与自然形成共生协调关系，将更加高效、合理地利用水资源作为主要目标。

(2)由“以需定供”转变为“以供定需”。

(3)由出厂水质的管理转变为用户水质综合管控。

(4)由分散建设和各自负责转变为地区共建与资源共享，并尽快实行流域的统一管理。

(5)由常规的水处理工艺转变为综合处理工艺，充分结合预处理、常规处理、深度处理及膜技术处理等。

(6)由“节源＋开流”转变为节流先行、治污为主、合理开源与综合利用。

(7)由污水的合理排放转变为污水处理实现资源化。

(8)由污泥的焚烧及填埋转变为污泥处理实现资源化。

(9)由单纯的终端处理转变为始端控制结合终端处理。

(10)由粗放式管理转变为精细化、制度化、规范化和信息化管理。

(11)由单一的防洪排涝转变为综合利用雨水。

2. 城市给排水现代化管理指标体系

1)现代化管理指标体系建立原则

(1)政策相关性。体系必须为决策者提供正确、客观的指示，具有描述当前给排水管理现状和衡量给排水管理水平的能力，同时与政策目标相适应。

(2)信息综合能力。体系要能真实反映不同阶段给排水现代化管理的实现程度，体系中的各项指标都应具有较大的集成度。

(3)数据可靠性。体系中的所有指标都应是客观存在的，避免主观因素对体系指标造成不利影响。同时，指标包含的物理意义应清晰、明确，选用标准且规范的测定与统计方法。另外，指标还要对相关活动的实际变化有敏锐的反应。

(4)可比性及可接受性。体系应满足在时间与空间上的可比要求，优先选择具有较强可比性的指标。可接受性是指体系指标的意义与作用应清晰、明确，可以被决策者等使用者轻易接受。

(5)可获得性。可获得性主要是对数据而言，要求所需数据应具备良好的可获得性，并且概念清晰，计算方式不得过于复杂。

(6)导向性。导向性是指通过对指标体系的应用，可在真实反映目前给排水现状的基础上，为其未来改造和发展提供可行的指导，确立一定时期内的发展目标及方向。

从整体上讲，城市给排水系统是一个复杂且巨大的系统，它包含的各个子系统的每一项因素均在数量或质量上按照一定顺序表现为一个可比量。以给排水现代化管理基本内涵为依据，结合所用的指标体系建立方法，从众多可比量中筛选出具备较高代表性的部分可比量，同时根据筛选出的可比量特征对可比量进行组合，形成指标体系，用于反映城市的给排水现状，为现代化决策提供必要的支持。

2)现代化管理指标体系建立——以湖南省为例

基于城市给排水现代化管理指标体系，以及湖南省地区实际情况，提出在建立管理指标体系的过程中应将以下三方面作为核心，并建立了如表 2.3 所示的湖南省城市给排水现代化管理指标体系。

表 2.3　湖南省城市给排水现代化管理指标体系

指标体系	给水系统	城市自来水普及程度
		人均生活用水数量
		企业 GDP 用水总量
		水质合格率
		管线漏水情况
	排水系统	污水处理水平
		污水处理后达标水平
		工业生产废水排放达标水平
		污水二次利用情况
		雨水收集与再利用系统
	监督管理	监管制度与体制优化
		给排水决策支持系统
		信息化与社会化服务机制

(1)能力指标：作为重要的城市水利基础设施，给排水系统的管理必须满足现代化发展的需要。

(2)科技进步：全面开展科技创新，加大力度引入新材料和新工艺，在高效利用水资源与保护水资源的同时，兼顾环保、舒适与安全等目标。

(3)监督管理：在建立指标体系的基础上，还要将用户作为核心，以用户满意为根本目标。

2.4 给排水系统智慧化建设赋能

给排水系统是城市的重要部分，对城市的使用价值和整体水平有着非常重要的影响，与我们的日常生活有着极其密切的联系。给排水系统建设直接决定人们生产、生活品质。

《中华人民共和国国民经济和社会发展第十四个五年规划和 2035 年远景目标纲要》提出推进新型城市建设，顺应城市发展新理念新趋势，开展城市现代化试点示范，建设宜居、创新、智慧、绿色、人文、韧性城市。提升城市智慧化水平，推行城市楼宇、公共空间、地下管网等“一张图”数字化管理和城市运行一网统管。这是国家层面首次提出“韧性城市”概念，这意味着“韧性城市”建设将会成为未来城市建设的重点方向，而更多的智慧科技也会赋能韧性城市建设。

因此，值得进一步探究给排水系统如何更好地保障城市正常运转，如何通过智慧化建设赋能韧性城市发展，保障城市安全。

2.4.1 当前城市给排水系统问题的主要表象

1. 给水安全冗余不足

水源问题造成的停水现象时有发生。排水不畅、局部区域内涝现象频出、水体污染、黑臭水体等问题较为严重。

2. 给排水设备设施老化，系统功能弱化

管网存在“跑冒滴漏”现象，破损、漏水问题频出，系统整体安全性差。给水系统彼此缺少联系，不能互补。排水系统管道淤堵破损及雨污水管混接现象普遍存在。

3. 防洪排涝隐患突出

主要集中在危旧房屋、低洼地势、危险树木和地下空间等处。在短时间强降

水的极端条件下，局部内涝严重，存在水土流失、树木倒伏、地下空间雨水倒灌的风险。

2.4.2 对城市给排水系统问题的梳理分析

1. 高质量发展的建设观念有待改进

过分重视城市的规模和体量，而没有在质量上下足功夫。部分区域在没有充分调查研究的基础上就盲目扩张，“摊大饼”式发展，没有摸清本地区的市政设施承载力，致使市政设施承载力远远不能满足城市发展的需要。

2. 建设和管理的缺失

不同于宽阔的道路、漂亮的公园能够引起社会公众的关注，给排水管网体现不出城市的特色，在不出现极端天气的情况下不会对城市运营和美观造成严重影响。加之管网建设投资巨大，见效慢，不能短时间内显著提升本地区的 GDP 水平，因此往往被政府和建设单位忽略。对环境的破坏造成自然修复能力的下降，对山体和湖泊的破坏尤为严重。原本具有自然储水调节洪峰功能的湖泊、山塘、洼地遭到人为破坏和填埋，雨水调蓄分流能力降低。城市铺装路面阻碍了雨水渗透，增加了地表径流，使其汇集速度加快，加重了排水设施的负担，造成城市内涝的隐患。

3. 技术创新不足，科技引领不到位

一些地区和部门片面强调经验，而忽视科技贡献。将有限的资源和精力投入到人防和物防上，对技防重视程度不够。特别是城市给排水管网，因深埋地下，其风险都是许许多多看不见的隐患积少成多汇集起来的。这种情况下投入再多的人力物力也只能治标，而不能治本。没有科技化和智慧化的技术保障，城市给排水系统存在的风险始终是潜在隐患。

2.4.3 城市给排水系统的智慧化建设

1. 科技赋能风险防控，智慧守护城市安全

可以统筹推进传统基础设施和新型基础设施建设，打造系统完备、高效实

用、智能绿色、安全可靠的现代化基础设施体系，以科技创新和智慧化赋能为先决条件，以较少的科技投入，提升城市智慧管理能力，科学规划，及早预防，及时发现，立刻处置，互联互通，构建智慧安全韧性城市，提高城市风险治理现代化水平。

2. 提高站位认识

充分认识《中华人民共和国国民经济和社会发展第十四个五年规划和 2035 年远景目标纲要》《国务院办公厅关于推进海绵城市建设的指导意见》等规范性和指导性文件的要求，将宜居城市、海绵城市、韧性城市概念落实到城市建设中，将城市建设与生态文明融合，以高质量发展保持城市韧性，确保城市安全。安全是现代化城市治理的核心，城市一旦不再安全，一切都将归零。融合灰色基础设施和绿色基础设施，突破传统观念，思考人与自然的和谐统一，发展利用低影响开发技术，减少城市发展对自然环境的不利影响。

3. 重视城市基础设施建设，特别是给排水系统建设

给排水系统是一个城市的“良心”，它虽然不处于显著位置，普通大众也对其没有直观印象，但是在突发自然灾害时，就能凸显出重要性。不断提高给排水系统的安全性和效率，在韧性城市理念下，持续注入科技因素、智慧因素。智慧化建设能够更加科学、合理、安全地选择自来水厂和污水处理厂位置和水源口布置，采用小规模、高效率、分布式建设模式，让基础设施之间相互关联又彼此独立，互成备份又协调统一。采用信息手段尽早了解上下游水文、环境、卫生、气象等信息，让给排水系统效率更高，韧性更强，抗风险能力更强。

4. 科技赋能

采用新方式、新技术不断进行科技赋能，逐步提高城市给排水系统管理的智慧化和科技化能力。建成立体空间可视化城市信息模型（CIM）平台，为城市智慧化转型打造数字底座，构建贯通“城市大脑”和“基层细胞”的智能化管理体系。推动管理理念、管理模式、管理手段的创新。推动设施联通、信息共享、工作联动，推动一网统管、一网统防、一网通办，让各项管理更聪明、更智慧、更精细。利用云计算、物联网、人工智能等新技术提升城市地下管网智能化水平，透彻感知给排水系统地下管网运行状况，分析管网风险及耦合关系，着力堵塞漏洞、消除隐患，不断提高公共安全水平、运行效率和安全性能。运用基础数据分析，通过

专业模型软件耦合降雨、下垫面、管网等数据，模拟极端天气下的城市内涝风险，分析出风险位，为应急处置提供可靠预警和决策依据。

5. 坚持系统集成

把城市安全作为城市建设管理中的一个大系统通盘考虑、系统设计，将给排水系统监测整合到市政公共设施监测平台，统筹燃气、桥梁、供水、排水、热力、消防等多领域监测，实现对城市生命线系统风险的及时感知、早期预测预警和高效处置应对，确保城市安全的主动式保障。实现主要风险点可监测、可预警、可研判、可决策，安全风险事前监测预警、事中研判处置和事后分析决策的全过程闭环防控机制，切实提升城市韧性程度。

韧性城市丰富的内涵对于未来城市基础设施建设影响深远，而基础设施的韧性就是确保城市在遭受灾害时减轻损失并合理地调配资源，快速从灾害中恢复过来。对城市给排水系统而言，智慧化建设可以不断提高城市水安全标准，改善用水效率和资源化率，增强风险处置能力，在韧性城市发展中发挥积极作用。

第 3 章 城市河道治理工程

整治城市环境，疏通城市河道，是建设社会主义和谐社会的重要举措。在城市发展的过程中，河道建设一般落后于其他基础设施建设，往往不被重视，城市河道常常成为纳污的容器或者城市建设用地侵占的目标。加强城市生态环境建设是建设和谐城市的重要举措，河道综合整治是城市生态环境系统的重要组成部分。

3.1 城市河道综合治理的相关理论

3.1.1 城市河道的概念和功能

辞海把河道(river course)定义为河水流经的路线，通常指能通航的水路。河岸、河滩、河床是河道的三大组成部分，河道是河流的重要组成部分，河道的形式多种多样。《现代汉语词典》(第 7 版)也给城市(city)下了定义：人口集中、工商业发达的地区，通常是周围地区的政治、经济、文化中心。

城市河道(urban river)的概念目前还没有明确定义。在国内外文献中，一般情况下，城市河道通常指流经城区的河道，是自然的或人工开挖的流经城市区域范围内的河流段，一般包括城区段、城郊段。

河道具有为城市提供水源、排洪、防御、交通、贸易交流、休闲娱乐等功能，城市围绕河道发展、生存，并对河道提出相应的发展要求，二者相互依存。

在人类的历史长河中，城市河道经历了一系列的功能的变化，从专用航运到行洪排涝，再到提供生活用水和灌溉，再到塑造滨河景观、构建生态循环系统，这一系列的功能中，河道扮演的角色有的是与生俱来的，有的则是人们根据现实需求添加的。在不同的历史时期，城市河道发挥的功能不同。其主要功能分为以下几种。

(1)生态功能。河道最基本的一项功能就是生态功能，例如过滤功能、净化功能、栖息功能、流动功能等。河道为多种生物提供了良好的栖息地，水中的营养物质为其提供食物，河道也具有净化空气和调节城市气候的作用。良好的河道对形成良好的生态系统具有重要意义。河道的水面较宽，水分易蒸发，加之河道风的流动，使城市湿度大大增加，城市热岛效应也大大降低，为城市居民创造了适宜的生活环境。城市河道护岸为居民提供了休闲、娱乐场所。城市河道周边的绿化也起到了降低噪声、吸尘纳垢的作用。城市河道水系是一个可持续的、具有生命力的有机系统。

(2)水利功能。灌溉供水、行洪排涝是河道的两大水利功能。

①灌溉供水功能。河道一般在汛期储水，在旱期排水，不仅为城市居民提供生活用水，还供给工业用水，同时引河道之水灌溉农田。方便、快捷是城市河道供水的一大特点。城市河道为水生物提供了生存环境，也改善了城市环境。因此，保持城市河道水资源的持续供应，不断发挥城市河道的水利功能，创造良好的河道是关键。

②行洪排涝功能。降雨落下的水分为两部分，一部分渗入地下形成地下水，一部分流回河道。一般利用河道汛期储水、旱期排水的功能减少洪涝灾害。我国是季风性气候，梅雨季节的降水量较大，河道具有减缓洪水行进速度的功能。

(3)交通运输功能。在中国古代，河道是航运路线较为重要的一部分，在中国历史上有非常重要的作用。古代战争不断，通过河道运输船队和粮食非常方便，出于这种目的，人们开挖了一些运河，重要的运河有京杭大运河、淮河及其支流、长江和黄河部分运输段，经过几千年的发展，这些河流连接在一起，形成了较为发达的水运网络。随着经济的发展，陆运、空运的便捷性超过了航运，河道的航运功能也逐渐下降，我国只有南方部分地区还在发挥河道的交通运输功能。河道的交通运输功能的重大意义在于促进了我国各地区之间经济、文化、政治的交流。

(4)景观功能。随着河道交通运输功能的弱化，河道的景观塑造功能逐渐增强。但是由于生活污水及工业污水的排放，城市河道受到了严重污染，水质量严重下降，人们的生活用水质量不达标，严重影响到了居民的身体健康，在此情况下，良好的河道环境对城市景观及生态系统的作用提升到了很高的层次。城市河道是城市的绿色生命带，具有调节区域城市小气候的作用。河道周边绿化可吸附污物和汽车危害、净化空气、降低噪声。水体可增加城市的湿度，提高城市环境质量。河道还给居民提供休闲娱乐的场所。

巴黎、伦敦、广州、纽约等国际大都市的沿河景观带与沿河标志建筑已经成为城市的明信片。有的沿河景观带及沿河建筑则成为城市中较为活跃的地区，例如我国的北京转河、成都府南河、南京秦淮河、上海苏州河等地区。

3.1.2　城市河道治理的定义及其与城市的关系

目前，关于城市河道治理国内外文献中还未有明确的定义。一般情况下，广义的城市河道治理是指治理城市中一些正在遭到破坏或者即将遭到破坏的城市河道。保护、修复或者重建河床、护岸以及两岸绿化等工程，既要让城市河道充分发挥护城、灌溉供水以及引水排洪的作用，又要扩展城市河道景观功能、生态功能、休闲娱乐等方面的功能。

城市河道是城市的重要组成部分，在城市的发展过程中发挥着多样的功能，充当着多重角色，为城市的建设发展提供了便利。同时，城市的建设发展也为城市河道带来或好或坏的影响，城市河道与城市之间相互联系、相互交融。城市河道是城市的重要基础设施，衡量城市生态系统优劣的一个重要指标就是城市河道质量的好坏。城市河道发挥着护城、航运、引水排涝的作用，为市民提供旅游、休闲娱乐的场所，改善城市小气候，吸尘纳垢，净化空气。城市河道穿越城市的不同社区，城市社区的周边环境设计要综合考虑城市河道的影响。因此，城市河道同时承载着人文因素和物质要素的双重特性。

3.1.3　受污染河道治理的概述

随着世界经济的飞速发展，城市化、工业化进程不断深化，全球水系面临着众多挑战，水资源紧缺以及水环境污染是最重要的两个方面。城市河道是连通众多水系的重要一环。当前，国内外的城市河道大多面临着水环境功能减弱、水体污染以及群落多样性降低等问题。国外的城市典型河道治理相较于国内更早开始，但受到当地政策、人们意识等的限制，受污染河道的治理工作依旧在继续。河道治理要考虑众多因素，针对城市典型河道的水环境状况，制定适宜的治理方案，探索水环境修复模式刻不容缓。

1. 国内受污染河道的现状

国内的受污染河道的情况复杂，各河道的水质特点并不相同。城市河道的污染更为严重。

河道城市段沿程的污染物来源主要包括居民活动排放的生活污水、污水处理厂的出水、工矿企业排放的工业废水三个方面。有机污染物来源大致有雨水管排入、污水管排入以及人为倾倒三方面。

雨水管排入的污水中的污染物主要由初期雨水携带的大量地表尘土以及部分难回收的垃圾材料构成,它们汇入河流并对河水造成一定的污染。初期雨水多为高污浑浊状态,短时间内可导致水体污染检测指标突增。

污水管流入河道的废水种类较多,不同的污水管中污水的种类有较大的差异。如老旧城区的生活污水管主要有居民的生活污水,其中包含的营养盐含量很高。众所周知,氮、磷等污染物是造成水质恶化、水体富营养化的决定性因素之一。老旧城区的生活污水管直接将污水排入河道,会破坏河道水环境结构。污水管也包括工业废水管,之前国家对于工矿企业的污水排放管理较为粗放。许多企业将处理不彻底的污水直接排入河道,使得河流水质急剧变化,破坏了原本的水生态体系。如今,国家的管控越来越严格,但还有部分企业利用管理漏洞偷偷排放污水,这种情况对于河道的影响也不能忽视。污水管是河道废水中污染物的重要源头之一。

人工倾倒污水也会对河道造成一定影响,但是相较于污水管,人工倾倒的影响程度低,影响范围小。

各类污水的排放加剧了城市河道的污染物含量超标情况,以及水环境结构被破坏的不良状况。

2. 受污染河道的影响与危害

受污染河道中最重要的一类污染物即氮、磷营养盐。城市河道两侧往往与居民区、公路相接,紧邻生活区域。其水质一旦恶化,有可能出现河道堵塞、水体黑臭、水生态环境崩溃等问题,不仅会影响河道水体的正常流动,还会降低周围居民的生活品质,对居民的生活造成不良影响。受污染河道的水质不稳定,受到再生水源变差的影响,可能会出现河道水生态系统崩溃的情况,限制当地经济发展,对于当地的旅游业及河流下游的水质都会造成不利影响。因此,受污染河道的治理工作具有现实意义。

我国大部分城市都在河道周边并依水而建,市民也都喜欢有活水的社区,这从侧面反映出城市河道综合治理的重要性。但是,传统的河道治理偏向于防洪排涝,采用混凝土和浆砌石河道抵御洪水,忽略了河道的其他作用。随着社会发展,城市河道的功能不断增加,河道治理也有了新的意义,具体如下。

(1)防洪排涝。城市地面硬化造成城市洪量大、洪峰急,城市河道及两岸湿地可以对城市洪水进行调节,延缓洪水的行进速度,削减洪峰、洪量,减轻下游河道洪水强度。防洪排涝也是城市河道最根本的功能。

(2)截污净水。依托已建和新建污水收集处理系统,进一步完善沿河污水收集输送系统,提高污水收集处理率,对旱季污水进行全面截排,大幅缩减雨季污水,以净化河道水质,保证周边空气指数。

(3)河道景观。利用河道自然水生态系统,恢复河岸植被,增加生物物种,沿河设置慢行绿道,减少混凝土、浆砌石等生硬构造,在有条件的地方建设滨水开放空间,以丰富市民的业余生活。

(4)调节小气候。河道具有丰富的生物多样性,河流周边的绿化带可以净化周边空气,对于汽车尾气及施工造成的粉尘都有吸收作用,同时由于水的比热容较大,河道水面水分蒸发以及水流流动都可以改变周围环境,为市民创造一个舒适的生活环境。

3.2 城市河道的外观形态

城市河道的外观形态是最先出现在人们视线之中的,也是河道治理的重点内容,还是最为直观的景观环境。

3.2.1 城市河道的平面形态

1. 河道平面形态的分类

自然河道在平面上一般有顺直、弯曲、分汊、散乱四种形态,这些形态会随自然环境的变化而变化,总体有向弯曲和微弯演变的趋势。一般的河道都有两种及以上形态特征,而城市河道由于城市发展和水利工程,大多都是顺直的形态。

(1)顺直形态。

河道在平面上比较顺直,河槽两侧分布有交错的深潭浅滩,这种类型的河道在受到冲刷时,其边滩会相应地向下游移动,深潭浅滩也会同步向下游移动。

(2)弯曲形态。

这种弯曲的蜿蜒型河道由于受到重力和离心惯性力的作用,水位会沿着横向曲线变化,凹岸一侧的水位会高于凸岸一侧的水位,这决定了弯道水流的结构特点。随着蜿蜒型河道的曲折程度不断加剧,河流长度会一直增加,曲折系数也会变大,凹岸会崩退,凸岸会相应淤长。蜿蜒的河道能降低洪水流速,降低河流泥沙移动能力，起到防洪的作用，降低水流对河流护岸的侵蚀。同时蜿蜒的河道有利于营造丰富的生物栖息环境，为动植物提供避难场所，提高生物多样性，为营造近自然的河流奠定景观基础。

(3)分汊形态。

中水河槽宽窄相间，窄段为单一河槽，水深较大，宽段由沙洲将水流分为若干股。这类河道的演变特点为：沙洲与河岸线不断移动、变形，分流比与分沙比相应变化，导致主支汊周期性兴衰交替。这类河道多存在于河谷宽阔且沿程组成物质不均匀，上游有节点或稳定边界条件，流量变幅不过大，含沙量不过高的河流中。这类河道因水流分散、水深较小、主支汊兴衰交替不稳定等，常给水利水运建设带来一些问题，要进行一定的整治。

(4)散乱形态。

河槽断面宽且浅，江心多沙洲，水流散乱，沙洲迅速移动和变形，主流位置迁徙不定，平面上水流散乱、心滩密集，主槽的摆动幅度和速度均很大，河势变化剧烈。

2. 修复方法

河道的蜿蜒化可以降低河道坡降，降低河水流速和泥沙输移的能力，缓解水流对河流堤岸的冲刷、侵蚀。同时蜿蜒的河道可以增加动植物栖息地的质量和数量，为动植物提供生存环境，提高生物多样性。在对河道的平面形态进行修复治理时，使河道趋向于弯曲和微弯是主要的目标之一。自然的河道是没有固定的弯曲模式的，并且不存在完全的正弦曲线形态，弯曲大的河段会包含弯曲小的河段。在小尺度范围内，影响因素主要有植物位置、河底土质特性和漂流石块的变化情况等。

在城市河道的主河道，通常会净化水质，设置生态浮岛、心滩等。在副河道，可适当采用较为顺直的河流形态来增加河流的流速和流量，以尽量在下游设置一些蜿蜒型的河段，若部分河段的地形地貌没有受到较大的影响，那么可以适当减少人工干扰，使其保持原有的形态。河道的蜿蜒性修复主要有以下几种方法。

(1)复制法。

通过对河道历史状况的分析与研究，确认该河段的河道弯曲度、河床宽度、流域状况、流量、河床材料、泥沙等基本水文数据，若这些数据基本不发生变化，那么就可以采用未受干扰时的历史数据来进行修复。如果没有相关的历史数据可以查询，可以选取与本河流未受干扰时的水文条件相似的河段(或者同类型的河段)作为参照,将其平面形态进行复制,应用到受干扰的河段。

(2)应用经验关系法。

很多学者根据经验和调查数据,提出了多种蜿蜒性参数和其他水文条件之间的经验关系,来辅助进行河道平面形态的修复。但是,这些经验关系只是学者根据自身的经验和调查数据得出的不完全统计关系,只能作为参考,并不能用于所有的河道形态修复,应结合修复河段的水文条件调查分析与经验关系来确定最终的修复方案。

1966 年,Langbein 和 Leopold 等人建议按照正弦曲线形态计算蜿蜒性河道各点的坐标,来近似地确定河道中心线,他们提出了河道曲率半径和河道宽度之间的关系式:

$$L = 10.9W^{1.01} \tag{3.1}$$

式中:L 为河道曲率半径;W 为河道宽度,取研究河段的平均值。如果河流的弯道跨度太大或者河道宽度不够,那么就要采取措施来减小河道坡降并对河床进行加固。

他们还提出了河道弯曲波长与河道宽度的关系式:

$$R = nW \tag{3.2}$$

式中:R 为河道修复之后的弯曲波长;n 为常数,通常取 10～14;W 为河道宽度,取研究河段的平均值。

Soar 和 Thorne 综合研究了多位学者成果和工程资料,在 2001 年提出了河弯跨度与河道宽度的经验关系式:

$$L_m = (11.26 \sim 12.47)W \tag{3.3}$$

式中:L_m 为河弯跨度;W 为河道宽度,取研究河段的平均值。

相邻两个拐点之间的弯曲段长度(半波长)的关系式如下:

$$Z = \frac{L_m i_v}{i_c} \tag{3.4}$$

式中:Z 为半波长;i_v 为河谷坡降;i_c 为河道坡降。

确定了河弯跨度之后,可以用一根绳子,在图纸上两个拐点之间按照一定的蜿蜒模式进行对比,来确定河道中心线。

(3)自然恢复法。

对需要进行修复的河道,难以找到合适的解决方法时,若时间条件允许,可以暂时不进行改造,保持原有状态,让河道依靠自身的调节能力逐步修复,进而形成相对稳定的蜿蜒度。这种方法最主要的因素就是时间,需要很长的时间才能恢复到自然的形态，在此过程中还存在河岸被侵蚀和淤积的问题。若已经进行混凝土渠化，那么可将混凝土部分开凿，使河道能够恢复到自然的形态。

（4）系统分析法。

Hasfurther 在 1985 年建议通过分析研究未受干扰河段，对受干扰河段的地貌特征进行评价分析，对河段与周围区域的相互影响进行研究等，然后采取系统分析的方法进行河道蜿蜒性的设计研究，进而确定各个河段的弯曲度和河道宽度，得到最终的平面形态。

（5）辅助性工程措施。

在修复治理城市河道时，如果蜿蜒性河道不能够满足行洪排涝的安全标准，那么可以适当采取一些辅助性措施，例如开挖分洪道，这种辅助性措施与传统的裁弯取直有一定的相似度，但在设计和运行方式上有所不同。分洪道仅在洪水季节发挥作用，平时可以保持干涸或者少量河流，也可营造一定的景观环境。在没有洪水时，河水可以只按照原有的蜿蜒性河道行进；在有洪水时，可以让一部分洪水沿着顺直的分洪道排出，同时在分洪道的首位设置溢流堰、水闸等设施来控制水流的位置和流量。

3. 治理的工程措施

1）丁坝

丁坝建造在水中，是普遍应用的一种坝工形式，其具有束窄河床、调整水流、保护河岸的功能。在城市河道修复治理时，设置丁坝可以形成缓流区域，为动植物提供稳定的生存繁衍场所，同时可减少水对河岸的冲击。连续设置的丁坝能够堆积更多的泥沙，形成多样的河床形态和生境条件。

传统丁坝属于重型结构，由护底、坝体、护根及护坡组成，坝根与河岸或专门修建的连坝相连，坝头伸向河槽方向，平面呈丁字形。新型丁坝以土工织物为主要材料，结合各种压载物组成的沉排坝而形成。新型丁坝组成材料与传统丁坝一样，护根主要由土工织物组成。

丁坝一般连续多个设置，单独的一条丁坝影响很小，其长度一般在河道宽度的 1/10 以内，高度为设计洪水流量时水深的 20%～30%。丁坝的间距是很重要的因素，间距大则难以相互掩护，间距小则会有所浪费。对于凹岸，丁坝间距一般为坝长的 1～2.5 倍，凸岸丁坝间距为 2～4 倍。

丁坝的平面形式主要根据丁坝的长度、档距和方位角等划分。就长度而言，阿尔图宁等人认为如果丁坝在垂直于水流方向的投影长度与稳定的河道宽度的比值大于 0.33,则为长丁坝,反之为短丁坝,特别短的丁坝被称为矶头、跺、盘头等。根据方位角,丁坝可以分为上挑、下挑和正挑三种。上挑丁坝与河岸的夹角为 110°～120°;下挑的为 60°～70°;正挑的为 90°。

根据使用的材料,丁坝可分为以下几种类型。

(1)桩式丁坝:采用木桩或者钢筋混凝土桩作为基础的垂直于河岸的丁坝。木桩一般采用长 3～5 m、末端直径 12～15 cm 的木材,间距 1 m 布置。钢筋混凝土桩采用长 10 m 左右,断面 25 cm×35 cm 的预制板柱,按照纵横 5 m 间隔 1.5 m 连成整体。

(2)抛石丁坝:用毛石堆积或在填土表面用毛石干砌而形成的丁坝。通常适用于河床为砂砾的河道和水流湍急的河道。抛石丁坝横断面为梯形,坝顶宽度通常为 1～4 m。其迎水一面坡度一般为 1∶1～1∶2;背水一面坡度为 1∶1.5～1∶3,流速不大时也可为 1∶1;坝头向河坡坡度取 1∶3～1∶5。

(3)混凝土丁坝:其形式与抛石丁坝相似,只是组成材料为混凝土,其上覆盖一些河床材料、砾石等用来种植植物,并用沉排和蛇笼等作为护脚,使泥沙堆积。

2)树墩

树墩是指树根和部分树干组成的结构物,可用来控导水流、减弱冲刷,并为生命体提供栖息环境。通常根部直径为 25～60 cm,树干长度为 3～4 m,树根盘的 1/3～1/2 埋入枯水位以下。

施工时,通常采用插入法,使用机械把树干端部削尖后插入坡脚土壤中。也可采用开挖法,挖开岸坡后,将树墩埋入其中,使树根底盘正对上游,并用纤维垫包回填土,再扦插活树枝。

3)堰

堰一般有交叉堰、W 形堰和 J 形堰等。交叉堰是枕石铺在河岸边缘,与河底有一定交叉的一种堰体结构,它有助于控制坡度、减弱河岸的侵蚀,维持河道输送能力。W 形堰从下游看呈 W 形,主要用于比较宽的大型河道,可以保护河岸,同时有利于从河道中引水。J 形堰是由天然材料建造,在平滩高程位置从河岸向上游主槽延伸的一种工程结构,在平面上呈 J 形,能够降低近岸区域的流速、剪应力和水流能量。

3.2.2 城市河道的纵剖面

1. 概述

河流是典型的线性结构，其在纵向上有着连续性，从河流的源头到终点才是一个完整的生态系统。在河流整个运输传递的过程中，其水量、流速、河道宽度、深度、生物状态等都会随时变化。上游生态系统的任何变化都会影响下游的环境，同时下游的环境变化也会对上游有影响。

河流纵向上的连续性能够很好地保持河流生态系统的稳定性，为各类生命体提供多种多样的生境条件，同时也是整个生态系统延续的基本保障。但是在人们对河道进行开发利用时，会建造大量的堤坝、水闸等设施，严重干扰了河流在纵向上的生态连续稳定性，尤其是各种生物之间的能量、信息交流。

河道纵向上的修复治理，最重要的就是要维持河流整体的连续性，这是河流生态系统的核心内容，对于城市河道来说尤为重要，因为城市区段是受干扰最严重的部分，在治理时可以为竖直的跌水制造部分缓坡，设置水生动物专用的通道，拆除不需要的拦水设施，等等。

2. 设计方法

通常情况下河道的纵剖面都是不规则的，还会受到河道坡降的影响。从大的范围来看，河道的纵剖面会根据河流基准面的变化和地壳的移动速度而变化；从小的范围来看，河道的纵剖面能够反映河床的地貌特征和河道范围内的人工水利设施。在河道纵向设计中，了解并分析其总体的下切侵蚀和泥沙淤积的趋势是非常重要的，并要同时对总体和局部的特征进行对比研究。在对河道纵剖面的分析中，河道坡降决定了水流、流量、河流运输能力以及地貌特征变化等，如果坡降过小，则可能出现泥沙堆积的问题；如果坡降过大，则可能出现河床下切的问题。确定坡降的程度有以下几种方法。

(1)若河道水流、泥沙的状态变化不大，那么，可以参考其上游或下游的相关水文资料，进行对比分析。

(2)若河道附近有天然河道，且两者有相似的水文特征，那么，可以参考该天然河道。

(3)若河道附近的河谷坡降和蜿蜒度能够确定，那么，可以以此作为确定坡降的依据。

在测量河道的纵剖面尺寸时，流域尺度的范围可以从大比例尺的地形图上获取资料。而在河道的修复治理中，应当严格对治理河段进行实地测量，测量时应当在治理河段及其上下游，选择横断面上的深泓点位置作为测量点，测量范围要包括人工设施。

3. 治理的工程措施

1）人工鱼道

自然河流中存在很多有洄游习性的鱼类，它们对于河道纵向的连续性有着非常重要的作用，可以将不同河段的能量、物质信息进行交流互换。但是顺直的城市河道水流速较快，对鱼类形成了很大的威胁，尤其是人工堤坝等设施，鱼类更是难以穿越，那么就应修建一些人工鱼道，来协助鱼类洄游。

在设计人工鱼道时，要考虑河道的水文条件、鱼类的洄游方式以及各种人工设施等。但是首先应该确定人工鱼道进出口的位置，进口位置应当设置在鱼类洄游路线上，若是难以确定，则应设置在有水流下泄和鱼类聚集的地方；进口不能有漩涡和水跃；进口应能够适应过鱼季节下游水位的变化；进口的低槛高程在过鱼季节下游的水位发生变化时，能够保证 1.0～1.5 m 的水深。

出口的位置要远离泄水和引水建筑物等不利于洄游的环境；出口的高程应当能够保证从上游放水进入鱼道；出口应能够适应过鱼季节上游水位的变化；出口高程在过鱼季节上游的水位发生变化时，能够保证 1.0～1.5 m 的水深。

常用的人工鱼道有以下三种类型。

（1）水池式鱼道：由一连串连接上下游的水池组成，各个水池之间由短的渠道连接。这种鱼道接近自然河流的状态，比较有利于鱼类的洄游，但是高度太高、水头不大，一般是 3～10 m，并且需要合适的地形，否则就要进行工程量较大的开挖工程。

（2）槽式鱼道：最简单的一种鱼道，它的断面是一个矩形的槽。通常为了保证水深并限制流速，这种鱼道中会进行不同类型的人工加糙，称为丹尼尔槽式鱼道。这种鱼道的优点就是宽度小，一般在 2 m 以下；坡度大，通常为 1∶4～1∶10；长度短。缺点就是流量较大，水流容易紊乱。

（3）梯级鱼道：由横隔板和阶梯式底板的水槽组成，形成一系列的阶梯式水池。设置隔板后，水池中的水位会自然形成阶梯状，但在隔板上设置了一系列的孔洞，方便鱼类穿越。同时拐角处的水池能够为鱼类提供休息的场所。水池的数量和大小要依据河道的具体状态来确定。

在实际的工程实践中，大多选择复合设计方式，更好地协助不同鱼类的洄游。

2）跌水工程

治理城市河道时通常采用混凝土河床，这样有利于洪水的排泄，但同时会增加河水流速，破坏生物的生存环境。而自然河流一般都存在多种多样的高差，为其生态系统的维持提供了环境保障。

因此，在治理城市河道时可以通过一些人工手段，如设置溢流堰或阶梯状挡墙、利用石块建造自然跌水等来降低河床坡度、减缓河水流速、营造生物栖息环境。跌水形成后，其高差不仅能增加河水的复氧能力，还能够营造景观。

（1）溢流堰。利用溢流堰来营造跌水是常见的一种工程方法，它通过不同形式的溢流堰组合，形成不同的水生环境。在上游，能够形成较高水位，为生物提供栖息场所；在下游，能够增加河水的曝氧量，同时增加河水的势能，影响河水对河床的冲击力，进而改变河床的纵向形态。

（2）阶梯状挡墙。若是河床的坡降较大，则可以采用阶梯状的挡墙来缓解坡降。首先要确定每一级阶梯的间距和深度，通常可以将间距设置在 70 cm 左右，深度设置在 80 cm 左右；然后要设置一些孔洞来方便生物栖息、避难；同时各级挡墙的压顶要使用天然石块，并在底部铺设碎石等，使河水的形态更具多样性。

（3）天然石块。在河床坡度较小的河段，可以将天然的石块、碎石等放置在河水之中，营造自然跌水的状态。天然石块堆放时，会有很多孔隙，这样既能够保证良好的通透性，又能够为生物创造有利的生存环境，营造自然的河道景观。

3. 深潭-浅滩序列

深潭和浅滩在自然河流中总是交替出现的，低于周围河床 0.3 m 以上的部分叫深潭；高出周围河床 0.3～0.5 m 的部分叫浅滩。在蜿蜒型河道中，凹岸受到冲刷形成深潭，凸岸产生淤积形成浅滩，深潭与浅滩顶部连线的坡度与河床的坡降一致。

深潭与浅滩的存在增加了河床的表面积，形成了丰富多样的生境条件，提高了水生环境的生物多样性，同时还对河流运输泥沙的能力有很大影响，是河道形成蜿蜒形态的重要环节。水流与深潭-浅滩序列之间有着密切的联系，深潭处水流缓慢，浅滩处水流较快，水流的快慢相间又会促进深潭-浅滩序列的形成与迁移。

深潭-浅滩序列是中等级坡度混合砂砾石河床的典型地貌特征，在治理河道时，深潭-浅滩序列的设计可能会使河岸受到侵蚀，从而促使河流形态弯曲。因此，在设计时应当提前考虑河岸的加固措施。

Keller 和 Melhorn 在 1978 年的研究成果表明，深潭-浅滩序列适宜的间距为河道宽度的 3～10 倍。Ray 和 Abrahams 在 1980 年、Higginson 和 Johnston 在 1989 年的研究进一步表明在一个具体的河段内，深潭-浅滩序列的间距变化很大。之后，Higginson 和 Johnston 根据对爱尔兰 70 个冲击型河流的调查研究，提出了一个关系式可供设计时参考：

$$L_{\mathrm{r}} = \frac{13.601 w^{0.2894} d_{r50}^{0.29}}{s^{0.2053} d_{p50}^{0.1367}} \tag{3.5}$$

式中：L_{r} 为沿河道两个浅滩之间的平均距离（m），通常近似弯曲河段的弧长；w 为河道的平均宽度（m）；d 为河床材料颗粒的直径（mm）；s 为河段的平均坡降；r 和 p 分别表示浅滩和深潭的材料。

深潭与浅滩特征对比见表 3.1。

表 3.1　深潭与浅滩特征对比

特性	深潭	浅滩
河流栖息地比例	50%以上	30%～40%
横断面	不对称	基本对称
断面宽度	水深大于 0.3 m 时，比相关联的浅滩断面窄 25%	各种条件下，比相关联的深潭断面宽 25%
位置	弯曲段的顶点	两个弯曲段的过渡段
泥沙淤积	周期性淤积	洪水过后淤积
生境特点	适宜大型植物和鱼类	为鲑鱼和多种无脊椎动物提供产卵栖息地
其他主要功能	休闲娱乐	净化水质

3.2.3　城市河道的横断面

河流与周围区域的河漫滩、湿地等之间一直都存在着横向的连通性，有着频繁的能量、物质信息的交流，并形成一个小型的生态循环系统。但在长久以来的河道治理中，大量使用的混凝土堤岸等严重阻隔了河流与其他环境之间的信息传递，破坏了河流的生态系统，使周围生物的生境条件产生了很大的变化。在城市河道中这种情况更加明显，因而在治理时应当将河道的横向连通作为重要设计环节，为河道生态系统的良性发展提供基本的保障。

1. 城市河道横断面的类型

城市河道周边居住的人较多，两岸的空间较狭小，但是对河道功能的要求却较高。根据形式特征，城市河道的断面类型主要分为矩形断面、梯形断面和复式断面。

（1）矩形断面。矩形断面在城市河道中的最大优点就是占地面积小，通常只需要在原有的河岸基础上向下挖深再砌筑即可。枯水期和洪水期的水位差不大的河道区段可以采用此种形式，因为若是水位差较大，河岸高度很难掌控，高则浪费资源，低则影响安全。

当前很多城市都会采用这种简单的方式，因为城市土地确实紧缺，因此在难以扩大河岸范围需要使用矩形断面时，要尽可能地采用生态材料来建造河岸。

（2）梯形断面。梯形断面的结构也较为简单，只要将河岸坡度放缓即可，但是要求河岸两侧有较为充足的空间。这种形式的断面有利于河道生态多样性的保护，能为河道附近的生物提供良好的生境条件，同时居民也能够进行一些亲水活动。梯形断面可根据河道情况设置多级，下层以防洪排涝为主，坡度可以适当放大；上层以生态、景观为主，坡度可以适当放缓。

（3）复式断面。复式断面就是将矩形断面和梯形断面结合的断面，可根据河道的具体状况来确定方案。这种形式能够保持生态环境的良性发展，增加河岸两侧的空间利用率，在洪水期可以起到防洪排涝的作用，常水位时又能够为居民提供较好的亲水环境。复式断面中上部和下部的坡度可以进行适当的调整，以适应治理河段的实际状况，上陡下缓、上缓下陡、上下均陡、上下均缓这四种形式都可以施行。

2. 设计方法

城市河道中原有的矩形、梯形和复式断面形式都或多或少会对生态环境产生影响和破坏。在条件允许的情况下，只有自然的断面形式才能够最好地保护河道生态系统的稳定性。因此，怎样确定河道断面的设计就是最先要研究的内容。

河道横断面的设计包括形式结构和几何尺寸的设计。自然河流中不存在完全对称的断面形式，不同的断面有着不同的深度。决定河道断面形态最主要的因素就是河道的地貌特征，但河道断面通常还受到河床底质和岸坡土质的影响，一般用宽深比来描述河道的断面形态。如果采用传统的城市河道的断面形式，就会改变河道原有的宽深比,若宽度增加则容易导致泥沙淤积,泥沙清除后,宽深比降低则会导致河水冲刷河床。

河道横断面设计时,通常先选择适宜的河流平面形态,然后选择适宜的河床形态,最后确定河道的宽深比。其中河床材料对河道横断面的影响已经有调查研究可供参考,见表 3.2。

表 3.2　河床材料对河道横断面的影响

河床材料	天然河道的宽深比	防洪工程采用的宽深比
砾石	17.6	5.6
砂	22.3	4.0
粉砂	6.2	3.4

注:植被护坡的宽深比减少 22%。

在根据经验关系确定河道断面的几何尺寸前,应对河道的蜿蜒模式进行分类,按照 Brice 的观点,可以分为三类。

(1)等河宽蜿蜒模式,即 T_e型。此类河道的宽度变化较小。宽深比小,河岸抗侵蚀能力强,河床材料多为砂或粉砂,推移质含量低,流速和河流能量低。

(2)有边滩蜿蜒模式,即 T_b型。此类河道的弯曲河段宽度大于过渡河段宽度,边滩发育但深潭低。宽深比中等,河岸抗侵蚀能力一般,河床材料多为砂或砾,推移质含量中等,流速和河流能量不高。

(3)有边滩和深潭的蜿蜒模式,即 T_c型。此类河道的弯曲河段宽度远大于过渡河段的宽度,边滩发育且深潭很多。宽深比大,河岸抗侵蚀能力弱,河床材料多为砂、砾石或鹅卵石,推移质含量高,流速和河流能量高。

对于不允许摆动的河段,应当采取一些岸坡防护措施,以减轻河岸侵蚀,并且要在深潭河段进行边坡抗滑稳定分析,以保证河岸的稳定性。

3.2.4　城市河道竖向的连通性

长期使用混凝土改造治理城市河道,导致河床严重硬质化,阻隔了地表生态系统与地下生态系统的联系,破坏了生境条件,使得河流的生态系统变得非常不稳定。在其改造治理中,如果想要河流的生态系统稳定、健康地发展,那么在河道竖向分析研究和改造工程上要进行大量工作。

1. 概述

河流在竖向上可分为表层、中层、底层和基层。其中,表层是指与外界空气相互接触的部分，它的含氧量较高，大部分的好氧生物均在这一层生存、活动，同时为河流的生态系统提供基础的物质能量。在中层和底层，随着河水深度的不断增加，光线不断减弱，与外界的联系也越来越少，氧气含量也逐步下降，生境条件的变化，导致很多不同的生物群落产生。基层主要就是河床部分，其物质结构组成、营养物质种类和能量都会对河流生态系统产生巨大的影响。

河流的河床材料是其生态系统的枢纽，它掌控着河流生态系统中的物质与能量的交流，也是河流发展演变历史中最有分量的见证者，是地表水与地下水之间最直接、最重要的连接通道。河床中不同粒径的材料相互组合，形成了丰富多样的生境条件，为各种不同的生物提供了生存、繁衍、栖息的环境。在河床中生存、活动的生物数量远多于中层和底层的生物数量，河床是河流生物循环的重要环节。

2. 河床材料

在自然界的河流中，除了在高山峡谷区段由河水冲刷形成的河床是由透水性较差的岩石组成的，其他大部分区段的河床材料都是透水性较好的材料，如砾石、砂、粉砂、黏土、卵石等。

在城市河道规划治理时，要保护好河道的生态系统，必须首先停止使用混凝土砌筑河床，对已经使用混凝土砌筑河床的河段，可以开挖河床，去除混凝土，然后将混凝土放置在河岸。这样既能在河岸形成有变化的孔隙区域空间，还能减少资源的浪费。对于拆除了混凝土的河床，选用具有下渗作用和透水性的河床材料，并依据河道现状进行材料的组合。

3.3 城市河道生态修复

3.3.1 恢复生态学的定义与内涵

恢复生态学(restoration ecology)是20世纪80年代发展起来的现代生态科学的应用性分支学科。国际生态学会提出了恢复生态学的定义：修复被人类损坏的生态系统的多样性的动态过程。

恢复生态的内涵首先是在遵循自然基本规律的前提下，根据群落演替的理论，通过各种各样的生态修复手段和方法，掌控已遭受破坏的生态系统的修复方向以及修复过程，把生态系统修复到保证人类利用与维持生态系统基本功能之间的平衡状态。

城市河道生态恢复的目标不是将河道的生态系统修复到最原始的状态，更不是建立一个新的生态系统，而是根据城市河道生态系统的现状，采用各种各样的生态修复方法和手段，使城市河道生态系统的生态功能逐渐得到恢复。

3.3.2　河道生态系统与河道生态修复

河道生态系统因水流的作用形成，主要受到河道形态和植被的影响。河道生态系统有以下特点：有纵向成带的现象，但物种的纵向替换并不是均匀连续变化的；生物适应急流生境，体形扁平的底栖动物及鱼类丰富，浮游生物少；与其他生态系统关系复杂，易受干扰；自净能力强，受干扰后恢复速度较快；等等。河道中不同类型的介质，包括河水、底泥、大型水生植物和石头等，为不同类型的生物提供了生存、繁衍的场所。

河道生态系统是由能量和物质、生境、生物等部分组成的。

(1)能量和物质。能量和物质包括降雨径流携带入河的土、砂、有机物、营养物质和有毒物质等各种物质以及太阳能。能量和物质与周边土地利用方式、水系的水资源分配联系密切，是决定河道生产力和生境的重要因素。

(2)生境。生境是生物栖息环境的基本单位。水流、泥沙等的运动形成了浅滩、深潭、砾石带等，构成了各种生境。生物在生活的不同阶段利用特定的生境通过廊道进行移动。生境的数量、连续性等对于生物的生存很重要。生境由水和空间构成。水的因素包括水质、水量、流速、深度、地下水等。空间的因素包括水体、水际、河岸、滨水缓冲带等，由河床形式和材料、河岸形式和材料、人工构筑物、植物等组成。

(3)生物。河道生态系统中生活着各种生物，包括水生的藻类、鱼类等，以及滨水生活的植物、昆虫、鸟类等，它们通过食物链在生态系统中各自起作用。

对河道生态修复的研究最早可追溯到20世纪30年代，当时欧洲国家面对日益增长的河道航运需求，考虑到工程耐久性而通过混凝土等硬性材料对河道进行硬性改造。河道生态功能的破坏，引发的一系列水质恶化现象使得欧洲国家将河流管理的重点放在水污染治理和河道生态保护上。1938年德国的Seifert首先提出近自然河溪整治的概念，此概念的意义在于设计的河道治理方案在经济合理的情况下尽可能达到接近自然、景观美的条件，完成传统的河道治理任务。经过多年的修复实践，生态修复的概念逐渐成熟，并与实际的工程方法相辅相成。美国土木工程师协会(ASCE)认为河道生态修复旨在将河道的生态系统还原至接近未受干扰条件下的一种状态。此状态下河道系统具有可持续特征,并可保持生态系统价值和水生物多样性,包括重建前的水文、水动力、地形特征条件。通过物理化学清理措施等对水环境进行调节,通过生物措施恢复植被、引入缺失物种等。在此背景下,1989 年美国的生态学家 Mitsch 等提出了生态工程概念,并将其定义为"对人工化的河道、水系进行遵循自然法则下的设计,以便生态与人类共存共荣"。日本于 20 世纪 90 年代在此基础上提出"多自然河川工法"理念,重视水生物的生存环境,尊重河流间的差异和个性,之后国内外学者在研究中不断丰富河道生态修复理论,逐渐转换传统工程结构和理念,以减少人类活动对河道生态系统的影响。生态修复的研究领域也由单一河道扩展到流域尺度。

河道生态修复是在河道综合治理过程中引入生态理念,利用生态学、水工学等,将遭受破坏的河道恢复至符合现代城市发展需要的程度,能满足人们的需求,并且能够自我良性循环的状态,并不需要完全恢复到原有的状态。

在河道治理技术方面,从传统的硬化措施转到运用生态技术措施,注重对河流的生态系统修复。城市河道的开发利用是河道修复治理的根本目的,可通过疏通河道、建设驳岸、水系连通、生态修复等措施来恢复河道的基本功能,加强行洪排涝能力,改善城市水环境。在城市河道生态修复治理中,要遵循自然规律,因水而异,适度开发利用,不能因为盲目追求河流某一功能的效益最大化而忽略河流的其他功能,要做到协调统一、合理配置水资源。河道生态修复治理的最终目的是基于对环境效益、经济效益、社会效益的综合考量,进行防洪排涝、污染治理,建成河清岸绿、风景优美的良好生活环境。

3.3.3 城市河道生态修复的目标

城市河道生态修复的目标是通过建设生态型河道来恢复河道的健康,平衡人类社会的需求与生态系统的可持续性,减少对生态系统的胁迫,充分考虑生态系统的需求,促进河道生态系统的稳定和良性循环,实现人水和谐相处。在生态和谐理念的指导下,通过生态规划和生态工程技术方法恢复河道的自然属性,形成自然生态和谐、生态系统健康、安全稳定性高、生物多样性高、河道功能健全的非自然原生型河道,实现河道生态系统的持续健康发展。

1. 洪水控制和水循环健康

河道生态修复首先要控制洪水，保护人们的生命财产安全。洪水是河道水循环的自然过程，它不可避免，但又不是长期存在的，因此，要分别处理洪水期的防洪和平时的河道景观、亲水性、生态系统。洪水来时要疏导，没有洪水时则要满足人们对河流的亲水性和生态健康的需求。要改变以往片面的防洪策略，研究制定新的治水对策。

森林砍伐、地表硬化、河道渠化等活动，会导致地表渗透能力降低，致使水循环受阻。受阻的水循环既会引发地下水不足、动植物减少、水土流失等一系列生态问题，又会增加洪水暴发的频率、规模和危险性，使洪峰流量增大。只有恢复健康的水循环才能促进生态平衡，缓解洪水压力。

2. 河道生态系统健康

(1)改善河道地貌学特征。遵循生态学规律，充分发挥自然界自设计和自修复的能力，在满足一定防洪要求的同时，留给河流自然运动的空间，使其重新具有蜿蜒性、连续性，以及深潭、浅滩、湿地等多样性的河道形态。尊重河流的自然状态，保护和营造各类生物群落的生存空间，通过改善河道的地貌学特征，使其成为拥有多样性栖息地和稳定生态系统的美丽自然河道。

(2)恢复河道自净能力和改善水质。河道生态健康一个很重要的指标就是水质。水质的提高要通过消除点源污染、控制面源污染和提高河流自净能力 3 个阶段来实现。消除点源污染必须禁止污水直接排放入河；控制面源污染要通过加强下水处理系统和河流河岸缓冲带的净化能力来实现；提高河流自净能力要通过恢复河道自然形态多样性和水生、滨水生物群落的多样性来实现，只有恢复了河道的自净能力，才能改善水质。

(3)生态系统稳定和可持续发展。在城市河道生态的修复过程中，要特别注意保护和营造滨水生物栖息地，贯通河流廊道，为植物提供生长空间，为动物提供生活和繁衍的空间，提高生物群落的多样性，保持生态系统的稳定性，并通过演替过程保持生态系统可持续发展。

3. 重建具有当地特色的河道景观

在河道生态修复中要考虑景观要素，通过对原有景观要素的优化组合和新成分的引入，调整、建造新的河道景观格局，创造出更加和谐的新的景观格局。

在景观的重建过程中，要注意当地地域特色的保留和营造，多运用具有地域风格的乡土植物和沿岸建筑格局，保护文物古迹，保留、改造历史遗迹，用景观手段再现历史典故等，展现河道所经历的时代风光。

4. 增加河道亲水性

人类天生对水有着向往。而以往的河道整治，尤其是防汛墙的设置使得河道的亲水性丧失。河道是动植物的栖息场所，也给人类提供了生存空间。通过与河道的亲身体验交流，可以达到休闲放松、休养保健的目的。因此，城市河道的生态修复要考虑河道的亲水性，增加亲水设施，同时给滨水生物留出生活和繁衍的场所，协调人类与动植物的关系。

5. 重塑优美宜居环境

河道生态修复的最终目标是创造优美宜居的环境。城市河道是城市的重要组成部分，也是城市中自然因素最多，最能吸引人返璞归真、享受自然、放松心情的地方。从最早的逐水而居，到河道污染、离水而居，再到对环境质量要求提高、向往优美环境和滨水景观，人们追求的是自然优美的滨水环境。通过生态修复，可恢复健康的河道生态系统，提高水质和滨水环境质量，最终重新塑造宜居的环境。

3.3.4 城市河道生态修复治理工程

1. 水质净化技术

城市河流为城市提供充足的水源，随着城市的发展，还承担水上交通运输的作用，并具有环境价值。然而近年来，由于人口的快速增长和工业的飞速发展，大量的氮、磷等元素进入河流、湖泊、海湾等缓滞流型水体，造成水体富营养化，赤潮、水华频繁爆发，水体透明度下降，水生植物分布面积减少，水体生态环境恶化，生态系统逐渐脆弱。探索行之有效、成本合理且无二次污染的河道水质净化技术成为重中之重。

1)曝气增氧技术

河流在自然条件下的复氧速率比较缓慢，尤其是城市河流。城市河流如长期处于缺氧或厌氧状态，水体水质便会恶化，因而如何有效地给水体增氧是改善水质的关键。曝气增氧技术即为了改善或提高水体溶解氧的浓度应运而生。曝气增氧技术通过给水体增氧，提高水体中好氧微生物的活性，来改善水体水质。

(1)河道水体增氧的作用。

①提高溶解氧含量。通过不同方式向河水中增氧，加速水体复氧过程，使水体中溶解氧浓度快速升高，水体环境由厌氧或缺氧状态转变为好氧状态，提高水体自净能力，促进好氧微生物对水体中有机污染物的分解。顾海涛等研究的微孔曝气水体增氧能力可达到 11.75 kg/h，可有效提高水体溶解氧。

②改善水质指标。向水体中充氧可提高水体溶解氧，还可改善水体水质各项指标。刘波等研究了不同曝气方式对重度污染河道水体氮素有比较高的去除率，其中底泥曝气 NH_4^+-N 浓度降低 64.36%，水体曝气 NH_4^+-N 浓度降低 39.53%。谌伟等研究了低强度曝气技术对河道黑臭水体中化学需氧量(chemical oxygen demand, COD)、NH_3-N、总氮(total nitrogen, TN)去除率分别为 68%、98%、56%。

③增强水体紊动。向河道中增氧的过程，增强了河道水体的紊动，促进了河水和氧气的混合、传递。孙井梅等研究了水体的紊动可促进水体和底泥中的 NH_4^+-N 向空气中逸散，总氮含量从 3.46 g/kg 降至 0.68 g/kg，总磷平均去除率为 37%。

④改善水体黑臭状况。水中溶解氧的提高，可快速促进好氧菌氧化有机污染物在厌氧状态降解时产生的 FeS、MnS 等致黑物质和 NH_3、H_2S、硫醇等致臭物质，有效改善黑臭河道的现状。水体中 Fe^{2+} 被氧化成 Fe^{3+}，Fe^{3+} 与水中的 OH^- 结合形成的 $Fe(OH)_3$ 沉淀物覆盖在河道底泥的表面，阻止上层底泥进入河道水体，降低底泥中污染物向河水中的扩散量；Fe^{3+} 与磷酸盐结合，形成的 $FePO_4$ 不溶物减少了水体中总磷(total phosphorus, TP)的含量。

(2)常用人工曝气增氧技术。

目前工程中常用的人工曝气增氧技术有机械曝气、超微孔曝气、推流式曝气、太阳能曝气、膜曝气生物膜反应器等。

①机械曝气。

机械曝气属于表面曝气，是用安装于水体的表面曝气机来实现的。曝气机按照转动轴与水面垂直还是平行分为垂直轴和水平轴两大类。在河道中常用的类型有喷泉曝气机、涌泉式曝气机，两种曝气机均属于垂直轴式曝气机，装有叶轮，根据水力机械和搅拌提升器装置带动叶轮旋转，使水体表面产生水跃。大量的水滴和膜状水混合液被抛向空气，通过与空气碰撞掺入空气，形成水汽混合物跌入水面，从而增加水体含氧量。水面下强大的水流量促使底部水体与上部水体不断交换、更替，增氧的同时提升水体流动性。

喷泉曝气机具有优美的造型和独特的造景功能，无需管道和水泵即可造景，被广泛应用于各种景观水处理场所，具有安装操作简单、维修方便、体积小、有一定的景观效果等优点。涌泉式曝气机是一种模拟趵突泉的景观型曝气机，一般配置有专用消音器，具有融冰、超大循环等特点，适用于公园、古建、河道等景观场所的水体净化。其趵突泉式外观为景观水体增添了灵动感与文化气息，是其他曝气机无法实现的。

②超微孔曝气。

超微孔曝气利用超微米曝气机产生的大量超微米气泡来提升水体溶解氧、去除浮游性藻类、消除恶臭。超微孔曝气产生的大量超微米气泡不影响水域环境和水中植物。微米曝气机利用超声波空化弥散释放出高密度、均匀的超微米气泡，使水与气高度掺混，形成乳白色的气液混合体。气泡平均粒径 200 nm～4 μm，气泡气含率 84％～90％、气泡平均上升速度 4～8 mm/s。超微米气泡使得水分子的分子团变小，从而使超微米气泡中的氧更易溶入水分子团的间隙中，起到提升水体溶解氧的作用。大量超微米气泡还能使河湖底部污染物质和浮游性藻类浮起，同时，水体溶解氧的提高促进了有机化合物的氧化还原作用，促使浮游性藻类死亡，达到净化水质、修复水域环境的目的。死亡的藻类最终以微小浮游物质的形态附着在气泡上，并浮到水面，形成泡沫。

超微米曝气机集净化水质与活化水体功能于一身，使用范围广，无场地限制，使用时不影响水中生物的正常活动。其安装分为岸上部分（主机）和水下部分（超微米气泡释放器），两部分通过软管连接，安装简单灵活。超微米气泡释放器根据需要可以有多种形状，如方形、直管形等，具有通气量大、充氧能力强、使用灵活、种类多等特点。超微孔曝气与大中气泡型曝气系统相比，可节约 50％左右的能耗，降低处理成本，但能耗依旧很高，且曝气器容易堵塞，这不仅会使充氧能力降低，而且会造成能量的浪费。氧转移效率一般只有 15％～25％。

③推流式曝气。

推流式曝气利用水力剪切和气泡扩散两个作用达到搅拌混合和曝气充氧的效果。推流式曝气机的核心结构是推流曝气叶轮。叶轮旋转将水推走形成空隙，空气率先补充空隙，水汽互相掺混，在高速运转的叶轮不断搅拌、剪切以及轴向推力下，将气、水混合物强力注入水中进行二次切割，因此气泡的粒径变得更小（平均粒径为 1.5 mm），并且在水中形成长距离的气、水混合扩散柱，延长了水气接触时间，大大提高了氧的利用率。同时，推动水体向前运动，达到曝气、混合及推流的目的。推流式曝气具有曝气、混合、推流等多重作用，可选择潜水式电机，静音运转，对环境影响小，具有构造简单、运转灵活、安装方便、便于调节、基本不占地的优点。彭强辉等研究者在杭州肖家桥港黑臭河道生态修复中，采用了推流曝气、浮岛喷泉曝气、水生植物恢复等措施，有效降解了河水中有机物、氨氮、总磷等含量。工程运行 10 个月后，肖家桥港达到了杭州市西湖区城区河道消除黑臭的指标要求。

④太阳能曝气。

太阳能曝气机由太阳能供电及蓄电系统、控制系统、变频电机、专用浮体、专用叶轮、连接框架、防雨装饰罩等组成，它们通过连接框架连为一体。太阳能曝气方式的出现主要是为了解决传统曝气方式的电耗问题。其设备结构简单，安装和维护相对容易，无需配电系统或者电源，十分适合在太阳能丰富或不便于通电的地区使用。太阳能曝气常与表流湿地结合，可降低湿地用地面积，增强处理效率，弥补表流湿地占地面积大以及冬季湿地净化能力弱的缺点。太阳能曝气还常与浮动湿地结合，提升浮动湿地周围溶解氧浓度，进而提升人工湿地对污染物的净化能力。李鑫等研究者研究了太阳能曝气对漂浮人工湿地溶解氧和净化能力的影响，结果表明：曝气后，漂浮人工湿地对 NH_4^+-N、TN、TP、COD 的去除率分别提高了 44%、176%、6%、9%，溶解氧（dissolved oxygen, DO）从 0.2 mg/L 增加到 7 mg/L。然而太阳能曝气十分受限于太阳能板面积大小与光照强度。

⑤膜曝气生物膜反应器。

膜曝气生物膜反应器（membrane aeration biofilm reactor，MABR）是 1978 年开发的附着生长废水处理技术，是一种将传统的生物膜法污水处理技术与气体分离膜技术耦合而产生的新型污水净化工艺。MABR 中膜的作用不是过滤水，而是转移气体和作为生物膜载体，即曝气膜既为生物膜中微生物的活动提供氧气，又是生物膜附着生长的载体，其形式多样，有平板、管、中空纤维膜等形式，以中空纤维膜形式居多。MABR 最早主要应用于高浓度啤酒废水、垃圾渗滤液、制药废水等各种难降解废水的处理，近十几年来开始应用于河道治理工程中。MABR 曝气技术与上述几种曝气技术不同，MABR 可实现无泡曝气，即曝气时不产生气泡，因而氧气利用程度高。工程实践表明，20000 m^2 水面只需一组气源即可。且 MABR 运行功率不超过 7.5 kW，曝气均匀。同时由于 MABR 曝气膜的比表面积大，以膜为载体可以在较小的空间内为微生物的生长提供充足的附着面积，大大提高了单位空间处理能力。并且，MABR 技术可根据河道具体情况调整布置模式，对于水深 0.8 m 以上、流速 1.5 m/s 以下的河道，MABR 膜系统均能安全稳定运行。

针对各曝气增氧技术的工作原理与特点，总结各曝气增氧技术的优缺点及适用条件见表 3.3。

表 3.3 各曝气增氧技术优缺点及适用条件一览表

曝气增氧技术	优点	缺点	适用水体
机械曝气	外观造型较为美观，具备一定的景观效果，停止运行时设备不露出水面	增氧效果与均匀性都较差；而且曝气时拍打水的声音很大，会影响水生物的正常生长；耗电量大	适用于对增氧效果要求不高，对景观效果有一定要求，水深不低于 0.5 m 的水体
超微孔曝气	布气均匀，利用率、动力效率较高，通气量大、充气能力大、充氧能力强。与大中气泡型曝气系统相比，可节约 50%左右的能耗	能耗很高；曝气器容易堵塞；氧转移效率不高，为 14.7%～39.31%	适用于水深大于 0.6 m 的水体。水深越深越能发挥优势
推流曝气	构造简单、运转灵活、安装方便、便于调节、基本不占地。混合搅拌作用强，噪声较小	使用时必须将水体与气体混合再进行曝气；氧转移效率不高，为 12%～22.5%；相对能耗较大	适用于流动性差的水体
太阳能曝气	可在接电不便的区域使用	受限于太阳能板面积大小，曝气增氧效果有限，须结合其他生物措施	适用于太阳能丰富或接电不便的区域
膜曝气生物膜反应器	无泡曝气的特点使得氧转移效率高且耗电量小；膜比表面积大，能够承载大量微生物；可以实现同步硝化与反硝化；去污效果好	需一定水深和缓慢流速；前期安装稍复杂，施工时需专业人员指导	适用于水深 0.8 m 以上、流速 1.5 m/s 以下的水体

2)人工强化生态滤床处理技术

人工强化生态滤床处理技术是在生化床技术的基础上发展而来的。20世纪70年代,美国首先开发出生化床技术,该技术采用硬质惰性填料为挂膜载体,微生物在载体表面形成生物膜。污水与生物膜充分接触后,将微生物生长需要的氧及养分供给微生物,故有机物降解速率高、出水水质较好。该技术具有容积负荷高、抗冲击负荷能力强、处理效果好、对碳源污染物和氮源污染物都有良好的去除作用、占地面积小、处理流程简单、基建费用小、运转费用少、管理简单、自动化程度高等优点。

近年来国内对生化床的应用与研究日趋完善,出现了曝气强化生物滤床、速分生物滤床、人工强化生态滤床等多种衍生技术。人工强化生态滤床处理技术通过对新型生物填料的研制,使床体内同时形成好氧和厌氧环境,河水中有机物在流动过程中经填料厌氧环境水解酸化,再经好氧环境分解,如此反复降解,有机物被彻底去除。该技术去除率高,耐冲击负荷大,可以使河水出水稳定。

人工强化生态滤床净化机理体现在以下方面。

(1)有机物的去除。

污水中的有机物可通过生态滞留塘中的厌氧菌和多级表面流人工强化生态滤床中的好氧菌被沉降、吸附、吸收,再通过这些微生物的自然新陈代谢过程逐渐消解及去除。

人工强化生态滤床通过填料的过滤截留作用将大部分有机物过滤在滤床表面,能够降解的有机物可被滤床中种植的植物根系快速地吸收、吸附而加以利用,从而实现有机污染物的分解、去除。有机物的去除主要通过好氧和厌氧过程的联合作用,在此过程中,水体中的化学需氧量和生化需氧量也大大降低。

(2)悬浮固体(suspended solids,SS)的去除。

悬浮固体中含有大量的有机物和无机物。悬浮固体因物质粒径、密度不同,去除的过程也不尽相同。大块物质可通过隔栅去除,部分小颗粒物质可在预处理系统中去除。悬浮固体的去除过程时间较短。悬浮固体的去除主要是沉淀作用、吸附聚集作用、载体表面吸附作用等联合作用的结果。

(3)氮(N)的去除。

空气中氮气所占比例较大,氮也是污水中的主要污染元素。氮元素通过大气圈—水体—生物圈循环作用,实现循环。氮在水环境中存在的形式多种多样,氨氮、有机氮、硝态氮、亚硝酸盐氮为其主要存在形式。氮是地球上生物生长和生活必不可少的重要元素之一。

将氮从一种状态转化为另一种状态的过程主要包括无机有机转化、生物利用、硝化反应和异化反应。根据当前国内外大量实例研究，环境学领域普遍认为氮的去除过程为硝化-反硝化过程。将亚硝酸盐氮及硝酸盐氮通过反硝化过程转化为氮气从而实现氮在污染物中的去除。

人工强化生态滤床中氮的主要硝解过程见表 3.4。

表 3.4　氮的主要硝解过程

硝解过程	原状态	硝解后状态
无机有机转化	有机质	NH_4^+-N
生物利用	NO_3-N、NH_4^+-N	有机化合氮
硝化	NH_4^+-N	NO_3-N
反硝化	NO_3-N	N_2
硝酸盐异化还原成铵（dissimilatory nitrate reduction to ammonium，DNRA）	NO_3-N	NH_4^+-N
挥发	NH_4^+-N+较高 pH	N_2
固氮	N_2	有机氮

（4）磷（P）的去除。

磷是植物生长的必备元素，也是当前水体富营养化的主要因素。工农业废水中含有大量的磷，这些磷通过植物吸收过程可转化为植物生长的有机成分，并储存在植物体内，通过植物的定期收割清理而去除。磷的去除主要是生物载体的吸附作用及微生物的聚磷、放磷作用的结果。磷可通过与水体中含 Ca 的 Fe 发生化学反应生成难溶聚合物而去除。在含钙量及含铁量较高的地区，可人为向滤床中输入较高钙质和铁质水体，对磷进行去除。

污水中经培养的微生物，通过对污水中磷的新陈代谢和吸收，不断将磷集于微生物体内，再通过底泥的排放实现磷的去除。在厌氧状态下，聚磷菌将体内磷酸盐释放到体外，吸收有机物，实现化学需氧量的去除。在好氧状态下，聚磷菌将水体中的大量磷酸盐吸收入体内，再通过活性污泥的排放，实现磷的去除。

磷的主要转化过程见表 3.5。

表 3.5　磷的主要转化过程

过程	物质	产物
矿化	有机质	正磷酸

续表

过程	物质	产物
生物吸收	正磷酸	有机磷
吸附	正磷酸	离散状态磷矿物质
沉降	正磷酸	磷—黏土/金属水化合物
脱附	磷—黏土/金属水化合物	正磷酸

3)生物膜技术

生物膜技术是人们长期以来根据自然界中水体自净的现象、农田灌溉时土壤对污染物的净化作用以及有机物的腐败过程,总结、模拟而发展起来的一种污水处理技术。它使微生物群体附着于某些载体的表面上,形成生物膜,通过与污水接触,生物膜上的微生物摄取污水中的有机物作为营养吸收并同化,从而使污水得到净化。该方法自 1983 年第一个生物膜处理设施(生物滤池)试验成功以来,因其降解能力强、接触时间短、占地面积小以及投资少等特点而得到了长足的发展与应用。

(1)生物膜修复机理及技术特性。

众所周知,地表水体的自净主要通过物理净化(稀释、扩散、沉淀等)、化学净化(氧化还原、酸碱反应等)和生物净化(微生物对污染物的吸附、氧化、分解)共同作用完成。生物净化中,地表水体所含的砂砾表面形成的生物膜是水体自净的主要贡献者。大部分的微生物都具有从游离状态向生物膜状态发展的趋势。生物膜技术以天然材料或人工合成材料为载体,为参与污染物净化的微生物提供附着生长的设施,利用填料上形成的生物膜对微生物的吸附或降解作用,达到净化污染水体的目的。

生物膜对污染物的处理过程主要分为三个阶段。第一个阶段:污染物通过扩散或吸附作用附着于生物膜表面并向生物膜内部扩散,生物膜中的微生物对目标污染物具有趋向性,即能够检测到目标污染物。第二个阶段:污染物在生物膜内微生物分泌的酶的作用下进行生物转化。第三个阶段:代谢产物通过扩散或解吸作用被排出生物膜。

生物膜修复技术具有如下特性。

①生物量增加。浮游态微生物通过在非生物表面吸附、富集、繁殖,形成生物膜结构,使单位体积内水体中的生物量大大增加。

②抗逆性增强。由于生物膜基质的保护作用,生物膜内固着生长的细胞不

易被大型水生动物吞食，提高了微生物对恶劣环境的抵抗能力。此外，相比于游离状态的微生物，生物膜内的微生物能够抵抗一定程度的剪切力、营养匮乏、环境波动及抗生素的影响。

③污染物去除效率提高。生物膜相对稳定的内环境，使其能够富集生长代时较长的细菌或微型后生动物，从而强化微生物对污染物的去除效果。生物膜中细菌之间紧密的接触及相互作用使水平基因转移成为可能，当具有降解基因的微生物进入污染环境并通过水平基因转移在生物膜细菌中扩散时，可促进生物强化作用。

④群落协作性增强。自然环境的复杂性导致生物膜微生物的多样性，研究表明，多物种生物膜中微生物的协同作用可促进生物膜的形成，并提高生物膜对外界环境的耐受性，其中代谢相关性被认为是不同物种细菌间进行协同合作的主要方式之一，如硝化过程中氨氧化细菌的代谢产物可作为亚硝酸盐氧化菌的底物。同时应注意到，生物膜中微生物之间的竞争作用不可忽视，一般来自同一环境的生物膜中的细菌的竞争性相较于来自不同环境的细菌的竞争性弱。此外，生物膜中不同微生物的亲缘关系、基因型的相似性、生物膜的空间结构、细胞密度等都会对生物膜中微生物的相互作用(合作或竞争)产生影响。

综上可知，相比于浮游态的微生物，生物膜结构内的微生物具有更强的抗逆性、物质交换能力、环境适应能力和净化能力。

(2)生物膜修复技术在河流治理中的应用。

当前，将生物膜技术应用于污染水体的治理已有一定的研究基础与应用案例。对生物膜技术的实质性研究和应用最早始于研究生长在鹅卵石上的生物膜对污染河水的修复作用。近年来，美国、德国、日本等发达国家在应用生物膜技术净化被污染的中小河流工程实践中取得了一定成效，而我国在应用生物膜技术原位治理污染河流方面的研究仍处于试验阶段。当前，基于生物膜机理的应用于污染河流原位修复的技术主要有砾石接触氧化法、人工填料接触氧化法等。

①砾石接触氧化法。

砾石接触氧化工艺是以砾石为生物膜填料的一种填充床反应器，其本质是对自然水体中砾石生物膜处理污染物的一种人工强化技术。天然河道砾石接触氧化技术利用河床中砾石上所形成生物膜的吸附、生物降解等作用达到去除河水中污染物的目的。

根据河流的污染情况及地形条件的不同，砾石接触氧化法有不同的应用形式。砾石接触氧化工艺根据是否配置曝气装置可分为砾石接触氧化法和砾石接触曝气氧化法。砾石接触氧化工艺根据在河道中布设位置的不同分为直接安装（将处理系统直接设置于河床中）和间接安装（将处理系统设置于河道旁的滩地上）。砾石接触氧化工艺的类型特点及应用条件见表 3.6 所示。

表 3.6　砾石接触氧化工艺类型、特点及应用条件

分类依据	类型	特点	应用条件
是否曝气	砾石接触氧化法	无曝气装置	水体污染程度较低，如生化需氧量（biochemical oxygen demand，BOD）含量低于 20 mg/L
	砾石接触曝气氧化法	配置曝气装置	高浓度耗氧污染物污染水体
安装方式	直接安装	处理系统直接安装于河床中；主要依靠河流重力作用使河水与砾石填充反应器接触反应；成本低，易管理；相比于间接安装方式，处理效率低	无通航、泄洪等功能要求的景观河道
	间接安装	处理系统安装于河道边的滩地上；上游设置取水堰坝，利用水位差将河水引入砾石填充反应器来净化水体；或利用抽水泵将河水引入砾石填充反应器来净化水体；处理效果一般优于直接安装方式；占地面积大，初期建设成本高	具有航运、防洪、泄洪或水产养殖等功能的河道，保障河道的原始功能不被破坏

1981 年日本野川建立了第一座砾石接触氧化设施，对生化需氧量及悬浮物质的去除率分别达到了 72.3％和 84.9％。随后砾石接触氧化工艺在日本的古崎川、平赖川及韩国的良才川开始被大规模应用。Juang 等以天然、低成本的砾石、砂砾为填料，利用砾石接触氧化工艺对台湾新光市南门溪进行了原位修复，该净化装置对 BOD_5、总悬浮固体（total suspended solid，TSS）、NH_4^+-N 的平均去除率分别为 33.6％、56.3％、10.7％。结果表明该工艺处理效果不稳定，可能是由于进水中溶解氧（2.9～8.0 mg/L）波动较大；此外，水力停留时间

(hydraulic retention time, HRT)过短(1.8～3.1 h)可能是导致 NH_4^+-N 的去除效果不理想的主要原因之一。

砾石接触氧化工艺是一种典型的河道生物膜原位修复技术，其去除的污染物以 BOD、SS 等为主。近年来，随着对新工艺、新型填料研究的深入，以砾石接触氧化法为基础的生物膜修复技术的研究引起了广泛的关注。

②人工填料接触氧化法。

人工填料接触氧化法以人工合成材料为填料，通过填料上生物膜中微生物的一系列生化过程实现对污染水体的净化。填料是生物膜中微生物的栖息场所，其性能直接影响生物膜的效能。近年来，国内外学者对接触氧化工艺中填料的类型、条件优化及与其他工艺的组合进行了重点研究。应用生物陶瓷、橡胶填料、TX 型柱形悬浮填料、丝竹填料等在污染水体原位生物膜修复中均有良好的处理效果。

童敏等使用人工水草生态基将球形红细菌(rhodobacter sphaeroides)、枯草芽孢杆菌(bacillus subtilis)和氧化硫硫杆菌(thiobacillus thiooxidans)挂膜后，对取自上海市某黑臭河道的水体进行净化，结果表明，生物膜对水体中 COD、N、P、Fe^{2+} 及硫化物等具有较好的修复效果；同时考察了 HRT 对各污染物削减的影响，结果表明，随着水力停留时间缩短，该系统对 COD 和 NH_4^+-N 的削减程度均有所下降，可能是水力停留时间过短导致生物膜中微生物只能对部分污染物进行生物降解。

张美兰等采用生物膜技术对受污染河道进行原位净化处理，在水力停留时间为 74 h 的条件下，纤维束填料对 COD、氨氮及总氮的去除率分别达到了 90.8%、91.0%和 27.4%。虽然本例中氨氮的去除率得到了提高，但是总氮的去除仍旧是个难题。该工艺对于黑臭水体的治理有一定效果，但是还难以从根本上去除营养盐，因此难以处理蓝藻、绿藻等导致的水华爆发。

金竹静等以仿生填料为载体，将人工强化接种和曝气增氧技术应用于滇池北岸典型重污染河道。结果表明，在旱季，该示范工程对 COD、BOD 和总氮的平均去除率分别为 40.1%、40.0%和 13.5%，一定程度上解决了河流黑臭问题；雨季对该示范工程的处理效果有所影响，但雨季过后仍可保持较稳定的处理效果。然而该应用实例中生物膜的净化作用更侧重对 COD 及 BOD 的去除，对总氮及氨氮的去除效果有待提高。

新型材料的出现为人工填料接触氧化法的应用提供了广阔的空间，单独的处理工艺很难完成对污染河流的整体修复，因此，将人工填料接触氧化工艺与微生物固定技术、曝气增氧工艺、投加营养物质等生物刺激手段联合应用于污染河流的治理，力求充分发挥生物膜中微生物对污染物的去除能力，可达到改善污染水体的微生物种群结构、提高生物多样性、建立良性生态平衡的目的。

4)水生植物修复技术

(1)水生植物种类与净化水质机理。

能在水中生长的植物，统称为水生植物。水生植物叶子能最大限度地得到水里很少能得到的光照，吸收水里溶解得很少的二氧化碳，保证光合作用的进行。

按照生活习惯划分，水生植物可以划分为沉水植物、挺水植物、浮叶植物、湿生植物、漂浮植物五种类型。其中沉水植物与挺水植物的区别主要为茎叶是否生长在水面上；浮叶植物是生于浅水中，根长在水底水中，仅在叶外表面有气孔的植物；湿生植物主要是指在较为湿润的环境中生长的植物，比如水柳和芦苇等；漂浮植物指根不着生在底泥中，整个植物体漂浮在水面上的一类浮水植物。按照水体净化效果划分，水生植物可以分为蕨类植物、被子植物、苔藓植物、裸子植物四种类型。蕨类植物主要是指茎、根、叶全部具备的水生植物；被子植物主要是指生命力较强的植物，其生产过程并不会受到外界因素影响；苔藓植物指没有真根和维管组织、生于阴湿环境中的小型高等植物；裸子植物与被子植物正好相反，它的种子是暴露在体外的，诸如水杉等。按照植物的外在生长情况划分，水生植物可以分为乔木植物、灌木植物、草本植物、藤蔓植物四种类型。乔木植物和灌木植物具有一定的枝干；草本植物具有生长周期较短的特点；藤蔓植物一般是指靠茎缠绕生长的一类植物。

水生植物的净化水质机理主要如下。

首先，植物的抗性。水生植物的根、茎、叶结构较为密集，能够有效提高植物的抗污染能力，有效改善河道水体质量。

其次，水生植物的富集和吸收。水生植物根系较为发达，生长过程中会吸收水中的物质，将其应用于富营养水中，能够起到一定的净化效果。

再次，净化糖的过滤、吸附和沉降。河道中水生植物生长速度较快，具有根系较为发达的特点，水生植物在生长过程中与河道水体的接触面积会不断扩大，并且在与水体接触过程中，会在水面形成过滤层，过滤层能够有效过滤水中的悬浮颗粒物质，达到改善水体环境质量的目的。

最后，竞争抑制浮游藻类。水生植物生长过程中会与藻类竞争，并且会分泌出抑制藻类生长的物质，起到破坏藻类生理代谢的作用，最终使河道内部藻类大面积死亡，最大限度减少藻类产生的毒素对水体的污染，改善水体富营养的情况，真正实现共生菌与沉水植物共同生长。

(2)水生植物在水污染治理中的作用。

①水生植物对氮、磷的吸收作用。水生植物在生长的过程中往往需要从水层和底泥中吸收大量的氮元素、磷元素等营养物质，这些物质在被吸收之后会同化为水生植物自身结构的重要组成物质。水生植物的生长过程中，对水体中的氮、磷等物质的吸收能力会增强，水体中的氮、磷等元素会降低，起到净化水体的作用。

②水生植物和微生物的协同降解作用。水生植物对水中氮元素的去除原理是细菌的降解作用，污水中对有机营养物起到重要降解作用的是微生物。水生植物通过光合作用向周围环境释放氧气，并在植物根系周围形成好氧、缺氧、厌氧等环境，从而为各种类型微生物的代谢和吸收提供良好的生态环境。同时，水生植物浸没在水中的根茎也会为生物膜的形成创设良好的生存环境，从而有效增加微生物的数量和代谢面积，使微生物更好地发挥出对氮、磷等物质的降解作用。

③水生植物对藻类的抑制作用。藻类物质的过度繁殖往往会对河道的水体造成比较严重的污染，而水生植物对于抑制藻类物质的繁殖发挥了十分重要的作用。一方面，与藻类植物相比，水生植物在吸收、存储营养物质方面显示出较强的能力，在充分吸收的情况下能够更好地抑制藻类的生长。另一方面，水生植物能够通过向水中分泌某种化学物质来抑制藻类的生长。

④水生植物的物理作用。水生植物能够有效减少水中的风浪波动，降低水流速度，降低水面风速，由此为悬浮固体的沉淀、去除创造了良好的条件，并有效减少固体重新悬浮的可能。另外，水生植物所具备的隔热性能还能够为人工湿地提供合适的隔热层，从而有效防止人工湿地出现较大的土壤冻结问题。

植物修复技术具有投资和维护成本低、操作简单、不造成二次污染、保护表土、减少侵蚀和水土流失等作用，能有效地去除有机物、氮、磷等多种元素，可吸收、富集水中的营养物质及其他元素，可增加水体中的氧气含量，有抑制有害藻类繁殖的能力，能遏制底泥营养盐向水中再释放，有利于水体的生物平衡。高等植物能有效地应用于富营养化湖水、河道生活污水等的净化。植物修复技术是一项既行之有效又保护生态环境、避免二次污染的治理污染水体的好方法。

5)底泥生物氧化技术

底泥生物氧化技术是指利用土著微生物、电子受体和共代谢底物组合技术生产出药物，通过靶向给药技术直接将药物注射到河道底泥中，通过呼吸代谢使土著微生物定向增殖。在缺氧、无氧条件下，微生物通过硝酸盐、铁离子等代替硫酸盐为电子受体，去除底泥和水体中的氨氮和有机污染物。为避免代谢过程中产生硫化物，微生物利用硝酸盐氧化硫离子，从而抑制微污染水体恶化，同时在河道泥水界面形成一层棕色氧化层。底泥好氧层一方面分解底泥厌氧层渗出的有机质和其他污染物，另一方面分解河道污染物、浮游动植物残体，提高河道自净能力。

底泥生物氧化是一个好氧分解过程，随着河道底泥生物氧化，从河道泥水界面到深层底泥，形成好氧—兼氧—厌氧区。泥-水界面氧化层的形成对维持底泥好氧微生物区系和底栖生物的多样性十分重要：泥-水界面氧化层和深层底泥通过硝化-反硝化作用可去除部分输入河道的氮负荷；泥-水界面氧化层能吸附部分输入河道的磷负荷，同时阻止氮、磷营养盐底泥向上覆水体释放；泥-水界面氧化层可分解河道污染物、浮游动植物残体，去除输入到河道中的有机污染物。底泥亚扩散层的屏蔽效应可以阻止深层底泥不断渗出的有机质和其他污染物，抑制有毒物质向河道水体扩散。底泥氧化层厚度在很大程度决定河道自净能力，底泥氧化层越厚，河道自净能力越强，反之，河道自净能力越弱。

$Ca(NO_3)_2$能促进底泥中硫自养反硝化菌和硫酸盐异构氨化菌的增殖，促进底泥有机物的降解并抑制磷的释放，是目前常用的底泥原位消解药剂。王霖等向黑臭底泥中投加 $Ca(NO_3)_2$，测定一段时间内底泥中微生物群落情况。结果发现：投加 $Ca(NO_3)_2$ 后底泥中微生物多样性显著增加，异养反硝化菌数量增加，促进了硫自养反硝化菌对底泥中硫化物的转化；当硝酸盐耗尽，反硝化菌数量减少，丙酸盐氧化功能菌成为优势菌群，对有机物的氧化作用增强。

6）光电催化技术

光生电子-空穴复合概率高是光催化（photo-catalytic，PC）技术发展受限的重要原因。为了减少电子-空穴对的复合，提高光量子产率，科学家们将电化学和光催化原理有机地结合起来，形成了一种新型的技术，即电化学辅助光催化技术，也称为光电催化（photoelectrocatalytic，PEC）技术。该技术将催化剂分散在导电载体上制成光阳极，同时施加偏压，促使光生电子通过外电路转移到阴极，而空穴则累积在催化剂的表面，实现光生电子和空穴的有效分离，从而提高光催化效率。

该技术的基本原理如下。半导体光催化剂在光照作用下，若光子能量大于半导体禁带宽度，电子会从价带（valence band，VB）跃迁到导带（conduction band，CB），在导带形成光生电子，而在价带形成光生空穴，见式（3.6）。具有强氧化性的光生空穴与水分子反应，生成羟基自由基（OH·），见式（3.7），而羟基自由基和空穴均可氧化吸附在电极表面的污染物，见式（3.8）；电子则与 O_2 反应生成 $O_2\cdot^-$，见式（3.9）。在缺乏电子清除剂的情况下，光生电子和空穴很容易发生复合，成对消失并释放热量，见式（3.10）。电子与空穴复合会降低光量子效率，严重影响光催化技术在废水处理中的应用。

光电催化技术将电化学与光催化结合，巧妙地解决了光生电子与空穴易复合的问题，其基本原理如图 3.1 所示，即在外加电场作用下，电子由导电载体转移至对电极，与空穴分离，并在对电极上发生相应的还原反应；空穴则转移至催化剂表面，将被吸附的污染物氧化降解。

$$TiO_2 + hv \rightarrow e_{CB}^- + h_{VB}^+ \tag{3.6}$$

$$h_{VB}^+ + H_2O \rightarrow OH\cdot H^+ \tag{3.7}$$

$$h_{VB}^+/OH\cdot + R \rightarrow R^+ \tag{3.8}$$

$$O_2 + e_{CB}^- \rightarrow O_2\cdot^- \tag{3.9}$$

$$e_{CB}^- + h_{VB}^+ \rightarrow heat \tag{3.10}$$

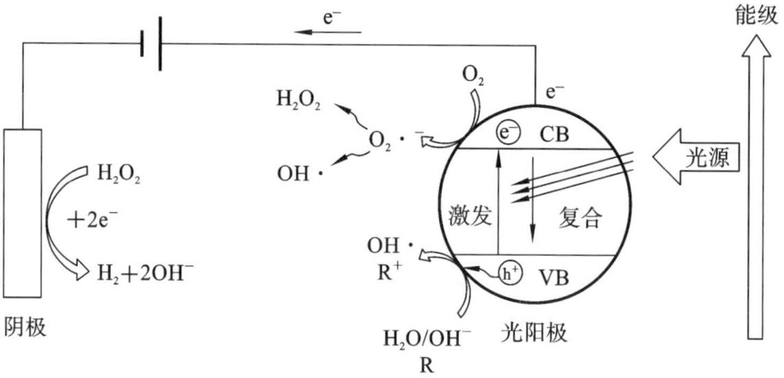

图 3.1　PEC 过程原理及电极表面发生的反应

在光电催化体系中，光阳极是反应器的核心部件。TiO_2 纳米颗粒和负载 TiO_2 或 ZnO 的导电基体（如导电玻璃、金属网、不锈钢板、钛板等）制成的电极常用作光阳极。但 TiO_2 禁带宽度大，这意味着其只能被波长大于 387 nm 的紫外光激发，而太阳光能量主要集中于可见光波段，紫外光占太阳光的比例不足 5%，这极大地限制了 TiO_2 对太阳光能量的有效利用。因此，国内外科学家们对 TiO_2 尤其是 TiO_2 纳米管阵列掺杂改性展开了大量研究，以期获得具有可见光响应特征的光催化剂。结果表明，非金属元素掺杂、金属掺杂、染料光敏化、离子注入、π 共轭耦合以及窄带隙半导体耦合等方法均可使 TiO_2 对可见光敏感。此外，研制新型非 TiO_2 基的可见光响应光阳极已成为热点之一。

综上所述，光电催化技术具有载流子复合概率低、光量子产率高、能利用可见光等明显优势，作为一种新型的水处理技术，近年来它的快速发展充分展现了极大的工业化应用前景。

2. 城市河道生态修复治理措施

(1)投放水生动物。

在实际的河道生态治理中投放水生动物的技术又称为生物操纵技术，在具体实践应用中主要是投放浮游动物、底栖动物以及鱼类。

投放浮游动物的目标主要是控制城市河道中的富营养化藻类，是一种新型的生物操纵方法之一，投放的浮游动物对藻类具有很强的摄食能力，繁殖能力也比较强，可以很好地控制藻类水华，这些浮游生物主要有大型蚤、剑水蚤等。

投放底栖动物的目标主要是控制河道中的藻类和有机碎屑，投放的底栖动物以当地物种为主，包括三角帆蚌、河蚌、圆顶珠蚌等，也可以适当投放螺蛳和虾来强化生态系统多样性，最好在水质进行一定的修复改善后再投放底栖动物。

(2)人工碳纤维生态水草。

人工水草技术是一种新型生物膜载体技术，经美国、日本多个国家试验效果良好。人工碳纤维生态水草通过特殊热处理工艺，由碳纤维和相关树脂材料制作而成。人工碳纤维生态水草根据含碳数量分为多个类别，一般情况下含碳量都在 90%以上，将其置于水中后可以迅速散开。人工水草在水中固定以后，会吸附水中的各种生物到其表面，从而夺取水中藻类生长所需要的营养物，抑制藻类滋生，改善水质。人工水草由于其特性，不受水体透明度、光照等外界条件限制，水质净化效果良好，在城市景观水体维护及河道生态修复与维护方面应用广泛。

(3)生态浮岛技术。

生态浮岛技术多用于城市黑臭河道治理。在受污染的河道中，运用轻质漂浮高分子材料作为床体，将人工种植的高等水生植物或改良过的陆生植物置于其上，通过植物强大的根系作用削减水中的氮、磷等营养物，并以收获植物体的形式将其搬离水体，从而达到净化水质的效果。生态浮床技术主要原理为：植物吸收水体营养物质，浮岛植物根系遮蔽阳光而抑制藻类生长，植物根系微生物降解水体污染。生态浮床技术相比于其他技术更接近自然，建设和运行成本较低，经济效益良好，既能达到美化环境的效果，又与周边自然融为一体，成为河道新的景观节点。

(4)人工强化生物膜技术。

生物膜技术在传统河道污水处理中应用较多,将其运用于河道水环境的修复就是对河道中原有的生物净化过程进行强化。通过模拟城市河道中砾石等材料上附着的生物膜的净化作用,人工填充各种载体,使载体上形成生物膜,当污染的河水经过生物膜时,污水与载体上的生物膜充分接触,被生物膜作为营养物质吸附、氧化、分解,从而使水质得到改善。砾间接触氧化法是一种模仿生态、强化生态自然净化水质过程的方法,具有纯天然、可地下化、处理效果好、成本低等优点,在中小型城市河道净化方面有明显成效。

(5)河道曝气增氧技术。

城市河道一般没有明显的高低落差,主要利用多级人工落差跌水,在水的下落过程中与空气中的氧气接触实现曝气增氧,人工跌水要结合景观建设来合理布局其在河道中的位置,实现景观性与技术性的统一。跌水曝气增氧主要有两种途径:一种是在重力作用下,水流在从高处向低处自由下落的过程中充分与大气接触,大气中的氧气溶解到水中,形成溶解氧;另一种是水流以一定的速度进入跌水区时会对水体产生扰动,强化水和气的混掺,产生气泡,在气泡上升到水面的过程中,气泡与水体充分接触,将部分氧融入水中,形成溶解氧。

(6)人工曝气增氧技术。人工曝气增氧技术主要应用于受到耗氧有机物污染后,水体缺氧,产生黑臭河水的河道。根据河道特点及区域经济水平采取合理的强化曝气技术,通过人工向水体中充入氧气或空气来加速水体复氧,恢复和增强水体中好氧微生物的活力,使河道中的污染物得以净化,从而改善河道水质。对于城市改造的景观生态河道,在夏季时因水温较高,有机物降解速率和耗氧速率加快,造成水体溶解氧(DO)降低,影响水生生物生存,人工曝气增氧技术可以很好地改善这一状况。

3.3.5 城市河道生态修复实例

1. 南京市金川河生态修复工程

1)河道概况

(1)水系概况。

金川河是南京城北地区的一条入江河道,分为内金川河和外金川河水系。

金川河发源于鼓楼岗和清凉山北麓，并与玄武湖相通，下游经宝塔桥入长江。金川河全长37.78 km，流域面积59.32 km^2。内金川河分为主流、东支、中支、西支及老主流。西北护城河、城北护城河以及内金川河在金川门汇合，通过外金川河汇入长江，沿途的南十里长沟、张王庙沟、大庙沟、二仙沟等直接或通过闸门控制汇入城北护城河及外金川河。

本工程中外金川河、内金川河主流、内金川河老主流、内金川河西支、内金川河中支、内金川河东支6条河道均属于金川河水系，全长共计12.15 km。内金川河水系河流大多位于居民区内，两侧多为排列紧密的建筑群，部分区域两侧景观绿化完善，但河道整体呈现内向、封闭的状态，水生态功能基本丧失。河道两侧已无生态护坡，以直立和块石挡墙为主，河底大部分已硬化。内金川河从大树根闸至入江口的河道内未看到水生生物存在，生态系统极为脆弱。水质对于污水下河情况非常敏感，严重依赖上游补水，河道基本丧失自净能力。驳岸与水系多为垂直关系，人无法靠近水面。现状驳岸形式难以形成依水而生的生态体系，水体对城市的生态调节作用弱。

(2)水质现状。

对各河道水质进行检测分析后发现，内金川河东支、中支、西支、老主流、主流，外金川河，南十里长沟主流，城北护城河，西北护城河水质为劣Ⅴ类；张王庙沟、南十里长沟水质未能稳定达到Ⅴ类；且各河道水质主要超标元素是氨氮。对2018年1—5月对各河道水体的NH_3-N指标进行监测发现，金川河主流及各支流1—5月的氨氮含量基本均高于Ⅴ类标准。

2)生态修复措施

本工程采用“微生物水质净化＋生境修复＋生态系统构建＋生态岸线改造”的原位净化措施对金川河流域进行水质提升，增加水体溶解氧，削减水体和底泥污染物，构建水生态系统，最终达到稳定水质的目的。其中，“载体固化微生物＋生态驿站＋生物滞留池＋沉水植物”主要承担稳定、净化水质的功能。

(1)曝气增氧。

曝气增氧技术通过人工方式向水体充入空气或氧气，达到增加水中溶解氧的目的，从而增加好氧微生物的活性，促进污染物的降解。同时，还兼具景观、底泥修复作用和抑藻作用，是水体增氧的主要方法。

微纳米曝气设备是一种高效率曝气设施。微纳米气泡水具有气泡小、比表面积大、上升速度慢、水中停留长等优势。实验表明，微纳米气泡水比普通水的含氧量更高、衰减速度更慢，更能够满足水处理中曝气的需要。

喷泉式曝气是水体增氧常用方法之一，喷泉曝气机由水泵、浮体和喷头组成，通过水泵将水提升、喷洒至空气中形成细小的水滴，水滴携带氧气返回水中，提高水体溶解氧，适用于表层水体增氧需求。另外，曝气设备运行时具有一定的景观效果，因此被广泛应用于景观水处理以及封闭性水体、园林水景增氧处理等水资源、水环境生态修复工程。

针对金川河水域部分河道较宽、水深较深等情况，本工程选择微纳米曝气增氧系统对水体增氧，同时在河流交汇处及景观性要求高的河段，增设喷泉曝气机，保持局部微循环流动状态，打破深水区溶解氧垂直分布的不均匀性，控制蓝绿藻的富集层。

本工程局部布置曝气设备，在金川河水系布置微纳米曝气设备共 10 台，设备运行时间为 12 h/d。在重点区域适当增补喷泉曝气机，共布置 6 台，喷泉曝气机启动时段为 6:00—11:30、12:30—19:00。

(2)微生物修复。

微生物修复技术是指在受损的水生态系统的基础上，通过一定的手段增加水体中特定微生物的数量，利用微生物消耗水中的污染物，同时利用微生物和动植物的促生作用，对水生态系统进行修复和提升，从而达到削减污染物、提升水质的目的。

针对金川河水系现阶段水质的主要问题，选择对氨氮去除能力强且对微生物有附着能力的技术措施。本工程采用的是去氨氮效果较强的载体固化微生物设备。为保证载体固化微生物设备的有效性，安置点必须保证有效水深在 1 m 以上。每台载体固化微生物设备一天能够降解化学需氧量(COD)5～10 kg，氨氮去除量为 2～5 kg(温度在 10 ℃以上)。

(3)生态岸线。

生态岸线系统由重力流进水口、布水管、植物与功能填料、集水盲管、防渗层和出水管构成，内部设置淹没层，营造局部厌氧环境，为各类微生物提供适宜环境，能有效提高氮、磷去除率，提高出水水质。

生态岸线系统由生态绿墙和生物滞留池两部分组成，采用双模运行方式，即雨季截留雨水径流，旱季引地表水灌溉。在雨季，雨水或雨污合流水依靠重力流进入生态绿墙和生物滞留池，经过系统中的植物根系、填料、微生物的截留、吸收、净化后排入河道，有效解决初期雨水污染问题，削减污染负荷，改善河水水质。在老城区，特别是雨污分流不彻底的区域，运用生物滞留池、生态绿墙等绿色基础设施，截流入河的雨水、污水，使其经生物处理后再进入河道，从而去除氮、磷、颗粒物、有机物等污染物，削减污染负荷，改善河水水质。

(4)沉水植物及生态驿站。

①栽植沉水植物。沉水植物作为主要初级生产者，在水生生态系统中起着重要的作用。沉水植物恢复后，可以使水体透明度提高，溶解氧增加，水体中的氮、磷及浮游植物叶绿素 a 的含量均明显降低，原生动物多样性也显著增加。另外，沉水植物对藻类有化感抑制作用，比如菹草对栅藻有显著抑制效应，篦齿眼子菜对栅藻和微囊藻也有一定的化感作用。它们不仅会影响食物链结构，控制其他生物类群的结构和大小，维持水环境的稳定性，而且在恢复环境生态中也有举足轻重的作用，沉水植物群落的重建与恢复是水生态系统修复工程的基础和关键。

沉水植物每天能够降低氨氮 0.8～1.5 g/m^2，降低化学需氧量 1.0～2.0 g/m^2。本工程将四季常绿矮型苦草、改良刺苦草、红线草(龙须眼子菜)、小茨藻种植在水流较缓的区域。根据河道基底情况，共构建沉水植物 13700 m^2。

②构建生态驿站。生态驿站利用植物根系和人工载体及其附着的生物膜，通过吸附、沉淀、过滤、吸收和转化等作用，提高水体透明度，有效降低水体中有机物、营养盐和重金属等污染物浓度。生态驿站是绿化技术与漂浮技术的结合体，还具有创造生物(鸟类、鱼类)生息空间、改善景观、保护驳岸等作用。另外，考虑洪水的影响，为了缓解水位变动引起的浮岛间的相互碰撞，在浮岛本体和水下固定端之间设置一个小型的浮子用以固定浮岛。

结合以往的工程经验，将生态驿站布置在交通桥上下游水流较缓的两侧，同时提高河道景观效果。本次工程根据河道基底情况共布置生态驿站 2000 m^2。

3)运行效果

南京市金川河生态修复工程于 2019 年 5 月完工，投入运行以来，系统运行稳定。2019 年 7—8 月对金川河水系下游断面进行连续水质监测，监控了氨氮(NH_3-N)、总磷(TP)及溶解氧(DO)等主要指标。发现 NH_3-N 指标从 1.70 mg/L 降低到 0.15 mg/L，TP 指标从 0.35 mg/L 降低到 0.2 mg/L，DO 指标从 5.80 mg/L 上升到 7.0 mg/L。以上主要指标已稳定达到地表水Ⅴ类标准，生态修复措施对河水的净化起到了积极作用，同时河道的生态景观效果逐步恢复。

2. 九江龙开故道整治工程

传统的城市河道治理，往往注重水工建筑物的净化、防洪、挡水等实用功能，对于水美化城市的美学效果考虑得比较少。随着社会的发展，河道的治理从传统方式逐渐向景观美化、寓教于乐方向发展，讲究人与自然的和谐统一，人与水、文化的相辅相成，通过美来展现河道具有的独特文化内涵和神奇的表现力。在这样的背景下，提倡水利进城，不仅是水利自身发展的需要，更是城市发展的必然选择。水利进城，其内涵不仅包括原本意义上的城市防洪，还包括对城市环境、品位的提升。城市水利不仅是城市的亮点和重要组成部分，也是水利实现现代化的重要标志。

在龙开故道的整治过程中，在保证安全行洪、净化水质的前提下，紧紧围绕水工美学的设计原则，对整个工程进行统筹设计，突出景点细节的地方性、文化性、娱乐性，提升滨河区土地利用价值。

1）工程概况

（1）项目区基本概况。

龙开故道整治工程位于九江市中心城区的经济技术开发区内。该工程是九江市防洪治涝工程的重要组成部分，是通过八里湖向甘棠湖供水、解决甘棠湖水质问题的有效途径，是增强九江市城内旅游景观效果、美化环境、提高九江市城市品位的一项重要工程。

龙开故道首端为八里湖进水闸，该闸上游为八里湖，新开的龙开新渠末端位于甘棠湖西南面，紧靠甘棠湖。工程所在区域目前已成为九江市城区的一个独立汇水区域，由于集水面积小，区域周边均有防洪标准较高的抗御外围洪水的防洪堤，该区域已达到一定的防洪标准，但龙开故道多年废弃被堵，区域内的内水排除困难，目前湖水的补给水源主要是集水区域的降水。

（2）项目区现状及存在问题。

龙开故道目前存在的主要问题是：河道排水功能丧失，内涝严重；缺乏有效治理，污染成灾。甘棠湖目前存在的主要问题是：湖水缺乏补给水源，旱季时湖水便成为死水，水体受污染严重，水质差，水环境恶劣。

2002年，曾文瑜、严晓华曾对龙开河水环境质量进行了探讨，他们在龙开河上设置了三个断面进行水质监测，结果表明：龙开河进口水质为优，中段水质受轻度污染，出口水质受中度污染；龙开河主要污染物为氨氮、生化需氧量、高锰酸盐、挥发酚。以上污染物指数大幅超标，说明龙开河水质污染物为有机污染物，这主要是由于龙开河接纳了十里片区大量工业废水、居民生活污水和医院医疗废水，造成龙开河以有机污染为主。又由于龙开河属于季节性河流，本身水量不大，在枯水季节几乎成为排水沟。

龙开河故道由于长期废弃，河道淤塞严重，沿河杂草丛生、垃圾成堆，排水不畅，在雨季内涝成灾。两侧部分生活污水直接排入故道，使故道内水质污染严重，严重影响城市环境景观，与九江市的现代化港口旅游城市的定位极不相称。龙开河故道长江路附近修复前现场图如图 3.2、图 3.3 所示。尽快疏浚、整治龙开河故道，对于根治水患、美化市容市貌和提升周边土地的商业价值都具有十分重要的意义。

图 3.2　龙开故道长江路附近修复前现场图

图 3.3　龙开故道长城路附近修复前现场图

2)设计原则

(1)总体目标。

使工程区内水清岸绿，生态环境明显改善；提高龙开河环境质量和景观质量；建成水、城市、生态、文化融为一体，人与自然和谐共生的生态体系，创造一个安全、优美、休闲、亲水的生态环境，满足市民接触自然、回归自然的要求。

①防洪排涝目标：龙开河主河槽 20 年一遇防洪标准，相应洪峰流量23.6 m^3/s。

②生态景观目标：达到河湖景观用水近期治理目标，水、城市、生态、文化融为一体，人与自然和谐共生。

③休闲旅游目标：环境优美、休闲、亲水、自然，成为九江市经济技术开发区水景主体。

④文化展示目标：刻录龙开河历史足迹，塑造文化景象，创造展示龙开河文明发展的窗口。

(2)指导思想。

在确保防洪安全的前提下，综合整治河道，对龙开河两岸生态、环境和景观进行修复、改善及保护。把龙开河建成一处以水为依托、以绿为主题，突出龙开河两岸的时代气息和较强的地域文化特征，融合历史人文景观，集休闲、娱乐、旅游为一体的生态走廊，为九江市经济技术开发区经济建设和城市居民的身心健康创造良好的环境。

(3)基本原则。

①在保证安全行洪的前提下，统筹兼顾生态环境改善、河道亲水性和自然性提高、滩地生态开发利用等多个目标的实现；增加休闲娱乐设施，提升滨河区土地利用价值。

②坚持以人为本，生态化治理。对污染物，尽量采用先进的处理技术，遵循自然规律，采用生物处理的方法，使人与生态环境和谐统一。

③坚持整体性的设计原则。在龙开故道的改造过程中，始终坚持从整体上把握，把龙开故道与周边环境和配套设施作为一个有机的整体进行设计，而不是简单叠加各个景观。

④坚持设计遵从自然，点、线、面相协调的原则。使河渠像自然河流一样，创造出多样而自然的水环境，形成丰富、稳定的生态体系，维持和保护生物多样性。

⑤注重景观与景观之间、建筑与建筑之间的协调性，强调景观之间的起转承合，建筑之间的错落有致，使景观与建筑既浑然一体又突出主题。

⑥将景观的设计融合到地质景观之中，注重景观规划的个性塑造，减少人工雕琢痕迹。充分利用天然的自然资源和已有的社会资源，使其成为新环境的要素，做到物景一体、浑然天成。

⑦充分体现当地的风土人情，如风俗习惯、历史典故、民间传说等，把河道自然景观整治与人文景观保护利用相结合，维护历史文脉的延续性。

3)具体实施措施及效果

(1)整体景观设计。

一是整体格局设计。龙开故道景观设计由龙开故道设计、明渠设计、暗渠设计三部分组成,根据这三段的地理位置和条件以及不同的文化内涵,创造不同的景观。设计截取“九派寻阳郡,分明似画图”这句诗词作为龙开故道部分景观设计的主题,并以“自然,生态,美学”理念为设计基调,营建六大景观节点,大节点中贯穿着各种小场景,形成“大景套小景”的格局。对各处景点,以当地历史文化来体现设计主题。明渠和暗渠应分别根据环境的要求进行设计,以表现商业都市文化、自然意象文化。

二是植被设计。①水面植物:根据水面的大小布置植物种植槽,满足景观空间形态的需求,并留出娱乐、行船的通道;水面景观低于人的视线,综合岸线景观和湖面倒影、水面植物进行适当的景观组织,形成一幅幅优美的水画卷。②岸边植物的布置:通过种植不同的植物,使岸边绿化带形成宁静优美的湖岸景观轮廓线。

总体布局图如图 3.4 所示。

图 3.4　龙开故道总体布局图

(2)吴风楚情园的设计。

吴风楚情园位于八里湖进口段,桩号范围为 K0－084～K0＋350,长 434 m。其设计思路是对吴风、楚情两大景观节点,分别以不同的元素表达“吴头楚尾”的“一地两俗”风景与风情。把吴风的“外柔内刚”与楚情的浑厚而又朴实的人文气息有机地联系在一起。

(3)桃源清溪的设计。

桃源清溪桩号范围为K0+350~K0+840,长490 m。其设计思路是充分利用现有的环境资源,把桃源清溪、隐士亭、星子桥、宜趣亭、游船主码头、玉竹影门、临水七大景观有机地联系起来,形成“清溪流转竹夹岸,碧山缤纷花满眼”的意境。

(4)自在林、自在居的设计。

自在林桩号范围为K0+840~K1+200,长360 m。其设计思考是从名字上下功夫,突出“自在”二字。密植的竹林中一条弯曲的小路,引导人们继续探幽。路的尽头是一个别致的小茶室,体现“路的尽头有人家”。房子三面植物环绕,一面(主入口方向)为云墙门洞,形成“三面环翠,一面墙”的空间格局,简约的摆设让人愿意停留。

(5)逍遥村的设计。

逍遥村桩号范围为K1+200~K1+860,长660 m。逍遥村的设计思考是将自然景观和历史典故结合。在设计中把自然环境和庄子的一些典故(如庄子与惠施关于鱼的对话)结合起来对景观进行处理。营造出一种无拘无束、自由自在的自然空间,让人投入其中,忘却平常日子里烦琐的工作与生活,让情绪得到暂时的释放。

(6)涤生碑林的设计。

涤生碑林桩号范围为K1+860~K2+650,长790 m。涤生碑林的设计思路是以“中兴第一名臣”曾国藩为题材,进行景观设计,突出人文素质教育。择取曾国藩的一些典型事迹,将其制作成碑刻与壁画,以条幅形式对曾氏“修身、治家”语录进行景观创造。临岸有“安如磐石”小景来表达曾氏的处世心态。而植物、小品则根据景点需求进行设置,满足人们的亲绿需求。

(7)现代都市滨水景观的设计。

现代都市滨水景观桩号范围为K2+650~K3+223,长573 m。现代都市滨水景观的设计主要由现代滨水景观设计和都市音韵景观设计两大部分组成。

现代滨水景观设计仍然以“亲水”为主,在不同区块根据空间尺度的大小设置不同的场景,用现代的笔触和材料表达现代景观元素,分别显示出别致的主题。

都市音韵景观设计强调景观的连续性、层次性、观赏性,采取椭圆围合的休闲广场,不同形式的花坛、树坛跟随椭圆的流线,“琴弦”为顶的圆形木质花架,花卉、灌木、小乔木、大乔木结合的护栏形式,形成具备韵律感的空间。

(8)河道断面的设计。

渠道底宽设计采取“随岸就势”的设计手法，采用松木桩垂直护岸，顶部错落有致，标高 12.80 m 以上种植亲水植物形成生态护坡。标高 13.10 m 的河道两岸布置亲水休闲栈道，宽 1.2～3.5 m。整条河道采用生态护底，20 cm 厚卵石下设 20 cm 厚细砂层，对河底先清淤后回填碾压。

河道断面形状的多样性表现为深潭与浅滩交错。在龙开故道整治工程中，尊重天然河道形态，尽可能避免采用几何规则断面，断面形状多样性给人们更多的视觉享受。

湖塘、浅滩、弯道的设立，既对水体起沉淀、初步进化作用，又给浮游生物以栖息、繁衍的场所，创造了一个水生动植物、陆生动植物和人类相互依存、相互制约的和谐共生的自由天地。

4)总结

龙开故道整治工程作为一条横贯南北，穿越九江市经济技术开发区与主城区的河流，是令九江市人民瞩目的重要工程。因此，这条河道除满足行洪排涝功能外，沿河布置上还要以水为主题，具有丰富的区段特色，体现江南水乡自然生态环境特色和历史文化内涵，保护滨河自然与人文资源。

在龙开故道整治工程中，从整体出发，结合周围的地理环境、人文古迹、人的视觉感受等，运用水工美学的原理，针对近水性、亲水性等问题，提出切实可行的解决方案，最终体现“以人为本”的设计理念，为水工美学在城市水利工程中的应用提供了一定的实践经验。据调查，项目建设开发之前，土地价值比全城平均地价低 30%；项目建设开发之后，土地价值比全城平均地价高 80%，为全城最高地价之一。目前这一地区已成为九江市的投资热点。

3.4　城市河道景观设计

3.4.1　城市河道景观的定义、构成及设计要素

广义上的城市河道景观是指城市河道水域本身以及与城市河道毗邻的一定区域的总称，由水域、水际线、陆域三部分组成，与城市河道相关的自然、人工、人文因素都应划在城市河道景观范畴之内。

城市河道景观构成如下。

(1)景观组成因素。城市河道景观仅仅靠河流是无法形成的,还需要河流的堤岸、树木、滨河的建筑、远处的山、活动着的人和车,自然景观因素如地形、地貌、水体、动植物等,以及历史因素、文化脉络、社会经济等构成的人文景观因素和人工设施因素等。

(2)空间构成。与河道相关的空间除了河道空间本身,还包括河道与陆地相接的堤岸空间以及滨河空间。滨河空间作为与城市河道接壤的区域,既是陆地边缘,也是水域边缘,其空间范围包括 200～400 m 的水域空间和与之相邻的城市陆域空间,是自然生态系统与人工建设系统交融的城市公共空间。

城市河道是城市中自然条件相对较好,具有生态和景观功能的区域。河道的两岸通常是周边居住区的居民日常休憩和休闲娱乐的场所。人们通过在河道两边游览,感受自然,与河道水环境产生部分情感交流或抒发内心情感,来达到休闲放松、休养锻炼的目的。因此城市河道的景观设计与人们的日常生活密切相关,直接影响到周边居民的居住满意度,亲水景观也是水文化可以得到充分体现的最直接的物质载体。

城市河道景观是城市滨水景观的重要组成部分,城市河道景观要素包括自然景观、人工景观、人文景观等,见表 3.7。城市河道往往穿越不同的城市区域,所以城市河道景观设计必须充分考虑城市河道景观与周边区域自然环境及人文环境的融合。

表 3.7　城市河道景观要素

自然景观	水体(水的流向、透明度、倒影、水底等)
	河床(浅滩、深潭等)
	植被(水生植物、乔木、灌木、草本植物、藤本植物)及时令变化
	动物(鸟、鱼、虫等)
	地形地貌(包括高程、土壤及其土质)等
人工景观	构筑物(堤岸、护岸、挡土墙等)
	空地(亲水平台、亲水广场、亲水步道、休息节点等)
	附属设施(指示设施、照明设施、管道设施等)
	交通系统(机动车道、自行车道)
	滨水景观建筑(亭、台、廊)
	景观小品(雕塑、景观柱、树池、花池)
	跨越结构(桥梁、栈道等)

续表

自然景观	水体(水的流向、透明度、倒影、水底等)
	河床(浅滩、深潭等)
	植被(水生植物、乔木、灌木、草本植物、藤本植物)及时令变化
	动物(鸟、鱼、虫等)
	地形地貌(包括高程、土壤及其土质)等
人文景观	无形的历史要素(包括民俗文化、历史文化、文物)
	水文化发展脉络、社会经济等

城市河道的生态修复要考虑周边居民亲水性,设置多种形式的交互性亲水设施,同时兼顾滨水生物的生长空间,避免破坏水生植物,协调好人类活动与动物、植物生境场所保护之间的关系。人类的大规模活动或多或少都会给动植物的活动及生长空间带来影响,在部分地段要注重亲水设施的布置比例,避免过多的亲水设施影响到植物的自然生长,对于动物较多的场所也要尽量减少亲水设施,确保滨水动物拥有较好的自然栖息地,以利于生态平衡发展。

亲水活动一般是指人们在滨水区域内的种种活动,例如步行、游憩、休闲、观赏、跑步等活动,河道因为水面的存在具有亲水性的特点。喜欢山水是人类的天性,喜欢亲水活动也是自然天性的释放,因此满足人们的近水、亲水、戏水等天性,体现人与水密切相融的关系是河道亲水景观设计的理念和目标。根据亲水活动的不同类型,亲水景观分为多种形式,见表 3.8。

表 3.8　按照亲水活动类型划分的亲水景观

活动类型	活动内容	活动区域和亲水景观
水上活动	游泳、划船、漂流、垂钓等	大水域、亲水平台
观景休憩	散步、观光、休憩、拍照、写生	驳岸、观景平台、亲水栈道
体育活动	晨练、骑车、慢跑等	亲水环步道、草坪、沙滩
自然欣赏	水体、观赏鱼类、花鸟等	亲水步道、台阶、观景台
文化活动	传统节日、纪念日、文物古迹游览等	滨河广场、主题广场

3.4.2　城市河道景观构建的理念与原则

1. 构建的理念

(1)尊重河道生态系统。在城市河道治理过程中,景观的构建应当以满足水利工程建设安全为前提，以恢复河道良好的生态系统、建设优美宜人的景观环境为目标。营造适合生物生存发展的生活环境，首先就是恢复生物能够生存、繁衍的生态系统，促进生态和谐。

一方面，河道的生态系统是经过长时期的积淀自然形成的有机生态系统，为周边生存的各种生命体提供必要的物质和能量。另一方面，人类为了自身的繁衍与发展，必须有防洪排涝、供给水源和利用土地等行为。这两方面往往会形成直接对立的矛盾，利益冲突较为明显，因此在河道规划治理时，不仅要能够满足人类社会生存发展的基本要求，还应足够尊重河道本身生态系统的正常合理延续和发展，尽可能按照河道的自然发展方向来进行适宜的规划，以有利于人类社会与河道生态系统的和谐共处。

(2)时间与空间结合思考。每一条城市河道都经历了很长时间的变化，以及变化中人类社会给它带来的各种影响。因此在河道生态修复工程规划时，应当对河道生态系统的历史演替和河道结构变化进行研究。除了自然环境的变化，历史文化环境也在发生变化，这些都要纳入考虑范围内。

同时，每一条城市河道都有自己的流域范围，在流域范围内有各种各样的生态系统、生境条件、能量物质循环等，这些都有着紧密的关联。而来自人类社会的诸多影响都会改变河道的生态环境，如污染水体、砍伐树木、占用土地等。因此要将河道自身的生态系统与周围环境结合起来思考。

(3)文化延续发展理念。城市河道都经历了城市的发展变迁，是一个区域文化特征的集中体现。无论河道进行了怎样的建设与改造，都必须坚持河道文化的延续与发展，不能使河道所承载的文化衰退与没落。在城市河道治理中，不仅仅要保持河道本身的文化内涵，更要做到让文化内涵继续发展，适应社会与人类发展的进程，为城市和城市中的居住者营造更加宜居的生活环境与景观环境。

(4)自然现象不可避免。自然现象是地球在亿万年发展过程中形成的，不以人的意志而转移，无论建造了多全面的防灾减灾措施，依然可能会有超出控制范围的自然灾害发生。因此在规划时，要制定应对灾害发生的应急计划。

2. 构建的原则

(1)地域特色性原则。地域特色是一条城市河道与其他河道之间最明显的区分，是规划设计的基本。地域特色主要有自然环境特色和历史人文环境特色。地球的历史发展中，经过了无数的风暴、冰雪、火山、地震等，因此不同的地方出现了不一样的自然环境，不一样的生命，不一样的生物。而在河道治理中构建景观时，最能够突出河道自然特征的就是乡土植物，同时乡土植物也最能表现出当地的自然文化特色。在中山岐江公园和秦皇岛汤河公园设计中，设计师都尽量完整保留原有乡土植物，不仅保持了原有的生态系统，还体现了当地的地域特色。

人类在不断进步与发展过程中，不可避免地进行了长期大量的改变环境的行为，这些行为都是由文化理念支配的。在改变环境时，会产生新的历史文化，这样就形成了只属于这个地方的地域文化特色，这些地域文化特色也反映了人类的历史发展，应当予以保护和利用。

(2)尊重历史文化原则。一座城市的历史文化积淀越深厚，城市河道周围所遗存的历史建筑就会越多，景观越丰富多彩，特征越明显强烈。在城市河道规划设计时，应充分了解河道的历史演变，例如各个历史时期的水系分布变化、重要历史建筑物的建造经历等。但是尊重历史文化，并不是简简单单地依原样复制、重建，而是要随着社会和时代的发展，探索更符合当代社会的文化、内容和风格，建造属于新时代的河道文化。

(3)生态发展性原则。在城市河道景观的生态修复中，生态自然是其重中之重。景观生态学中的景观由斑块、廊道和基底构成，城市河道就是一个天然的景观廊道，在城市环境的基底范围内，串联起各个斑块，形成一个完整的丰富的景观环境。河道生态环境对于整个城市的生态和景观都有着非常重要的作用，在进行生态修复时，不仅要恢复到原来的生态环境，还要根据自然和社会的发展，使河道的生态方面随之发展，这样才能让整个景观环境融合。

(4)人文亲水性原则。城市河道是城市范围内较好的景观环境，具有良好的自然条件和生态环境，是周边居民生活、游憩的重要场所。城市河道景观的构建，最主要的服务者就是游乐于其中的观赏者，那么就要尽可能满足观赏者对于河道景观环境的需求。城市河道的水资源环境是其他景观不能比拟的，因此，营造亲水性的景观非常必要。但在满足人们对于亲水的需求时，一定要协调好人类与生态环境的关系，不能干扰生态系统的正常维持与发展，影响生命体的繁衍与进化。

3.4.3　城市河道景观设计的方法

1. 总体规划布局与定位

(1)前期的现场调研。

对城市的河道水域进行现场调研，包括对河道宽度、河流洪水期与枯水期的不同水位、河道断面、水面流速等。对城市河道周边环境中已经存在的建筑物、构筑物进行调研，包括堤坝和桥梁；对于现存的具有人文历史价值或景观价值的建筑物予以重点标注并完整测绘、记录。对城市河道生态系统进行勘察，包括对河道原有的深潭浅滩、生态湿地、植物组团、河道岛屿、滨河坡地及河道土质进行调查，标注其详细的地形、标高、植物种类、植物位置以及生态圈详细数据等。

(2)城市河道的主题及定位。

河道景观设计首先要确定设计的主题和立意，这也是做一切设计的第一步骤。在分析场地现状的基础上，首先要考虑城市河道的基本功能，再针对城市总体形象的不同需求来规划不同类型的河道，并确定不同的主题。由于河道的流域较广，有可能会穿过城市的许多区域，因此要在系统化城市设计的基础上，指导不同的城市区域根据自身的特色或具体环境来分段定义。

(3)河道景观的平面布局。

当取得详细测绘后的资料后，考虑实际的地形、地貌，围绕设计主题，从功能性出发，合理对场地的平面进行初步规划。由于不同城市河道的周围环境与人文特色都不同，因此要充分因地制宜，结合城市的根本需求与形象规范来确定平面布局。要做到以下几点。

①因地制宜。

河道是因势而成的，有它的自然形态，应结合实际地形尽量保留其原有形态，不应该单调地、整齐划一地渠化河道。结合原有高低起伏的坡度地形布置景点和道路，对于坡度过大和过小而需要调整的土方应该就地平衡。虽然城市河道建设的范围不包括绿地周边的城市环境，但是河道具有天然的景观特征，它与城市之间具有很好的互动对景关系，因此将其纳入景观整体设计范畴，将园外景观植入景观本身，以增加景观的自然元素和趣味性。对于服务区域，应根据不同的周边环境而有所侧重，如应将健身长廊、休闲广场、儿童娱乐区、老年活动区等群众休闲活动场所布置在接近居民居住区的位置。在滨河景观建设中必须充分考虑周边历史文化古迹的文化理念延伸，使历史与城市空间连接起来。

②突出重点。

廊道是河道景观的主要特征，对河道呈现出的连续性和节点有非常重要的影响，要依据河道的特点、历史文化特征打造一个突出主题，并将其作为城市河道景观建设的亮点。在保持视觉通透性和人流汇聚性的基础上，对文化广场、人流量较大的公共活动广场应该安排合适的规模与体量；对于垂钓平台这样的半开放场所，一方面要运用植物来营造视觉遮蔽场所，另一方面应该缩减建筑体量。

③相互呼应。

功能区与景点之间必须保持游人流转通畅，要用道路进行连通，不能或尽量避免道路断开与死角的出现，保证功能区与景点之间游览路线的连续性；要充分考虑景点间的关联性，以景映景、以景托景，形成视觉引导；应依据功能关系来把握与调节景点之间的距离，不能在关联度接近的节点连续布置规模体量接近的广场，应该将小规模的滞留休息区和中小体量的节点合理地穿插，以控制游人数量和游览节奏。

每一个城市都有其自身的特点，但是近年来僵化思维模式似有发展之势，像人民广场、滨河公园、滨河大道等日趋雷同的城市河道景点命名在不同的城市不断出现，城市的特色性逐渐弱化。此外，景点有其自然性和特征，景观类型定位和命名应根据城市地域特点和需求情况来确定，不一定要将全部景点都纳入城市，而要使景观形成地区特色，以增加人们对城市有价值的记忆。

(4)断面规划。

河道断面的处理与驳岸的处理、河道的功能密切相关。设计出一个能够常年保证河道可以应对不同水位、水量的河床以及有水的河道构成了滨水景观存在的基础，也是河道处理的关键，对北方城市河道景观而言这一点尤为重要。受地域水资源短缺的影响，平时北方城市的河道水量很小，但持续大降雨或洪涝时流量与流速又比较大，为防洪而使河道形成较宽的断面，又由于河道在一年内大部分时间处于浅水或无水状态，实际景观效果很差。为解决景观效果不佳的问题，断面结构可以采用多层次台阶式结构，在低水位使河道保持其连续的蓝带状态，在满足多年防洪要求的同时，为水中生物提供基本的生存条件。而高于水面河道的滩地由于具有较好的亲水性，则可作为城市中理想的开敞空间环境，为市民提供较好的休闲游憩场所。当持续大降雨或发生较大洪涝时，则允许淹没滩地。

2. 水域设计

1)水面及河底

在保证水体的质量和生态功能的前提下，涓涓的水声、水色、水面的波光、吹过水面的微风等都是景观设计的重要元素。如充分运用当地日照充足的自然条件以及水面波光反射的特征进行设计，将桥下大面积空间映衬得美妙动人，是运河景观成功改造的一个亮点。同时通过在岸边种植湿生树种，在水底、水面根据功能适当种植湿生植物、沉水植物和浮叶植物，以稳固土壤、增加水体自净能力、抑制暴雨径流的冲刷。水底应与地下水连通，尽可能以天然素土为主，以大大减少清洁和水体更新费用。

为使人们获得良好视觉审美情趣的同时享受聆听美妙水声的愉悦，可将适当规模的跌水、水幕、喷泉等设置在靠近重要人流汇集场所的亲水平台和滨水广场，给水面营造出迤逦的变化。通常结合邻近驳岸的形态选取菱形、半圆形、圆形等不同造型的喷泉，以河道宽度尺寸、风力、人的视角等因素考虑喷泉高度，一般情况下喷泉大于人的正常视角、视野的尺度的时候具有磅礴的气势；但如尺度过高，风力可能会将喷水吹落至滨水的活动场所，对人们的正常活动造成影响。

2)护岸

(1)护岸的形态。

护岸的形态主要是指护岸的平面形态。水具有可塑性特征，水体平面形态基本上由岸线平面形状所决定。改造岸线时结合亲水活动的特征来进行，既可以创造丰富的景观，又可以使临水界面的长度增加，还可以创建更多的实用功能。岸线平面的处理方式有如下几种。

①平直岸线：特点为亲水活动单一，相对单调。

②曲形岸线：特点为与水的自然活动相对应，景观角度连续多变。当岸线向外凸出时，让人感觉似乎置身于水面之上；当岸线内凹时，使人获得向心的心理感受。

③垂直岸线：特点是滨水地带的临水界面长度得到不同程度的增加，其围合空间可以用来设置游泳、戏水、钓鱼等水上活动场所。

④折形岸线：具有适势增加滨水地带临水界面长度的特点，折形水岸既可以作为小型游船码头，也可以作为水上活动场地。

(2)生态驳岸。

20世纪80年代末，德国、瑞士、日本等国提出了“自然型驳岸”技术和“亲近自然河流”概念，从人与自然和谐相处的角度，强调“以人为本”“资源共有、共享”“整体营造，从根本处理”的建设原则，在此基础上，生态驳岸的理论诞生并得以逐步发展。

生态驳岸是指通过人为行为使河岸恢复到自然“可渗透性”的自然状态，基于对人与生态系统必须相互依存进而延续生物多样性的认知，而实施以生态为基础，以安全为导向的规划、建设方式，将对河流自然环境的伤害降到最低。

生态驳岸技术是随着人类渴望回归自然、亲近自然的新思潮的发展而逐渐发展起来的。生态驳岸是充分运用高科技技术，将各种材料的优点复合而成的复合型生态驳岸。

生态驳岸在具有必要的抗洪强度基础上，能使河岸与河流水体之间保持较好的水分调节和交换。生态驳岸除具有一定的防洪、护堤基本功能外，对促进河流水文过程、生物过程还具有下述功能。

①补枯、调节水位。生态驳岸主要采用自然材料构成，其界面具有良好的可渗透性。在丰水期，河水透过堤岸向其外的地下渗透并储存，以降低洪水灾害；在枯水期，地下水通过堤岸反渗入河，起着调节水位、滞洪补枯的作用。另外，生态驳岸上的大量植被不仅具有保土固体功能，还起到涵蓄水分的作用。

②增强水体的自净功能。构成生态驳岸的生态元素具有减缓河水流速的作用，有利于泥沙沉积，使河水适当净化，而河水中的一些污染物可被河岸上繁茂的植被和其他生物吸收分解。

③对水陆生物形成复合型生态环境。生态驳岸使滨水区植被与堤内植被构成一个完整的水陆生态环境系统。生态驳岸的坡脚具有多生物生长带、空隙率高、多鱼类巢穴、多流速变化等特点，为两栖类动物和鱼类等水生动物提供了较为理想的栖息、繁衍和避难的场所。同时生态河堤上伸入水面的繁茂树枝及草丛不仅为鸟类、陆上昆虫等提供觅食与繁衍的环境和场所，而且进入水中的根系还为水生动物提供觅食、产卵、幼鱼避难的场所，从而构成一个水陆复合型生物共生的完整生态环境系统。

生态驳岸从生态的角度将河道与水岸联系起来，为各类水陆生物提供栖息环境，实现养分、物质、能量等方面的有机交流。植物枝叶通过截留雨水来降低水流冲刷强度，过滤地表迁流；植物根系可以圈固土壤，从而起到强化堤岸结构稳定性、涵养水源、净化水质、保护堤岸的作用。这些作用随着时间的推移而不断加强，同时具有良好的环境协调性。此外，生态驳岸造价相对较低，除对整体外形进行维护外，一般无须进行其他日常维护管理。

但生态驳岸也有缺点，具体来说，堤岸的防护能力因材料选用或建造方法不同而致防洪、护堤功能具有极大差异性，要综合多学科知识进行认真、全面的分析，这对于设计人员而言是一个很大的挑战。建造初期如材料选用或建造方法不当或建造过程受到强烈干扰，对后期防护作用的发挥会产生较大或巨大的影响，如不能抵抗持续时间长、高强度的水流冲刷。因此必须综合使用其他设计方法。受季节因素影响，在需要运用大量植物材料施工时，生态驳岸施工会受到一定的限制，因此常在河道枯水和植物休眠的季节进行施工。

生态驳岸分为以下类型。

①自然原型护岸。

自然原型护岸主要通过在面层铺设卵石、细砂形成卵石滩、沙滩、草坡或种植植被来保护堤岸，多为缓坡式形态结构，无须过多的人工处理。为保持堤岸的自然特性，多选择适合在滨水地带生长的植物如水杉、柳树、香蒲、芦苇等种植于堤岸之上，利用植物根、茎、叶达到固堤效果。

自然原型护岸基本保持自然状态，纯天然，无任何污染，投资和施工都很方便，生态效益非常明显。但由于生态较为脆弱，抗洪水冲刷能力不足，在日常水位线以下种植的植物成活难度较大，树种的选择非常关键，否则很难保证植物的存活及生态效益。在城市河流过多的情况下，破坏性太大，因而在城区适用范围有限，一般适用于自然环境良好的城郊河段。

具体做法：按土壤的自然安息角（30°左右）进行放坡，每 0.25～3 m 厚夯实，面层铺设卵石、细砂，形成卵石滩、沙滩、草坡或种植植被。

自然原型护岸关键性的问题是植物的选择，其次是结合原地形做适当的适应性改造。常用植被基本是根系较发达的固土植物，一般在水中种植柳树、水杨、白杨以及芦苇、菖蒲、野茭白等具有喜水特性的植物，在驳岸坡面上种植沙棘、刺槐、龙须草、常青藤、香根草等。

②自然型护岸。

自然型护岸不仅在滨水面种植植被，还运用石材、木材等天然材料增强滨水坡面的抗冲刷能力。坡脚护底主要采用木桩、石笼或浆砌石块等，其上按照一定坡度筑有土堤，斜坡之上采用乔灌草作为种植植被，以增强堤岸抗洪能力。

天然材料的使用既兼顾了生物效应和环境效应，又达到了降低工程造价的目的，木桩、石块堆筑时产生的缝隙可以给水草提供生长的空间，给鱼虾等水生植物提供理想的栖息场所。但与自然原型护岸相比，自然型护岸投资较高、工程量较大。由于砌块木材堆砌松散，短期内整体稳定性较差。

大型护坡软体排具体做法：水下部分采用软体排或松散抛石，水上部分则在柔性的垫层（土工织物或天然织席）上种植草本植物，垫层上的压重抛石不应妨碍草本植物生长。

干砌块石或打木桩具体做法：水下部分采用干砌块石或打木桩的方法，并在块石或木桩间留有一定的空隙，以利于水生植物的生长；水上部分可参考自然原型护岸的做法，铺草坪或者栽灌木。

③人工自然式护岸。

人工自然式护岸以能确保大量人流活动或满足防洪需求为目标，结合自然生态堤岸形态，以石材、钢筋混凝土等为主要材料进行构建。这种单纯采用硬质材料构建的护岸形式比较简单，缺乏观赏性，但可以通过设置景观的手法进行柔化处理，如小品及绿化植被等。人工自然式护岸具有将工程堤岸和自然生态式堤岸较好地融合在一起的优点，而更倾向于自然生态。

由于人工自然式护岸的水体通常上游有水闸用于控制洪水量，其水位高程可以控制，因而堤岸的防洪作用不明显。从增加亲水性的角度，堤岸标高可与水平面接近，采用块石构筑硬质堤岸，同时应采用降低近堤岸的水深和栏杆的方式来保证堤岸的安全性。

缓坡式人工自然式护岸用缓坡过渡的方式区分不同标高之间的平台来衡量枯水期、洪水期水位变化。台阶式人工自然式护岸用台阶过渡的方式区分不同标高之间的平台来衡量枯水期、洪水期水位变化。后退式人工自然式护岸以堤岸后退设置方式直接构成不同标高的平台来衡量枯水期、洪水期水位变化。根据实际地形情况以及缓坡式、台阶式及后退式人工自然式护岸来衡量枯水期、洪水期水位变化的优劣特点结合使用。无建筑低台地可考虑淹没的周期性而分别设置，在有限的堤岸空间中创建多个层次，创造出多个亲水性空间。

④人工式护岸。

直落式人工式护岸：陆地与水面的落差比较大；用地有限，缺乏足够的空间；水位变化比较大；亲水性不佳，形式较为单调。

缓坡式人工式护岸：缓坡面基本使用草坪绿化，可作为驻足观景的场所；同时缓坡式必须满足防洪的需要，因而要有足够的空间容纳护岸；因坡度小而亲水性较好，但缓坡草坪易积水而使游人滑倒，所以应考虑铺面材料的选择并设置良好的排水设施。

分级式人工式护岸：梯级标高以一年中水位的变化为基准采用高低水位来区分，当空间足够时可采用缓坡式进行分级，以保持良好的亲水性，同时不同高度的梯级提供了不同的观景点。当空间不够时，宜采用直落式分级，高水位时可观景，低水位时有较好的亲水性效果。与此同时还可根据河道、自然堤岸变化综合应用以上形式。这样既可以使景观变化多样，又可以营造出不同层次的亲水空间。

(3)亲水设施建设。

①亲水栈桥。亲水栈桥是一种步行桥，其形状多为弧线、折形、方格网状等，

在保护自然生态环境的同时,通过曲折的通道变化引导游人,为旅游观赏、休闲散步提供便利,最直接地体现出亲水性。桥周边种植的湿生、水生植物可以将栈桥下部架空部分和混凝土基座掩去,游人行走于上,似有一种行于植物丛中、水面之上的感受。栈桥路面常用石材或防腐木铺设,一般路宽不小于 1.2 m,桥与水面距离不小于 0.2 m,基座可用石材、钢筋混凝土或钢材作结构支撑体系。

②亲水平台。亲水平台是小块面硬质亲水景观,由岸边向水中延伸出的供游人观光、娱乐、休闲的活动场所。一般只有几米或十几米,进深较小,长度也仅有几十米。形状有半圆形、方形、船形、扇形等。应根据实际情况设置相应高度的亲水平台栏杆以加强安全性。

③停泊区。停泊区(码头)具有交通、运输枢纽的功能,是滨水景观中特有的空间节点。由于现代交通的快速发展,原有的一些码头基本处于荒废状态,其本身具有的亲水平台架构通过改良利用,可以成为亲水平台或游艇码头,既可保留码头原有的历史人文意蕴,又可作为人们垂钓、观赏水景的场所,增加水的亲和力与城市魅力。

④亲水踏步。亲水踏步是宽 0.3~1.2 m,采用硬质材料铺设,延伸到水面的阶梯式踏步。其长度一般是根据功能分区和河道规模来设置的,短则几十米,长可上百米。不同季节的水位变化使游人能通过亲水踏步亲近水面,亦可垂钓、嬉水。

⑤亲水草坪。亲水草坪是逐渐伸到岸边的缓坡草坪软质块面亲水景观,水底离岸 2 m 处逐渐变深。制作岸线护底时,可将大小不等的卵石和原石散置于岸边,也可用自然山石砌筑,这样既可以使景观变化自然丰富,达到稳固岸线的目的,又可利用水边缓坡草坪创造出供游人阅读、散步、嬉水、垂钓等的公共休闲区。

⑥亲水驳岸。亲水驳岸是低临水面的一种线性硬质亲水景观,压顶离水面只有 0.1~0.3 m,这与较高的驳岸是明显不同的。驳岸线不是平直线条,可将卵石、方整石以自然散置的方式高低错落地布置,让驳岸线与周围环境和谐,使游人获得亲水、戏水、尽享回归自然之趣的体验。

3. 绿化设计

1)河道植物的生态功能

(1)固土护坡,净化水质。绿色植物强大的根系,可以形成可靠的天然固结网,将驳岸土壤和岩石固定起来,可抑制暴雨径流对驳岸的冲刷;同时,河道的生态系统中含有的微生物以及沉水植物、浮叶植物、湿生植物，多具有分解重金属物质的作用，可以促进水中营养盐和有机质的输出、转化和迁移，实现水质净化。

(2)吸收二氧化碳，放出氧气。树木可以吸收空气中的二氧化碳，同时放出氧气，在生物学上被称为光合作用。1 公顷的密植型阔叶林，通常在生长季节，每天可以吸收接近 1 吨的二氧化碳，为人类净化环境提供不可或缺的帮助。因此，城市河道及其周边绿化，是净化城市环境的绿脉。

(3)吸滞烟灰、粉尘。一些树木，如朴树和松树，它们的树叶可以通过叶表绒毛腺体来吸附烟灰与粉尘；另一方面，树木的树冠可以降低城市风速，减少和阻挡粉尘的漂移。

(4)调节改善小气候。植物本身的水分可以调节气温、提高空气湿度、降低风速，创造出宜人的生活、休闲空间。

(5)吸收和降低噪声。据调查得出的数据，通常 40 m 宽的植物带可以降低噪声 10～15 dB。分隔城市空间的绿带使得人们向往河道绿带空间带来的安静与舒适，暂时逃离城市的喧嚣和快节奏生活。

2)滨河植物的选用

(1)选用原则。

①地域性原则。应以经过自然选择和长期进化保留下来的，适宜本地生长的乡土植物和适应本区域环境条件的物种为主。尽可能选择能抵抗病虫害、强壮生长、抵抗逆境能力强的本地自然生态物种，这样不仅可以满足维护费降低、功能性增加的实际需求，也能反映该区域的自然景观、植被类型与特色。

②适应性原则。应根据植物生态习性和立地条件选择树种，以体现自然生态绿化的设计理念。要选取碱性抵抗力强和耐湿、耐水的树种，如木芙蓉、池杉、水杉、垂柳等，在高于或低于普通水位的城市河岸上种植。河道堤岸绿化主体一般可选用浅根系花灌木、草坡、水际植物或藤本植物，自然岸边选择种植芦苇、竹丛等。

(2)不同场景的选用。

①水生植物。水生植物的选择，应该根据河道景观的地域性需求与生态特征作为指导依据，在配置时要考虑种植床的土质、水体的缓急、周边生物是否有害等。为了不影响游人对驳岸周围其他景物在水中映衬的倒影观赏效果，水面植物不宜在河岸种植过密，要做到疏密结合、错落有致。

②坡岸植物。河道常水位以上坡岸应选用植物中耐水湿、扎根能力强的乔灌木植物，如枫杨、池杉、青檀、垂柳、水杨梅、簸箕柳、赤杨、雪柳、黄馨等，种植形

式以自然为主。合理搭配乔木、花草、灌木、藤蔓植物，突出季相，创造季相变化、层次分明、四季开花的植物景观，以发挥它们的观赏特征和功能。地被应选用如石蒜等耐水湿、固土能力强的植物。

③堤岸植物。河道驳岸的绿化种植方法有常规的护岸造林，也有供休闲、观赏的公园形式，等等，主要视绿带宽度、功能等而定。一般对传统的硬质河道驳岸护岸进行垂直绿化是常规的做法，中小河道植被的设置要规整些，植物单株间距与行距可密些，以增加视觉效果。

需要注意的是，种植不能过度，过度种植会阻碍游人看向水面的视觉通透性。种植时还要考虑运用树干、树冠以及姿态优美的树种达到框景的效果，把树木的枝干当作画框，把远处的景色当作风景画，让行走在道路上的人们体验到走在风景画廊中的趣味，这也是保证滨水道路通透性和引导性的一般做法。城市河道周边绿化的栽植应该是层次化和空间化的，要做到疏密得当、变化丰富，以形成丰富的视觉空间，达到步移景异的效果。在以高大的乔木作为背景的基础上，穿插亚乔木、灌木、草花及地被，形成植物组团，达到视觉上的空间连续性。水生植物及湿地植物的装饰和观赏效果尤其重要，色彩、形态和倒影等不仅要充分体现水体的美感，还要与水体相互映衬。

4. 硬质景观设计

1)滨水广场

滨水广场是供游人娱乐、表演、庆贺、休息、散步、健身、会面等的公共活动场所，是大块面的硬质亲水景观，也是河道滨水带最主要的空间节点。通常以广场为中心建造城市河道滨水区开放空间，广场设置有展望台、看台、活动区域等功能区域，长度与进深为几十米至上百米，配置有庭院灯、树池、花池、休息座椅等户外活动公共设施。

2)景观建筑

城市河道景观中滨河景观建筑占有非常重要的位置，具有景观标志意义，其作用主要是为居民的体育活动、日常生活和游赏娱乐等提供配套服务。景观建筑的风格、造型构成了滨河景观整体层次中不可或缺的一部分。

其设计应遵循如下原则进行。

(1)因地制宜。建筑空间与自然空间应保持和谐统一。建筑位置因地制宜，可建于岸边的桥上、岛上，也可以建于水中岛屿之上或水中。

(2)历史文化寓意。景观建筑无论是现代风格还是传统风格，其突出重点始终应是地域特色。既可以将历史文化寓意予以延伸，也可以直接应用传统风格元素，以形成本地特有的旅游资源。

(3)比例尺度合理。景观建筑的比例尺度应该从其本身的功能、与环境的关系、形成开阔视野性、适合既定设计风格进行综合考虑，使建筑与自然形成一个优美、和谐的整体。

景观建筑分类如下。

(1)亭、廊。滨河空间中的亭、廊主要是交通流线中的驻留性节点，为游人提供娱乐、观光、休闲等场所。传统风格的亭、廊形式有圆形、套方、长方、四方、八角等形式。屋面有攒尖屋面、卷棚屋面、悬山屋面、硬山屋面、两坡面、歇山顶等，攒尖屋面又有八角、六角、四方、三角、圆形等形式；屋面垂直方向上有多重檐、重檐、单檐等形式。现代意义的亭、廊更注重新材料的应用和功能的合理性，其造型相对简约、新颖。另外，还应通过对传统元素符号的提炼与应用来体现地域文化。

(2)商务用房。景观建筑中商务用房(如茶室、小卖部)的作用，是为游人或本地居民提供便利性的购物和消费服务，一般结合滨水广场等公共场所设置。为使游人在购物的同时有一个短暂休息、停留的空间，小卖部等应配置休息坐凳。设计上，在注重通过色彩、形态的变化和标识显示出其易识别性和功能特点的同时，必须充分考虑商务用房的应景性，应与场地规划、区域功能、使用需求、整体风格协调统一，使其既具功能性，又具景观性。

(3)管理用房。管理用房主要是指公共管理配套用房，如变电室、闸房等，其外观设计应注重功能性和景观性，尽量与周边景观环境保持一致，体现滨河景观风格。从安全、管理角度考虑，管理用房应有标识以避免游人到达，或建于游人少涉足的区域。

3)道路铺装

(1)铺装的视觉感受。

材质和图案造型不同的铺装材料，所形成的视觉感受和体验是完全不同的，如宁静感、喧闹感、粗犷感、细腻感、乡村感和城市感。就材料本身形状与质感而言，有角度的石板给人以不拘谨、不对称的随意美感；方砖给人温暖亲切感；而混凝土则给人一种无人情味、冷清的感受。因此，为了满足游人的情感需求，在设计时，应结合不同区域功能选择铺装材料。

眩光是过强的光直射或照射人的眼睛造成的，会产生强烈刺激，使眼睛不能完全发挥功能。为了营造宽敞、堂皇的视觉感受，而在主入口的主干道和广场上用大面积的抛光材料容易产生眩光或使人滑倒，反而不能达到预期效果。比较好的解决方式是大面积材料采用经打磨处理的花岗岩，将抛光材料作为装饰边带；或采用抛光的材料和打磨材料错拼来减少眩光，不同的视角材料（如拉丝材料）的错拼呈现的视觉效果不同。

(2)铺装的节奏划分。

铺装设计应层次清晰、变化有序，避免支离破碎，在注重滨河步行道连续性的同时，创造良好的空间节奏，以 6 m 为一个单位设计铺装分隔带，将过于狭长的线形滨河道在空间尺度上宜人化，使之贯穿整个滨河道；铺装的色彩和形式不同的区域应有不同的变化，以使整个滨河道体现出有个性的变化，同时又与整体的设计主题和基调一致。

(3)本土材料的应用。

主要特点是体现地域文化特色，取材方便，成本较低，经济实用。

(4)渗透性材料的应用。

材料的选用要综合考虑环保因素，铺装材料应选用渗透性较好的，以利于斜坡处和地表的积水下渗。如游步道多采用天然石材或青石铺成的汀步，雨水扩散较快，避免雨水长时间无法下渗形成淤积区，而出现游人滑倒和造成路面污染的现象。天然石材或青石铺成的汀步与植被搭配，营造良好的自然情趣和生态效果。渗透性较好的铺装材料还可以缓解雨水因无法下渗而汇聚成的较大径流。

(5)注重材料的质感表达。

①防滑处理。防滑处理是景观设置中在增加铺装美观性的同时注重实用性的非常重要的内容，其目的是提高安全性。处理措施有砖纹错拼、拉丝面处理、斩斧面处理、荔枝面处理、火烧面处理、卵石与花岗岩嵌草式铺设、间隔铺设等，也可以采用成品透水砖。特别是在无障碍坡道处理上，应增加道路两侧的排水沟，路面可采用混凝土勾缝处理，以增加防滑性。

②触感表达。健身步道的作用是通过步行对脚底进行按摩，为突出按摩感，通常采用凸凹不平的卵石铺设。地面铺装可以与文化内涵结合，形成文化长廊，在健身按摩的同时起科普教育的作用。

4)景观小品

(1)雕塑。

雕塑已成为现代都市空间中人与空间环境进行情感交流的载体和媒介，对于提高空间文化品质，改善空间视觉质量和人们的体验，使空间更具审美情趣有着重要的意义。滨水地段具有空旷、单纯的背景，其最为开放的空间环境为雕塑的设置提供了良好的条件。滨水地区通常凝聚了一个城市的悠久历史，并且体现了这个城市最主要的文化元素，是一个城市发展最早的地区，丰富的文化积淀和深厚的文化底蕴为雕塑的创作提供了大量的素材。以下五类雕塑均可以用于滨水地段。

①纪念性雕塑：结合滨水广场庄重、宏大、足够开放的空间，将重要的历史事件和任务以雕塑的形式展现出来，强化历史文脉在滨水地段的表现，有助于重现水的历史。

②主题雕塑：以充分展示地方特色文化为目标，以神话传说或民间故事为题材，塑造活泼、生动的雕塑形象。主题雕塑一般限定在小尺度空间内，以亲切宜人为宜。

③装饰性雕塑：以符合审美情趣为宜，以点缀环境为始终，可以见缝插针、恰到好处地美化景观，不一定留有对应的观赏空间，也不一定要有鲜明的思想性和完整的主题，只要能丰富视觉环境、强化游人体验、提高环境艺术情趣即可。

④功能性雕塑：将雕塑的美感运用到实用功能之中，主要是结合场地的功能性设施如座椅、栏杆、垃圾桶甚至小型建筑等设置的适应性装饰型雕塑。

⑤陈列性雕塑：以提高环境的艺术品位为目标，在滨水地段将一些艺术家的具有鲜明地域特色或历史文脉的知名作品以雕塑的方式直接展示出来；为详尽、具体地展示地方文化，也可以在滨水地段的适当空间将极具地方文化色彩的民俗器物、文物等的复制品甚至是原物展示出来。

(2)景观柱。

景观柱是运用石材、钢材、钢筋混凝土等材料制造成的柱状结构景观体，可对空间中的景观层次予以丰富和拉伸，是视觉中心的汇聚点，也是空间中的制高点。为营造壮观雄伟的景观形象，传统意义上的景观柱通常以结合具有历史文化意义的浮雕的方式来体现；现代风格的景观柱则更加注重趣味性和视觉美感，材料更丰富，造型更新颖。不同的滨水景观风格可选用不同样式、不同材料的景观柱。

5)环境设施

(1)休息设施。

滨水区多为娱乐休闲中心，应充分考虑游人体力调节（如缓解疲劳和适当处理事务）的需求，在散步道、节点空间设置数量适宜的座椅，提供适宜的驻足小憩之所，延长人们在滨水地带的逗留时间，以方便人们活动的持续完成，达到使人们休闲、娱乐、散步、调节生活的目的。

休息设施设置位置应保证视觉的通透性，以能够眺望河面为宜。为舒适考虑座椅可以结合花架、藤架、乔木等设置，达到遮阳效果。平面布局上应充分考虑人们进行深层交流的便利性，根据场地的形态，结合空间采用弧形或围合布置；为避免干扰交通，节点休息空间或座椅可沿着散步道每隔 10～30 m 进行设置。

公共设施由于露天放置，极易被破坏，应避免组合式的或可活动的公共设施，尽量选择混凝土结合石材压顶、花岗岩、防腐木、不锈钢等经久耐用的材料。形式上可以与树池、栏杆、雕塑、花池相结合，以体现与环境的适宜性。

(2)儿童活动设施。

城市河道滨水空间是儿童非常喜爱的活动场所之一，城市环境于无形之中对于儿童的成长教育也有着一定的影响，儿童活动场地和活动设施的设置可以让儿童在游玩中获得无限的乐趣，促进儿童间的协作与交流，促进儿童的身心及身体发育。

集中设置适宜河道景观区活动的场地，包括滑梯、攀爬、戏水等活动，动植物识别活动，以及具有科普性质的其他活动。活动设施设计应以趣味性为主，造型活泼，色彩明艳，同时必须注意安全，倒角要圆滑，避免锐角伤及儿童。

儿童活动设施应充分考虑其安全性，必须离河面较远，可运用植物密植形成安全防护带，将近水面一侧予以隔离；成人看护区要在儿童活动设施附近，为家长们在监护儿童玩耍的同时，提供相互交流、休息的平台。用塑胶、沙子铺设场地地面，形成安全软质地面，避免儿童摔伤。

(3)照明设施。

设置照明设施是一个很重要的城市美化手段，照明设施可以使夜间的城市更丰富多彩。河道景观照明设施主要有以下功能。

①实用功能。照明为游人提供了安全感。将泛光照明的广场灯设置在广场等公共活动空间，提供适当的照度，不仅可以让人在心理上获得安全感，也可以提供一定的视觉通透性。在滨水平台、节点休息空间、散步道等场所，可每隔 10 m布置一盏草坪灯，在满足照度需求的同时，力求节奏活泼，空间节奏丰富，使游人在休息和散步时不会感到孤寂。

②环境烘托功能。在较为热闹、繁华的餐饮空间、文化娱乐等场所，可配置地灯、草坪灯、庭院灯等，运用瓦斯灯和白炽灯，以温暖的光色烘托、渲染热闹激

情或安静悠闲的气氛。在亲水平台、广场等开阔的空间区域可设置地灯，营造绚烂、神秘的氛围，使空间魅力更丰富。利用光与影或水和光制造奇幻光影效果，如在喷泉中布置水下彩色照明，色彩可以透水变化，折射出丰富奇幻的视觉效果。同时，灯具也是城市景观的一部分，应该具有观赏性，因此其设计应具有艺术美感。

(4)标识和导向系统。

标识和导向系统是各种信息传递的基本方式，其类型有如下几种。

①路标：指示路线、景点和方位。路标一般标明本区域或附近区域景点的位置名称，结合导向图设置于交叉路口，指示出其他景点的方位及距离。路标高度应控制在 0.6～2.1 m，以人正常的视平线高度为宜。

②警示标识：向游人告诫、警告和提示应注意的事项。如：高压危险区域的提示，践踏区域的警示，深水危险区域的提示，等等。警示标识的外形或颜色应相对醒目和突出，起到提示作用。

③宣传栏：介绍滨水区建设管理、历史文化、城市背景等知识。

标识和导向系统风格上应与城市历史文化内涵和河流自然风貌特征一致。

(5)音响设备。

优美的音乐能够营造出欢快优雅的滨水休闲氛围，对于游玩、散步的人们来说极具放松心情、舒展身心的效果。音响设备可与雕塑、照明设施等结合设置，特殊时刻可作为信息应急传播设备。造型应与滨水空间整体环境风格保持一致。音响设备可隐藏于低矮的灌木丛中，以避免遭受人为或自然破坏。

(6)公用电话亭。

公用电话亭的功能随着移动电话的普及率越来越高而越来越被淡化，甚至已悄然退出公共设施范围。在滨水区设置公用电话亭对未配备移动电话的老人、儿童，或有长途通话需求的使用者来讲是很有必要的，可加大布置间距或相对减少布置数量。步行环境中其一般设置在人们较为集中休息的地方，整体高度控制在 2 m 以内，可选用钢化玻璃、钢板、有机玻璃、铝材等耐用的材料制作，维修方便，也适合批量生产。

(7)洗手器。

洗手器通常集饮用、洗手功能于一体，适用于已具有直饮水的城市。但是我国自来水尚未达到直接饮用标准，所以饮水功能仅作为设计趋势而加以考虑，目前仍然以洗手功能为主。在人流比较集中的户外活动空间，布置适当的洗手器有助于提升居民生活质量，为游人提供必要的便利，是城市文明的体现，也体现出了以人为本的设计理念。

洗手器有常流型和即放型两种。常流型由于不间断流放，为防止浪费，水量控制特别重要；即放型由于使用过于频繁而易遭到人为破坏。洗手器给水管、排水管必须与市政给水管、排水管连接，污水一般直接排放至下水道。北方城市应注意考虑洗手器防冻措施设计。

洗手器高度上可考虑上、下分层，适应成人、儿童使用，成人使用高度在0.6～0.8 m，儿童使用高度在0.4～0.6 m。为提供洗脚、擦鞋功能，下层可结合地漏设计。

洗手器材料上可选用不锈钢、瓷砖、花岗岩、混凝土、水磨石等耐腐蚀材料。

(8)垃圾箱。

垃圾箱的设置应确保公共场所的清洁卫生，一般放置于道路边侧、广场外侧和人流集中的休息节点。垃圾箱通常可以从侧面反映一个城市的文明程度和居民的文化素质。

垃圾箱设计风格应与滨水空间景观整体风格保持一致。根据垃圾性质对可回收、不可回收垃圾及电池回收进行分类。保证垃圾的投放和收取方便是设计的首要目标，不论是现代风格还是古典风格，顶部一般附带烟灰缸功能，箱底设置排水孔，防止积水引起清理不便和二次污染。垃圾箱选用金属烤漆、锌板、不锈钢、木作油漆等耐酸碱、抗腐蚀、易清洗的材料制作。垃圾箱沿道路放置，放置间距在30～50 m之间，高度为0.6～0.8 m，宽度在0.5～0.6 m。垃圾箱也可与休息座椅配套设置。

3.5 城市河道治理工程管理

随着城市水利工程建设规模不断扩大，河道治理也越来越受到重视，城市河道治理及管理是河流恢复健康的重要后期保障工作，直接关系到河岸人民的正常生活和河岸企业的正常发展。目前城市水利工程河道治理工程管理中存在的诸多问题影响着河道治理的质量，为加强对河道治理工程的管理，不仅要提高管理措施，还要对管理人员进行专业素质培训，以提高河道治理工程管理水平。

3.5.1 城市河道治理工程管理中存在的问题

河道治理工程管理是一项复杂而重要的工作，当前河道治理工程管理存在一些影响河道工程建设、不利于生态化建设目标实现的问题，而对这些问题的表象及背后原因进行分析，是河道治理工程管理的有效策略，也是提高河道治理工程管理水平的先决条件。

1. 管理理念陈旧

要提高城市河道治理工程管理水平，管理者首先要具备科学、先进的管理理念。事实上，部分管理者仍然对河道治理工程管理的重要性认识不足，甚至存在错误的管理观念，严重影响了河道治理工程管理水平的提升。例如，环境保护是我国的一项基本国策，任何工程建设和管理都必须积极响应国家的这一号召，将环保目标置于突出地位。但是，在一些自然生态环境比较脆弱的地区，部分河道治理工程的管理者环保意识淡薄，在工程设计和建设过程中，仅重视经济功能，而忽视环境保护，造成河道生态功能下降。

2. 管理制度体系缺位

在当前河道治理工程管理中，许多工作需要跨区域、多部门协同工作、共同负责方可顺利进行。但是相关的管理规程和管理制度中并没有对各部门的职责进行明确划分，这不仅会造成各个管理部门职能交叉，同时不同部门的工作人员会出于对本部门的利益考量，对相关制度做出有利于本部门的解释和理解，因此河道治理工程管理过程中经常出现协同工作配合不够，甚至推诿、扯皮现象，导致管理责任落实不到位，严重影响了管理工作的顺利开展。例如，一些经过治理的城市河道，仍然存在排污超标以及生活垃圾随意向河道中倾倒、丢弃的现象，容易造成水体污染和河道堵塞，导致河道整治工程难以发挥应有的作用。

同时，由于没有形成科学、完善的管理机制和制度体系，管理责任不能细化到人，造成管理环节经常缺位，面对问题，部分管理部门相互推诿，导致上述问题迟迟得不到解决，甚至愈演愈烈。

3. 河道水利工程设计不科学

在现阶段的河道水利工程设计和建设过程中，部分地区将城市建设和发展放在首位，一味追求利益，造成水利工程设计不科学，这不仅会导致河道职能降低，还会造成一定的安全隐患。例如，在部分河道整治工程中，河道两侧没有设置护栏，存在堤身单薄、防洪能力不足的问题；部分堤岸缺乏护岸工程或绿化缺失，从而造成比较严重的水土流失；此外，流失的泥沙在河道内长期淤积使河道变窄，会严重影响河流的泄洪功能。再如，部分河道治理工程片面强调防洪功能，投入巨资修建混凝土护岸，使城区河道日益人工化和渠道化，不仅对河道的天然断面造成不可逆转的破坏，同时也减少了河网的调蓄容量，严重影响了河道综合功能的发挥。

3.5.2 城市河道治理工程管理改进策略

1. 改变河道治理工程管理者的管理观念

工程建设，管理先行；管理工作，观念先行。要整体提升城市河道治理工程的管理水平，首先要改变管理者的陈旧管理观念，使管理者充分认识到河道治理工程管理的重要意义，树立基于生态水利建设的河道治理工程管理理念。河道治理和生态水利建设是并行不悖的两个概念，对国民经济发展和人民生活水平的提升均有十分重要的价值和作用，对生态环境比较脆弱的地区尤其如此。

鉴于河道生态环境构建是城市生态环境建设的重要组成部分，在城市河道治理工程设计和建设过程中，相关人员始终要将基本的生态功能恢复和建构置于突出位置，要以资源修复和生态自我修复为主，按照生态系统的规律设计、建设，实现水资源的合理分配，最终实现生态、可持续的发展目标，为城市区域经济发展提供生态环境保障。

此外，管理部门可以利用世界节水日、世界节水周等特殊时间节点，对河道周围的公众进行法律宣传。宣传可渗透到日常工作中，让公众意识到遵守和理解法律的重要性，如：在施工河道的旁边建立宣传警示牌，并在警示牌中标明公众应遵守的法律细则，以此提高宣传力度，让河流周围的公众了解河道治理的重要性，自觉维护治理好的河道。

2. 通过制度建设实现河道治理工程的标准化管理

河道治理工程管理中，观念是指导，制度是保障。要提升城市河道治理工程管理水平，就要基于制度建设，积极实施河道治理工程的标准化管理。具体而言，在指导思想上，河道治理工程的标准化管理就是制度化、元素化和互联网管理的有机融合。

在制度化管理方面，要以现行国家标准和当地公告为依据，结合各地、各部门的实际情况，组织编制本地和本部门的组织管理手册，明确管理机构和岗位设置，形成管理事项、岗位和人员之间的对应关系，所有的管理事项必须要有明确的管理依据、操作流程和记录，切实实现权责分明。同时，建立完善的责任机制，构建完善、科学合理的责任机制，明确河道治理环节中的责任，将管理责任落实到人，避免部门之间以及工作人员之间互相推诿，使河道治理工作的进程和质量得到更好的保障。此外，监督管理部门应加大对河道治理项目的监督力度，对将要建设的河道整治项目进行监督，检查施工方案的可行性和合理性；对已经启动的河道整治项目进行监督，重点检查施工过程中是否有违规行为。河道治理应积极完善奖惩机制，以提高管理的约束性和积极性。

在元素化管理方面，要将河道治理工程标准化管理的职责和对象以管理部门和属性为特征进行细化分解，最终形成不同的管理元素。这种管理元素具有独立功能和空间上的可分离性。在此基础上，将每个管理元素与责任人对应。根据河道治理工程的技术要求和管理指标，将管理元素分为待查、安全、亚安全和一般隐患以及重大隐患五种类型，并对非安全元素采取必要的管理措施。

在互联网管理方面，要注意运用现代化通信网络技术，将河道治理工程的管理元素和管理事项等相关信息同步传输到区域性标准化管理平台，为进一步的数据处理和强化监督管理提供依据。

3. 强化技术管理，提高工程设计和管理水平

在提升管理理念、构建管理制度体系之后，强化技术管理有助于提升河道治理工程的设计水平和管理质量，从而在技术层面提升城市河道治理工程管理水平。

首先，要对河道治理工程加强科学规划和设计审查。河道治理工程规划和建设必须要遵循河道平顺以及河势稳定的原则。在做好工程项目环境影响评价的同时，在规划设计和建设过程中，要尽可能保护好河道两侧原有的湖泊、洼地和沟渠，降低工程项目建设对水环境的负面影响。

其次，要注重河道的清淤和疏浚。河道治理工程在运行一段时间后，河道会不可避免地出现淤积问题，在一些水土流失较为严重的地区更明显。因此，河道治理工程管理中，有关部门必须要定期清淤和疏浚，以增强河道的过流和防洪能力。

最后，在河道治理工程规划和建设过程中，不仅要减少工程建设过程中的污染，还要积极引入生态修复技术等现代防污、治污技术，通过对外来污染因素进行控制，最大限度减少河道治理工程完工之后的各种污染源对河道生态环境的影响。

应注意的是，不同河道的水域环境与附近环境存在一定区别，因此必须依据具体水环境选取有效的河道治理工程修复技术。目前，我国城市河道水污染问题比较复杂，直接影响周边居民的日常生活用水。根据我国城市河道具体状况，在实施城市河道治理工程时，首先应进行污水治理，通常应用生物修复技术与水生生态修复技术。其中生物修复技术主要指通过生物体来治理水环境的技术，包含植物修复、动物修复以及微生物修复技术，基本原理为通过植物和动物以及微生物，对水环境中的污染物进行吸收、转化及降解，使有害物质转变成无害物质，在一定程度上有效减小水环境中污染物的浓度，防止污染物向四周扩散。而水生生态修复技术一般是指通过生态学的手段对水环境中的污水进行处理，基本原理是应用生物种群生存关系，对一些种群的生长进行控制，来调节水生态环境平衡，比如在河道中种植一些湿地植物，进一步改善水质，有效减小水环境中污染物的浓度。

4. 加强河道治理工程建设管理

在河道治理工程管理中，应严格实行项目法人制、招投标制、建设监理制等，努力建造优良工程，确保工程建成后发挥效益。

(1)项目法人制。城市河道治理工程项目法人为市水利局，其作为项目建设的项目法人，对项目建设全过程负责，对项目的工程质量、工程进度和资金管理负总责。

(2)招投标制。河道治理工程项目采用公开招标方式进行，以确保河道治理工程项目的质量、工期、投资。招标时，按工程施工要求确定资质等级。评标由评标委员会进行，评标委员会由招标人依法组建，招标人代表和技术、经济等方面的专家不得少于2/3。在评标委员会评审后推荐的中标候选人中，选取第一候选人为中标单位。按有关规定和程序及时与中标单位签订施工承包合同，严格制定双方的责任与义务，使责、权、利有机结合。对于监理工作，实行总监理签字和驻地监理共同负责的办法，要切实履行“三控制两协调”的职责，对重点部位务必做好旁站监理。严格河道治理施工程序，每道工序开始及结束都须经监理认可。对重大问题实行业主、承建方、监理三方会审制度，严格按照河道治理工程项目批复及合同施工，切实保障工程质量与进度。

(3)建设监理制。严格执行建设工程监理制，依据国家批准的河道治理工程项目建设文件、有关河道治理工程建设的法律法规、河道治理工程建设监理合同及其他工程建设合同等，对河道治理工程实施监督管理。

(4)合同制。严格实施合同管理制,合同管理制贯穿整个河道治理工程建设过程,渗透河道治理工程建设设计、施工、监理等方面。一份科学、合理合法的有效合同,才具有可操作性、约束力。合同管理的关键是执行合同,维护合同的法律性、严肃性。

(5)资金管理。在河道治理工程中,严格按照要求,实行市级报账制、政府采购制、国库直接支付制等有关财务管理制度,以切实规范专项资金管理,保障资金安全、高效运行,发挥资金使用效益。

第4章　城市防洪工程

4.1　城市防洪工程设计标准

为了防治洪水、涝水和风暴潮危害，保障城市防洪安全，统一城市防洪工程规划、防洪工程设计的技术要求，由中华人民共和国水利部主编、中华人民共和国住房和城乡建设部批准的《城市防洪工程设计规范》(GB/T 50805—2012)正式颁布，自2012年12月1日起实施。这个规范适用于有防洪任务的城市新建、改进、扩建城市防洪工程的设计。

4.1.1　城市防洪工程总体要求、等级和设计标准

1.城市防洪工程总体要求

(1)城市防洪工程的规划设计，应以所在江河流域防洪规划、区域防洪规划、城市总体规划和城市防洪规划为依据，全面规划，统筹兼顾，工程措施与非工程措施相结合，综合治理。

(2)城市防洪应在防治江河洪水的同时治理涝水，洪、涝兼治；位于山区的城市，还应防山洪、泥石流，防与治并重；位于海滨的城市，除防洪、治涝外，应防风暴潮，洪、涝、潮兼治。

(3)在进行城市防洪工程设计时，应调查收集气象、水文、泥沙、地形、地质、生态与环境和社会经济等基础资料，选用的基础资料应准确可靠。

(4)城市防洪范围内的河、渠、沟道沿岸的土地利用应满足防洪、治涝要求，跨河建筑物和穿堤建筑物的设计标准应与城市的防洪、治涝标准相适应。

(5)城市防洪工程设计遇到湿陷性黄土、膨胀土、冻土等特殊的地质条件，或可能出现地面沉陷等情况时，应当采取相应的处理措施，以确保防洪工程的安全性。

(6)城市防洪工程设计，应结合城市的具体情况，总结已有防洪工程的实践经验，积极慎重地采用国内外先进的新理论、新技术、新工艺、新材料。

(7)城市防洪工程设计应按照现行有关标准的要求，进行工程设计方案的经济分析，做到规划设计科学、投资经济合理。

(8)城市防洪工程设计除应符合《城市防洪工程设计规范》(GB/T 50805—2012)中的规定外，尚应符合国家现行有关标准的规定。

2. 城市防洪工程等级和设计标准

1)城市防洪工程等别和防洪标准

(1)有防洪任务的城市，其防洪工程的等别应根据防洪保护对象的社会经济地位的重要程度和人口按表 4.1 的规定划分为四等。

表 4.1　城市防洪工程等别

防洪工程等别	分等指标	
	防洪保护对象的重要程度	防洪保护区人口/万
Ⅰ	特别重要	≥150
Ⅱ	重要	≥50，且<150
Ⅲ	比较重要	>20，且<50
Ⅳ	一般重要	≤20

注：防洪保护区人口是指城市防洪工程保护区的常住人口。

(2)位于山区、平原区和海滨区的城市，其防洪工程的防洪设计标准，应根据防洪工程等别、灾害类型，按表 4.2 中的规定分析确定。

表 4.2　城市防洪工程设计标准

城市防洪工程等别	设计标准/年			
	洪水	涝水	海潮	山洪
Ⅰ	≥200	≥20	≥200	≥50
Ⅱ	100～200	10～20	100～200	30～50
Ⅲ	50～100	10～20	50～100	20～30
Ⅳ	20～50	5～10	20～50	10～20

注：①根据受灾后的影响、造成的经济损失、抢险难易程度以及资金筹措条件等因素合理确定。

②洪水、山洪的设计标准为洪水、山洪的重现期。

③涝水的设计标准指相应暴雨的重现期。

④海潮的设计标准指高潮位的重现期。

⑤本表数据包括下限，但不包括上限。

(3)对于遭受洪灾或失事后损失巨大、影响十分严重的城市,或对于遭受洪灾或失事后损失及影响均较小的城市,经论证并报请上级主管部门批准,其防洪工程的设计标准可适当提高或降低。

(4)城市防洪按分区设防时,各分区应按表4.1和表4.2中的规定,分别确定防洪工程等别和设计标准。

(5)位于国境界河的城市,其防洪工程设计标准应专门研究确定,并报上级主管部门批准。

(6)当建筑物有抗震要求时,应按国家现行有关设计标准的规定进行抗震设计。

2)城市防洪建筑物级别

(1)城市防洪建筑物根据其重要程度不同,一般可分为永久建筑物和临时性建筑物,永久建筑物又可分为主要建筑物和次要建筑物。城市防洪建筑物的级别,应根据城市防洪工程等别、防洪建筑物在防洪工程体系中的作用和重要性划分为五级,见表4.3。

表4.3 城市防洪建筑物级别

城市防洪工程等别	永久建筑物级别		临时性建筑物级别
	主要建筑物	次要建筑物	
Ⅰ	1	2	3
Ⅱ	2	3	4
Ⅲ	3	4	5
Ⅳ	4	5	5

注:①主要建筑物系指失事后使城市遭受严重灾害并造成重大经济损失的堤防、防洪闸等建筑物。

②次要建筑物系指失事后不致造成城市灾害或经济损失不大的丁坝、护坡、谷坊等建筑物。

③临时性建筑物系指防洪工程施工期间使用的施工围堰等建筑物。

(2)拦河建筑物和穿堤建筑物工程的级别,应按所在堤防工程的级别和与建筑物规模及重要性相应的级别中高者确定。

(3)城市防洪工程建筑物的安全超高和稳定安全系数,应按国家现行有关标准的规定确定。在一般情况下,不得随意提高或降低。

4.1.2 设计洪水、涝水和潮水位确定

设计洪水、涝水和潮水位是进行防洪工程规划设计的基本依据,是确保防洪

工程安全和作用的重要数据。在正式进行城市防洪工程规划设计前，必须按照《城市防洪工程设计规范》(GB/T 50805—2012)中的规定，确定城市防洪工程的设计洪水、涝水和潮水位。

1. 城市防洪设计洪水的确定

(1)城市防洪工程设计洪水，应根据设计要求计算洪峰流量、不同时段洪量和洪水过程线的全部或部分内容。

(2)计算依据应充分采用已有的实测暴雨、洪水资料和历史暴雨、洪水调查资料。所依据的主要暴雨、洪水资料和流域特征资料应可靠，必要时应进行重点复核。

(3)计算采用的洪水系列应具有一致性。当流域修建蓄水、引水、提水和分洪、滞洪、围垦等工程或发生决口、溃坝等情况，明显影响各年洪水形成条件的一致性时，应将系列资料统一到同一基础，并进行合理性检查。

(4)设计断面的设计洪水可采用以下方法进行计算。

①城市防洪设计断面或其上、下游邻近地点具有 30 年以上实测和插补延长的洪水流量资料，并有历史调查洪水资料时，可采用频率分析法计算设计洪水。

②城市所在地区具有 30 年以上实测和插补延长的暴雨资料，并有暴雨与洪水对应关系资料时，可采用频率分析法计算设计暴雨，可由设计暴雨推算设计洪水。

③城市所在地区洪水和暴雨资料均短缺时，可利用自然条件相似的邻近地区实测或调查的暴雨、洪水资料，进行地区综合分析，估算设计洪水；也可采用经审批的省(市、区)暴雨洪水查算图表计算设计洪水。

(5)设计洪水的计算方法应科学合理，对主要计算环节、选用的有关参数和设计洪水计算成果，应进行多方面分析，并应检查其合理性。

(6)当设计断面上游建有较大调蓄作用的水库等工程时，应分别计算调蓄工程以上和调蓄工程至设计断面区间的设计洪水。设计洪水地区组成可采用典型洪水组成法或同频率组成法。

①典型洪水组成法。从实测资料中选择几次有代表性的大洪水作为典型，以设计断面的设计洪量作为控制标准，按典型洪水各分区洪量组成比例，计算各分区相应的设计洪量。

②同频率组成法。指定某一区发生与设计断面同频率的洪水，计算设计洪量；其他区发生相应的洪水，计算相应洪量。其他区分为几区时，各分区的相应

洪量以典型洪水的组成比例进行分配。

(7)各分区的设计洪水过程线,可采用同一次洪水的流量过程作为典型,以分配到各分区的洪量控制放大。

(8)对拟定的设计洪水地区组成和各分区的设计洪水过程线,应进行合理性检查,必要时可适当调整。

(9)在经审批的流域防洪规划中已明确规定城市河段的控制性设计洪水位时,可直接引用作为城市防洪工程的设计水位。

2. 城市防洪设计涝水的确定

(1)城市治涝工程的设计涝水,可按涝水形成地区的不同,分别计算设计涝水流量、涝水总量和涝水过程线。

(2)城市治涝工程设计应按涝区下垫面条件和排水系统的组成情况进行分区,并应分别计算各分区的设计涝水。

(3)分区设计涝水应根据当地或自然条件相似的邻近地区的实测涝水资料分析确定。

(4)地势平坦、以农田为主分区的设计涝水,缺少实测资料时,可根据排涝区的自然经济条件和生产发展水平等,分别选用下列公式或其他经过验证的公式计算排涝模数。需要时,可采用概化法推算设计涝水过程线。

①经验公式法。

设计排涝模数可按下式计算:

$$q = KR^m A^n \tag{4.1}$$

式中:q 为设计排涝模数,$m^3/(s \cdot km^2)$;K 为综合系数,反映降雨历时、涝水汇集区形状、排涝沟网密度及沟底比降等因素,应根据具体情况,经实地测验确定;R 为设计暴雨产生的径流深,mm;m 为峰量指数,反映洪峰与洪量的关系,应根据具体情况,经实地测验确定;A 为设计排涝区面积,km^2;n 为递减指数,反映排涝模数与排涝面积关系,应根据具体情况,经实地测验确定。

②平均排除法。

a. 旱地设计排涝模数按下式计算:

$$q_d = R/86.4T \tag{4.2}$$

式中:q_d 为旱地设计排涝模数,$m^3/(s \cdot km^2)$;R 为旱地设计涝水深,mm;T 为排涝历时,d。

b. 水田设计排涝模数按下式计算:

$$q_w = (P - h_1 - E_T - F)/86.4T \tag{4.3}$$

式中：q_w 为水田设计排涝模数，$m^3/(s \cdot km^2)$；P 为历时为 T 的设计暴雨量，mm；h_1 为水田滞蓄水深，mm；E_T 为历时为 T 的水田蒸发量，mm；F 为历时为 T 的水田渗漏量，mm。

c. 旱地和水田综合设计排涝模数按下式计算：

$$q_p = (q_d A_d + q_w A_w)/(A_d + A_w) \tag{4.4}$$

式中：q_p 为旱地、水田兼有的综合设计排涝模数，$m^3/(s \cdot km^2)$；A_d 为旱地的面积，km^2；A_w 为水田的面积，km^2。

(5)城市排水管网控制区分区的设计涝水，当缺少实测资料时，可采用下列方法或其他经过验证的方法计算。

①选取暴雨典型，计算设计面暴雨时程分配，并根据排水分区建筑的密集程度，按表 4.4 确定综合径流系数，进行产流过程计算。

表 4.4　综合径流系数

区域情况	综合径流系数
城镇建筑物密集区	0.60～0.85
城镇建筑较密集区	0.45～0.60
城镇建筑稀疏区	0.20～0.45

②汇流可采用等流时线等方法计算，以分区雨水管设计流量为控制标准推算涝水过程线。当资料条件具备时，也可采用流域模型法进行计算。

③对于城市的低洼区，可按平均排除法进行涝水计算，排水过程应计入泵站的排水能力。

(6)市政雨水管设计流量可用下列方法和公式进行计算：

①根据下式计算：

$$Q = q\Psi F \tag{4.5}$$

式中：Q 为雨水流量，L/s 或 m^3/s；q 为设计暴雨强度，$L/(s \cdot hm^2)$；Ψ 为径流系数；F 为汇水面积，km^2。

②暴雨强度应采用经分析的城市暴雨强度公式计算。当城市缺少该资料时，可采用地理环境及气候相似的邻近城市的暴雨强度公式。一般地区的雨水计算重现期可选用 1～3 年；重要干道、重要地区或短期积水即能引起较严重后果的地区，雨水计算重现期可选用 3～5 年，并应与道路设计协调；特别重要地区的雨水计算重现期可采用 10 年以上。

③在进行雨水流量计算时,综合径流系数可按表4.4中的数值确定。

(7)对城市排涝和排污合用的排水河道,计算排涝河道的设计排涝流量时,应计算排涝期间的污水汇入量。

(8)对利用河、湖、洼进行蓄水、滞洪的地区,计算排涝河道的设计排涝流量时,应分析河、湖、洼的蓄水、滞洪作用。

(9)计算的设计涝水应与实测调查资料以及相似地区计算成果进行比较分析,检查其合理性。

3. 城市防洪设计潮水位的确定

(1)设计潮水位应根据防潮水位设计的要求,分析计算设计高、低潮水位和设计潮水位过程线。

(2)当城市附近有潮水位站且有30年以上潮水位观测资料时,可以其作为设计依据站,并应根据设计依据站的系列资料分析计算设计潮水位。

(3)设计依据站实测潮水位系列在5年以上但不足30年时,可用邻近地区有30年以上资料,且与设计依据站有同步系列的潮水位站作为参证站,可采用极值差比法按下式计算设计潮水位:

$$h_{sy} = A_{ny} + R_y(h_{sx} - A_{nx})/R_x \tag{4.6}$$

式中:h_{sx}、h_{sy}分别为参证站和设计依据站设计高、低潮水位;R_x、R_y分别为参证站和设计依据站的同期各年年最高、年最低潮水位的平均值与平均海平面的差值;A_{nx}、A_{ny}分别为参证站和设计依据站的年平均海平面。

(4)潮水位频率曲线线型可采用皮尔逊Ⅲ型,经分析论证,也可采用其他线型。

(5)设计潮水位过程线,可以实测潮水位作为典型或采用平均偏于不利的潮水位过程分析计算确定。

(6)挡潮闸(坝)的设计潮水位,应分析计算建闸(坝)后形成反射波对天然高潮位壅高和低潮位落低的影响。

(7)对设计潮水位的计算成果,应通过多种途径进行综合分析,检查其合理性。

4. 洪水、涝水和潮水遭遇分析

许多沿海城市的多处感潮区域,由于地势低洼,城区内河四通八达,排涝水时受外江洪水和潮水顶托的相互影响。为降低城市洪涝灾害损失,当遇到这种情况时，必须进行科学分析、正确判断，以便采取相应的措施。

（1）兼受洪、涝、潮威胁的城市，应进行洪水、涝水和潮水遭遇分析，要研究其遭遇的规律。以防洪为主时，重点分析洪水与相应涝水、潮水遭遇的规律；以排涝为主时，重点分析涝水与相应洪水、潮水遭遇的规律；以防潮为主时，重点分析潮水与相应洪水、涝水遭遇的规律。

（2）进行洪水、涝水和潮水遭遇分析，当同期资料系列不足 30 年时，应采用合理方法对资料系列进行插补延长。

（3）分析洪水与相应涝水、潮水遭遇情况时，应按年最大洪水（洪峰流量、时段洪量）、相应涝水、潮水位取样，也可以大（高）于某一量级的洪水、涝水或高潮位为基准。分析潮水与相应洪水、涝水或涝水与相应洪水、潮水遭遇情况时，可按相同的原则取样。

（4）进行洪水、涝水和潮水遭遇分析时，可采用建立遭遇统计量相关关系图方法，分析一般遭遇的规律，对特殊遭遇情况，应分析其成因和出现概率，不宜舍弃。

（5）对洪水、涝水和潮水遭遇分析成果，应通过多种途径进行综合分析，检查其合理性。

4.1.3　城市防洪与排水工程设计标准

目前，我国大部分城市防洪与排水工作分别由水务和市政两个部门负责，在学术研究上，两者也分别属于水利学科和城市给排水学科。而一个城市的防洪与排水工作则由这两个部门合作完成。市政部门负责将城区的雨水收集到雨水管网，并排放至内河、湖泊，或者直接排入行洪河道；水利部门则负责将内河的涝水排入行洪河道，同时保证设计标准以内的洪水不会翻越堤防，对城市安全造成影响。

为了保证城市防洪与排水安全，两个部门各有自己的设计标准。市政部门采用较低的重现期，一般只有 1～3 年一遇。而水利部门有两种设计标准，分别是防洪标准和排水标准，其重现期一般较高，范围也很大，防洪标准从五年一遇到最高万年一遇。

现行国家标准《城市防洪工程设计规范》（GB/T 50805—2012）对于城市防洪与排水工程的设计标准、计算方法、具体布置等方面均做了详细规定，在设计中应遵循这些规定进行。

1. 城市防洪江河堤防设计标准

江河堤防是防汛抗洪的基本屏障，其主要功能是使某一保护范围能抵御一定防洪标准的洪水的侵害。城市市区的江河沿岸常常是人口集中且经济比较发达的地带。因此，城市防洪堤对城市的生存和发展起着至关重要的作用。对于受洪水威胁的城市来说，防洪设施的首要功能是防洪抗灾。但随着人们的环境意识日益增强，对生态环境的要求越来越高，以前单一的防洪功能的堤防建设已经远远不能满足现代人的需求。

在现代化城市堤防建设中，如何把防洪工程与城市的生态建设有机地结合起来，怎样结合城市特点来发挥防洪设施的多种功能，为美化城市发挥作用，是建设者们必须考虑的问题。在加强堤防建设、提高抗洪能力的同时，积极探索绿化城市、美化城市、造福于民的多方位堤防功能，成为一个结合城市建设、完善堤防功能的新思路。

1）江河堤防设计的一般规定

（1）堤防线路的选择应充分利用现有堤防设施，结合地形、地质、洪水流向、防汛抢险、维护管理等因素综合分析确定，并应与沿江（河）市政设施相协调。堤线宜顺直，转折处应采用平缓曲线过渡。

（2）堤距应根据城市总体规划、地形、地质条件、设计洪水位、城市发展和水环境的要求等因素，经过技术经济比较确定。

（3）江河堤防沿程设计水位，应根据设计防洪标准和控制站的设计洪水流量及相应水位，分析计算设计洪水水面线后确定，并应计入跨河、拦河等建筑物的壅水影响。计算水面线采用的河道糙率，应根据堤防所在河段实测或调查的洪水位和流量资料分析确定。对水面线成果应进行合理性分析。

（4）堤顶或防洪墙顶的高程，可按下式计算确定：

$$Z = Z_p + Y \tag{4.7}$$

$$Y = Z_p + R + e + A \tag{4.8}$$

式中：Z 为堤顶或防洪墙顶的高程，m；Z_p 为设计洪（潮）水位，m；Y 为设计洪（潮）水位以上超高，m；R 为设计波浪爬高，m，按现行国家标准《堤防工程设计规范》（GB 50286—2013）的有关规定计算；e 为设计风壅增水高度，m，按现行国家标准《堤防工程设计规范》（GB 50286—2013）的有关规定计算；A 为堤顶安全加高，m，按现行国家标准《堤防工程设计规范》（GB 50286—2013）的有关规定执行。

(5)当堤顶设置防浪墙时，墙后的土堤堤顶高程应高于设计洪(潮)水位 0.5 m以上。

(6)土堤应预留足够的沉降量，预留沉降量值可根据堤基地质、堤身土质及填筑密度等因素分析确定。

2)防洪堤防(墙)的设计要求

(1)防洪堤防(墙)可采用土堤、土石混合堤、浆砌石墙、混凝土墙或钢筋混凝土墙等形式。堤型应根据当地土、石料的质量、数量、分布情况、价格和运输条件，结合移民占地和城市建设、生态、环境、景观等要求，经综合比较选定。

(2)土堤填筑的密实度应符合下列要求。

①黏性土土堤的填筑标准按压实度确定，1 级堤防的压实度不应小于 0.94；2 级和高度超过 6 m 的 3 级堤防的压实度不应小于 0.92；低于 6 m 的 3 级及 3 级以下堤防的压实度不应小于 0.90。

②非黏性土土堤的填筑标准按相对密度确定，1、2 级和高度超过 6 m 的 3 级堤防的相对密度不应小于 0.65；低于 6 m 的 3 级及 3 级以下堤防的相对密度不应小于 0.60。

(3)土堤和土石混合堤，堤顶的宽度应满足堤身稳定和防洪抢险的要求，且不宜小于 3 m。堤顶兼作城市道路时，其等级、宽度和路面结构应按《城市道路工程设计规范(2016 年版)》(CJJ 37—2012)确定。

(4)当堤身的高度大于 6 m 时，宜在背水坡设置戗台(马道)，其宽度不应小于 2 m。

(5)土堤堤身的浸润线，应根据设计水位、筑堤土料、背水坡脚有无渍水等条件计算，其逸出点宜控制在堤防坡脚以下。

(6)土堤边坡稳定可采用瑞典圆弧法计算，安全系数应符合现行国家标准《堤防工程设计规范》(GB 50286—2013)的有关规定。迎水坡应计及水位骤降的影响；高水位持续时间较长时，背水坡应计及渗透水压力的影响；堤基有软弱地层时，应进行整体稳定性计算。

(7)当堤基渗径不能满足防渗要求时，可采取填土压重、排水减压和截渗等措施处理。

(8)土堤迎流顶冲、风浪较大的堤段，迎水坡可采取护坡防护，护坡可采用干砌石、浆砌石、混凝土和钢筋混凝土板(块)等形式，或者铰链排、混凝土框格等，并应根据水流流态、流速、料源、施工、生态与环境相协调等条件选用；非迎流顶冲、风浪较小的堤段，迎水坡可采用生物护坡。背水坡无特殊要求时宜采用生物护坡。

(9)迎水坡采用硬护坡时，应设置相应的护脚，护脚的宽度和深度可根据水流流速和河床土质，结合冲刷计算确定。当计算的护脚埋深较大时，可采取减小护脚埋深的防护措施。

(10)当堤顶设置防浪墙时，其净高度不宜高于 1.2 m，埋置深度应满足稳定和抗冻要求。防浪墙应设置变形缝，并应进行强度和稳定性核算。

(11)对于水流流速大、风浪冲击力强的迎流顶冲堤段，宜采用石堤或土石混合堤。土石混合堤在迎水面砌石或抛石，其后填筑土料，土石料之间应设置反滤层。

(12)城市的主城区建设堤防工程，当其场地受到限制时，宜采用防洪墙。防洪墙高度较大时，可采用钢筋混凝土结构；防洪墙高度不大时，可采用混凝土或浆砌石结构。防洪墙的结构形式应根据城市规划要求、地质条件、建筑材料、施工条件等因素确定。

(13)防洪墙应进行抗滑、抗倾覆、地基整体稳定和抗渗稳定验算，并应满足相应的稳定要求；当不满足稳定要求时，应调整防洪墙基础尺寸或进行地基加固处理。

(14)防洪墙基础的埋置深度，应根据地基土质和冲刷计算确定。无防护措施时，埋置深度应为冲刷线以下 0.5 m；在季节性冻土地区，埋置深度应在冻结深度以下。

(15)防洪墙应设置变形缝，缝距应根据地质条件和墙体结构形式确定。钢筋混凝土墙体的缝距可采用 15～20 m；混凝土及浆砌石墙体的缝距可采用 10～15 m。在地面高程、土质、外部荷载及结构断面变化处，均应增设变形缝。

(16)对已建堤防(防洪墙)进行加固、改建或扩建，应符合下列要求。

①堤防(防洪墙)的加高加固方案，应在抗滑稳定、渗透稳定、抗倾覆稳定、地基承载力及结构强度等验算安全的基础上，经技术经济比较确定。

②土堤的加高在场地受到限制时，可采取在土堤顶部建防浪墙的方式。

③对新老堤的结合部位及穿堤建筑物与堤身连接部位应进行专门设计，经核算不能满足要求时，应采取改建或加固措施。

④土堤扩建宜选用与原堤身土料性质相同或相近的土料。当土料特性差别较大时，应增设反滤过渡层(段)。扩建选用土料的填筑标准，应按现行国家标准《城市防洪工程设计规范》(GB/T 50805—2012)中的规定执行，原堤身的土料填筑标准不满足现行国家标准的要求时，应采取措施进行加固。

⑤堤岸防护工程的加高应对其整体稳定和断面强度进行核算，如果不能满足要求，应结合加高进行加固。

3)穿堤及跨堤建筑物设计要求

(1)与城市防洪堤防(墙)交叉的涵洞、涵闸、交通闸等穿堤建筑物，不得影响堤防安全、防洪运用和管理，多沙江河淤积严重河段堤防上的穿堤建筑物设计，应分析并计入使用年限内江河淤积的影响。

(2)穿堤涵洞和涵闸应符合下列要求。

①涵洞(闸)的位置应根据水系分布和地物条件研究确定，其轴线与堤防宜正交。根据需要，也可与沟渠的水流方向一致，与堤防斜交，交角不宜小于 60°。

②涵洞(闸)的净宽应根据设计过流能力确定，单孔净宽不宜大于 5 m。

③穿堤涵洞和涵闸的控制闸门，宜设置在临江河一侧的涵洞和涵闸出口处。

④涵洞(闸)的地下轮廓线布置，应满足渗透稳定的要求。与堤防连接处应设置截流环或刺墙等，渗流出口应设置反滤排水。

⑤涵洞的长度一般为 15～30 m，其内径(或净高)不宜小于 1.0 m；当涵洞的长度大于 30 m 时，其内径不宜小于 1.25 m。涵洞有检修要求时，其净高不宜小于 1.8 m，净宽不宜小于 1.5 m。

⑥涵洞(闸)的进、出口段应采取防护措施。涵洞(闸)的进、出口与洞身连接处，宜做成圆弧形、扭曲面或八字形，平面扩散角宜为 7°～12°。

⑦洞身与进出口导流翼墙及闸室连接处应设变形缝，洞身纵向长度不宜大于 8～12 m。位于软土地基上且洞身较长时，应分析并计入纵向变形的影响。

⑧涵洞(闸)工作桥桥面不应低于江河设计水位加波浪高度和安全超高，并应满足闸门检测要求。

(3)防洪堤防(墙)与道路交叉处，路面低于河道设计水位需要设置交通闸时，交通闸应符合下列要求。

①交通闸的位置应根据交通要求，结合地形、地质、水流、施工、管理，以及防汛抢险等因素，经综合比较确定。

②闸室的布置应满足抗滑、抗倾覆、渗流稳定以及地基承载力等的要求。

③闸孔尺寸应根据交通运输、闸门形式、防洪要求等因素确定。闸的底板高程应根据防汛抢险和交通要求综合确定。

④交通闸应设置闸门控制。闸门的形式和启闭设施，应根据交通闸的具体情况按下列要求进行选择：闸前水深较大、孔径较小，关门次数相对较多的交通闸，可采用一字形闸门；闸前水深较大、孔径也较大，关门次数相对较多的交通

闸，可采用人字形闸门；闸前水深较小、孔径较大，关门次数相对较多的交通闸，可采用横拉闸门；闸前水位变化缓慢，关门次数较少，闸门孔径较小的交通闸，可采用叠梁闸门。

2. 河道治理及护岸(滩)工程设计标准

河道治理是指按照河道演变规律，因势利导，调整、稳定河道主流位置，改善水流、泥沙运动和河床冲淤部位，以适应防洪、航运、供水、排水等国民经济建设要求的工程措施。护岸工程是指为防止河流侧向侵蚀及河道局部冲刷而造成的坍岸等灾害，使主流线偏离被冲刷地段的保护工程设施。对于流经城市的江河河道，其河道治理及护岸(滩)工程设计应符合《城市防洪工程设计规范》(GB/T 50805—2012)中的有关规定。

1)河道治理及护岸(滩)工程的一般规定

(1)治理流经城市的江河河道，应以防洪规划、城市总体规划为依据，统筹防洪、蓄水、航运、引水、景观和岸线利用等要求，协调上下游、左右岸、干支流等各方面的关系，全面规划、综合治理。

(2)治导线指河道经过整治以后在设计流量下的平面轮廓。在确定河道治导线时，应分析研究河道的演变规律，顺应河势，上下游呼应、左右岸兼顾。

(3)河道治理工程布置应利于稳定河势，并应根据河道特性，分析河道演变趋势，因势利导选定河道治理工程措施，确定工程总体布置，必要时应以模型试验验证。

(4)桥梁、渡槽、管线等跨河建筑物轴线宜与河道水流方向正交，建筑物的跨度和净空应满足泄洪、通航等要求。

2)城市防洪工程对河道整治的要求

(1)城市河道整治应收集水文、泥沙、河床质和河道测量资料，分析水沙的特性，研究河道冲淤变化及河势演变规律，预测河道演变趋势及对河道治理工程的影响。

(2)城市河道综合整治措施应适应河势变化趋势，利于维护和促进河道稳定。

(3)河道整治工程堤防及护岸形式、布置，应当与城市建设风格一致，并应减少对河势的影响。

(4)护岸工程布置不应侵占行洪断面，不应抬高洪水位，上下游应平顺衔接，并应减少对河势的影响。

(5)护岸形式应根据河流和岸线特性、河岸地质、城市建设、环境景观、建筑材料和施工条件等因素研究选定,可选用坡式护岸、墙式护岸、板桩及桩基承台护岸、顺坝和短丁坝护岸等。

(6)河道的护岸稳定分析应分析下列荷载。

①自重及其顶部荷载。

②墙前水压力、冰压力和被动土压力与波吸力。

③墙后水压力和主动土压力。

④船舶系缆力。

⑤地震力。

(7)水深、风浪较大且河滩较宽的河道,宜设置防浪平台,并宜栽植一定宽度的防浪林。

3. 城市防洪工程对各种护岸的要求

1)对坡式护岸的要求

(1)建设场地允许的河段,宜选用坡式护岸。坡式护岸可采用抛石、干砌石、浆砌石、混凝土和钢筋混凝土板、预制混凝土块、连锁板块、模袋混凝土等结构形式。护岸结构形式的选择,应根据流速、波浪、岸坡土质、冻结深度以及场地条件等因素,结合城市建设和景观要求,经技术经济比较选定。当岸坡高度较大时,宜设置戗台及上、下护岸的台阶。

(2)坡式护岸的坡度和厚度,应根据岸坡坡度、岸坡土质、流速、风浪、冰冻、护砌材料和结构形式等因素,经稳定和防冲分析计算确定。

(3)水深较浅、淹没时间较短、非迎流顶冲的岸坡,宜采用草或草与灌木结合形式的生物护岸,草和灌木的品种根据岸坡土质和当地气候条件选择。

(4)干砌石、浆砌石和抛石护坡材料,应采用坚硬未风化的石料。砌石下应设置垫层、反滤层或铺土工织物。

(5)浆砌石、混凝土和钢筋混凝土板等护坡,应设置纵向和横向变形缝。

(6)坡式护岸应设置护脚,护脚埋深宜在冲刷线以下 0.5 m。施工困难时可采用抛石、石笼、沉排、沉枕等护底防冲措施。重要堤段抛石宜增抛备填石。

2)对墙式护岸的要求

(1)墙式护岸是指顺着堤岸修筑的竖直陡坡式挡墙。当受场地限制或城市建设需要时，可采用墙式护岸。

(2)各护岸段墙式护岸具体的结构形式，应根据河岸的地形地质条件、建筑材料以及施工条件等因素，经技术经济比较选定，可采用衡重式护岸、空心方块及异形方块式护岸或扶壁式护岸等。

(3)采用墙式护岸时，应查清地基地质情况。当地基地质条件较差时，应进行地基加固处理，并应在护岸结构上采取适当的措施。

(4)墙式护岸基础的埋深不应小于 1.0 m，基础可能受到冲刷时，应埋置在可能冲刷深度以下，并应设置护脚。

(5)墙基承载力不能满足要求或为便于施工时，可采用开挖或抛石建基。抛石厚度应根据计算确定，砂卵石地基抛石厚度不宜小于 0.5 m，土质地基抛石厚度不宜小于 1.0 m。抛石宽度应满足地基承载力的要求。

(6)墙式护岸沿着长度方向在下列位置应设变形缝：新旧护岸连接处；护岸高度或结构形式改变处；护岸走向改变处；地基地质条件差别较大的分界处。

(7)混凝土及浆砌石结构相邻变形缝间的距离宜为 10～15 m，钢筋混凝土结构相邻变形缝间的距离宜为 15～20 m。变形缝的宽度为 20～50 mm，并应做成上下垂直通缝，缝内应填充弹性材料，必要时宜设置止水。

(8)墙式护岸的墙身结构应根据结构形式、材料种类和荷载等情况进行下列计算：抗倾覆稳定和抗滑稳定；墙基地基应力和墙身应力；护岸地基埋深和抗冲稳定。

(9)墙式护岸应设置排水孔，并应设置反滤装置。对挡水位较高、墙后地面高程较低的护岸，应采取防渗透破坏措施。

3)对板桩式及桩基承台式护岸的要求

(1)地基软弱且有港口、码头等重要基础设施的河岸段，宜采用板桩式及桩基承台式护岸，其形式应根据荷载、地质、岸坡高度以及施工条件等因素，经技术经济比较确定。

(2)板桩宜采用预制钢筋混凝土结构。当护岸较高时，宜采用锚碇式钢筋混凝土板桩。钢筋混凝土板桩可以采用矩形断面，其厚度应经计算确定，但不宜小于 0.15 m；宽度应根据打桩设备和起重设备的能力确定，可采用 0.5～1.0 m。

(3)板桩打入地基的深度应经计算确定，应满足板桩墙和护岸整体抗滑稳定的要求。

(4)有锚碇结构的板桩，锚碇结构应根据锚碇力、地基土质、施工设备和施工条件等因素确定。

(5)板桩式护岸的整体稳定性,可采用瑞典圆弧滑动法进行计算。

(6)桩基承台和台上护岸结构形式,应根据荷载和运行要求,进行稳定分析验算,经技术经济比较,结合环境要求确定。

4)对顺坝和短丁坝护岸的要求

(1)受水流冲刷、崩塌严重的河岸,可采用顺坝或短丁坝进行保滩护岸。

(2)通航河道、河道较窄急弯冲刷的河段和以波浪为主要破坏因素的河岸,宜采用顺坝护岸。受潮流往复作用、崩岸和冲刷严重且河道较宽的河道,可辅以短丁坝群护岸。

(3)顺坝和短丁坝护岸应设置在中枯水位以下,应根据河流流势布置,与水流相适应,不得影响河道行洪。短丁坝不应引起流势发生较大的变化。

(4)顺坝和短丁坝的坝型选择,应根据水流速度的大小、河床土质、当地建筑材料以及施工条件等因素综合分析选定。

(5)顺坝和短丁坝应做好坝头部位的防冲和坝根与岸边的连接。

(6)短丁坝护岸宜成群布置,坝头连线应与河道治导线一致。短丁坝的长度、间距及坝轴线的方向,应根据河势、水流流态及河床冲淤等情况分析计算确定,必要时应以河工模型试验验证。

(7)丁坝坝头处水流紊乱,受冲击力较大时,宜采用加大坝顶宽度、放缓边坡、扩大护底范围等措施进行加固和防护。

3. 城市治涝工程设计标准

在全球气候变暖的大背景下,世界各地遭受极端天气灾害的次数明显增多。我国近年来特大暴雨频发,导致一些城市逢雨必涝。城市内涝是指强降雨或连续性降雨超过城市排水能力,致使城市内产生积水灾害的现象。城市内涝灾害发生时,城市交通、通信、水、电、气、暖等生命线工程系统瘫痪,社会经济活动中断,城市内涝灾害损失已远远超过物质破坏引起的直接经济损失。

随着我国城市化进程的快速发展,各种“城市病”集中凸显与暴发,其中城市内涝问题尤为突出。城市治涝工程是事关城市可持续发展、城市生态及城市运行安全的系统工程。城市治涝工程设计应符合《城市防洪工程设计规范》(GB/T 50805—2012)中的有关规定。

1)城市治涝工程设计的一般规定

(1)城市治涝工程设计,应以城市总体规划和城市防洪规划为依据,与城市防洪(潮)工程相结合,与城市排水系统相协调。

(2)城市治涝工程设计,应根据城市可持续发展和居民生活水平逐年提高的要求,统筹兼顾、因地制宜地采取综合治理措施。

(3)对于缺乏水资源的城市,应保护和合理利用雨水资源,充分发挥工程的综合效益。

(4)城市治涝工程设计,应特别注意节约用地,并与市政工程建设相结合,建筑物设计风格应与城市建筑风格相协调。

2)城市治涝工程的总体布局要求

(1)城市治涝工程的布局,应根据城市的自然条件、社会经济、涝灾成因、治理现状和市政建设发展要求,与城市防洪(潮)工程总体布局综合分析,统筹规划,实现截、排、蓄综合治理。

(2)城市治涝工程应根据城市地形条件、水系特点、承泄条件、原有排水系统及行政区划等进行分区、分片治理。

(3)城市治涝工程的布局,应充分利用现有河道、沟渠等将涝水排入承泄区,充分利用现有的湖泊、洼地滞蓄涝水。

(4)城区有外水汇入时,可结合城市防洪工程布局,根据地形、水系将部分或全部外水导至城区的下游。

(5)城市治涝工程的布局,应自排与抽排相结合。有自排条件的地区,应以自排为主;受洪(潮)水顶托、自排困难的地区,应设挡洪(潮)排涝水闸,并设排涝泵站抽排。

(6)承泄区的设计水位,应根据承泄区来水与涝水遭遇规律合理确定。

3)城市治涝工程排涝河道的设计要求

(1)排涝河道的布置应根据地形、地质条件、河网与排水管网分布、承泄区位置,结合施工条件、征地拆迁、环境保护与改善等因素,经过技术经济比较,综合分析确定。

(2)排涝河道的规模和控制点设计水位,应根据排涝要求确定。河道的纵坡、横断面等应进行经济技术比较选定。兼有多种功能的排涝河道,设计参数应根据各方面的要求,综合分析确定。

(3)开挖、改建、拓浚城市排涝河道,应排水通畅、流态平稳,各级排涝河道应平顺连接。受条件限制,排涝河道不宜明挖的,可用管(涵)进行衔接。

(4)利用现有的河道排涝,宜保持河道的自然风貌和功能,并为改善河流生态与沿岸环境创造条件。

(5)主城区的排涝河道,可以根据排涝及城市建设要求进行防护,并与城市建设相协调;非主城区且无特殊要求的排涝河道,可保持原河床形态或采用生物护坡。

4)城市治涝工程排涝泵站的设计要求

(1)排涝泵站的规模,应根据城市排涝要求,按照近期与远期、自排与抽排、排涝与引水相结合的原则,经综合分析确定。

(2)排涝泵站的选址应该符合以下规定。泵站站址应根据灌溉、排水、工业及城镇供水总体规划、泵站规模、运行特点和综合利用要求,考虑地形、地质、水源或承泄区、电源、枢纽布置、对外交通、占地、拆迁、施工、环境、管理等因素以及扩建的可能性,经技术经济比较选定。山丘区泵站站址宜选择在地形开阔、岸坡适宜,有利于工程布置的地点。泵站站址宜选择在岩土坚实、水文地质条件良好的天然地基上,宜避开软土、松沙、湿陷性黄土、膨胀土、杂填土、分散性土、振动液化土等不良地基,不应设在活动性的断裂构造带以及其他不良地质地段。当遇不良地基时,应慎重研究确定基础类型和地基处理措施。排水泵站站址宜选择在排水区地势低洼且靠近承泄区的地点。排水泵站出水口不应设在迎溜、崩岸或淤积严重的河段。

(3)排涝泵站布置形式应根据排水制度(分流制或合流制),水泵的型号、台数,进出水管的管径、高程、方位,站址的地形、地貌、地质条件,施工方法,管理要求等各种因素确定。

①雨水及合流泵站水泵台数较多、规模较大时,除了小型泵站的集水池和机房采用圆形、下圆上方形或矩形,大中型泵站多采用包括梯形前池、矩形集水池与机器间、倒梯形出水池的组合形。组合形泵站采用明开、半明开方法施工,大型或软土地基上的泵站还采用连续壁、桩梁支护、逆作法等深基坑处理施工方法。

②雨污水合流泵站,一般采用进出水池与集水池分建、机器间合建的形式。在设计中,根据雨污水进出水方向及高程的不同,充分利用地下结构的空间,达到雨水、污水两站合一的效果。

③大型雨水及合流泵站有时还兼有排涝或引灌功能。由于各种来水均有各自的工艺流程,在布置时要使几个部分既成为有机的整体,又保持独立性。一般将地上部分建成通跨的大型厂房,地下部分根据各个流程的要求,制定出平面和高程互相交错的布置方案,以达到合理、紧凑、充分利用空间的目的。有时还通

过模型试验选择最合适的水力条件。

④泵站布置还有许多新的形式。如：前进前出的泵站，将出水池放在进水池上部，使结构更加紧凑；在软土地基上建设大型泵站时，采用卵形布置形式，具有较好的水力条件。

(4)排涝泵站应进行基础的防渗和排水设计，在泵站高水侧应结合出水池布置防渗设施，在低水侧应结合前池布置排水设施；在左右两侧应结合两岸连接结构设置防渗刺墙、板桩等，增加侧向防渗长度。

(5)排涝泵站的泵房与周围房屋和公共建筑物的距离，应满足城市规划、消防和环保部门的要求，其造型应与周围环境相协调，做到适用、经济、美观。泵房室外地坪的标高应满足防洪的要求。入口处地面高程应比设计洪水位高 0.5 m 以上；当不能满足要求时，可设置防洪设施。泵房挡水部位顶部高程不应低于设计或校核水位与安全超高之和。

4. 防洪工程的防洪闸设计标准

防洪闸是城市防洪工程的重要组成部分，是城市防洪排涝安全体系中的重要枢纽工程。防洪闸一般具有防洪、排涝、抗旱等多重功能，其主要作用：一是科学合理地调控城区流域水系，实现兴利除害；二是当城市河道遭遇较大洪水时，担负抗洪挡水重任。

在某种情况下，做好防洪闸的设计、施工和管理，对城市防洪排涝起着关键作用。防洪闸的种类很多，主要有泄洪闸、排涝闸、分洪闸、拦河闸、防潮闸等。城市防洪闸工程设计应符合《城市防洪工程设计规范》(GB/T 50805—2012)中的有关规定。

1)防洪闸闸址和闸线的选择

防洪闸的闸址选择应根据其功能和使用要求，综合考虑地形、地质、水流、泥沙、潮汐、航运、交通、施工和管理等因素，经技术经济比较确定。选择在河道水流平顺、河槽稳定、河岸坚实的河段建闸，可减少建设防洪闸后对河道稳定性和闸室稳定性的不良影响；选择在土质密实、均匀、压缩性小、承载力大的地基上建闸，可避免防洪闸各部位产生较大的不均匀沉降和结构变形，也可避免采用人工基础，以减少工程造价；选择在渗透性小、抗渗稳定性好的地基上建闸，有利于采取较短的地下轮廓和较简单的防渗措施，以减少工程造价。

拦河闸的轴线宜与所在河道中心线正交，其上游和下游河道的直线段长度不宜小于水闸进口处设计水位水面宽度的 5 倍。分洪闸的中心线与主河道中心线的交角不宜超过30°,位于弯曲河段的分洪闸宜布置在靠河道深泓一侧,其方向宜与河道的水流方向一致。泄洪闸、排涝闸的中心线与主河道中心线的交角不宜超过60°,下游引河宜短且直。

2)防洪闸的总体布置要求

(1)防洪闸的总体布置应结构简单、安全可靠、运用方便,并应与城市景观、环境美化相结合。

(2)防洪闸的形式应根据其功能和使用要求合理选择。有通航、排冰、排漂要求的防洪闸,应采用开敞式;设计洪水位高于泄洪水位,且无通航、排漂要求的防洪闸,应采用胸墙式;对多泥沙的河流,宜留设排沙孔。

(3)防洪闸闸底板或闸坎的高程,应根据地形、地质、水流条件,结合泄洪、排涝、排沙、冲污等要求确定,并结合堰型、门型选择,经技术经济比较合理选定。

(4)防洪闸闸室的总净宽,应根据泄流规模、下游河床地质条件和安全泄流的要求,经技术经济比较合理选定。

(5)闸孔的数量及单孔的净宽,应根据防洪闸的使用功能、闸门形式、施工条件等因素确定。闸的孔数较少时,宜采用单数孔。

(6)闸的闸顶高程不应低于河岸(堤)顶的高程;泄洪时不应低于设计洪水位(或校核洪水位)与安全超高之和;挡水时不应低于正常蓄水位(或最高挡水位)加波浪计算高度与相应安全超高之和,并宜结合下列因素留有适当裕度:多泥沙河流因上、下游河深冲淤变化引起水位升高或降低的影响;软弱地基上地基沉降的影响;水闸两侧防洪堤堤顶可能加高的影响。

(7)闸与河道两岸的连接,应保证岸坡稳定和侧向渗流稳定,有利于改善水闸进、出水水流流态,提高消能防冲效果,减轻闸室底板边荷载的影响。防洪闸的顶部应根据管理、交通和检修的要求,修建交通桥和检修桥。

(8)防洪闸上、下翼墙宜与闸室及两岸岸坡平顺连接,上游翼墙长度应大于或等于铺盖长度,下游翼墙长度应大于或等于消力池长度。下游翼墙的扩散角宜采用7°～12°。

(9)防洪闸翼墙的分段长度,应根据结构形式和地基条件确定。建在坚实地基上的翼墙分段长度可采用15～20 m,建在松软地基上的翼墙分段长度可适当缩短。

(10)采用的闸门形式和启闭设施应安全可靠,运转灵活,维修方便,可动水启闭,并应采用较先进的控制措施。

(11)防洪闸防渗排水设施的布置,应根据闸基的地质条件、水闸上下游水位差等因素，结合闸室、消能防冲和两岸连接布置综合分析确定，形成完整可靠的防渗排水系统。

(12)防洪闸上、下游的护岸布置，应根据水流状态、岸坡稳定、消能防冲效果以及航运、城市建设要求等因素确定。

(13)防洪闸消能防冲的形式，应根据地基情况、水力条件及闸门控制运用方式等因素确定，一般宜采用底流消能。

(14)防洪闸的地基为高压缩、松软的地层时，应根据基础情况采用换基、振冲、强夯、桩基等措施进行加固处理，有条件时也可采用插塑料排水板或预压加固措施等。

(15)对位于泥质河口的防潮闸，应分析闸下河道泥沙淤积规律和可能淤积量，采取防淤、减淤措施。对于存在拦门沙的防潮闸河口，应研究拦门沙位置变化对河道行洪的影响。

3)防洪闸工程的设计要求

(1)防洪闸的泄流能力应偏于不利的潮水位，依据现行行业标准《水闸设计规范》(SL 265—2016)中的泄流公式计算，并应采用闸下典型潮型进行复核。闸顶高程应满足泄洪、蓄水和挡潮工况的要求。

(2)防洪闸设计应满足闸感潮启闭的运行特性要求，对于多孔防潮闸，闸门启闭应采用对称、逐级、均步启闭的方式。

(3)防洪闸的闸门宜采用平板钢闸门，在有减少启闭容量、降低机架桥高度要求时，可采用上、下双扉门。

(4)防洪闸护坦、消力池、海漫、防冲槽等的设计，应按水力计算确定。

4.2 城市防洪工程设计方法

4.2.1 城市防洪的分洪工程设计

分洪是为了保障保护对象的安全，对即将超过保证水位或流量即将超过安全泄量时的超额洪水有计划地分泄。分洪工程把超额洪水分泄于湖泊、洼地，或分注于其他河流，或直泄入海，或绕过保护区在下游返回原河道。分洪是一种牺牲局部、保存全局的措施。

分洪工程在洪水有可能超过河道安全水位、流量时，在河流的适当地点，通过引洪道或分洪闸，将超过河道安全泄量的洪峰流量分泄出去，减少下游河道的洪水负担，是为保护河道堤防的安全而分担超额洪水的工程设施。我国许多河流现有防洪能力不够、防洪标准不高，为了防御较大的洪水，大多数建有分洪工程。

1. 分洪工程概述

1）分洪工程的类型

根据国内外城市防洪经验，按照分洪的方式不同，城市防洪的分洪工程可分为分洪道式、滞蓄式和综合式三类。

（1）分洪道式分洪工程。

分洪道式分洪工程是指在临近防护区的河道上游适当地点修建分洪道，将超过河道（下游防护标准）安全泄量的部分洪水，通过分洪道排泄到防护区的下游，以保证防护区安全的工程。

分洪道式分洪工程中的承泄区是其重要组成部分。承泄区是利用湖泊、洼地修建圩堤或利用原有圩垸，在河湖洪水超过某一标准时，有计划地分泄超额洪水的区域。根据分洪道末端承泄区的不同，分洪道式分洪工程可分为以下几种。

①承泄区为下游河道：利用分洪道分洪工程，绕过防护区，将超过防护标准的部分洪水泄入防护区下游的河道，如图 4.1(a)所示。

②承泄区为相邻河流：利用分洪道分洪工程，将超过防护标准的部分洪水泄入距离防护区较远的相邻河流，如图 4.1(b)所示。

③承泄区为海洋：利用分洪道分洪工程，将超过防护标准的部分洪水直接泄入海洋，如图 4.1(c)所示。

（2）滞蓄式分洪工程。

如果防护区的附近有洼地、坑塘、废墟、民垸、湖泊等承泄区（分洪区），能够容纳部分洪水，可利用上述承泄区临时滞蓄洪水，在河道中的洪水消退后或在汛末，再将承泄区中的滞蓄洪水排入原河道，这种分洪的方式称为滞蓄式分洪。我国的荆江分洪工程是典型的滞蓄式分洪工程。

（3）综合式分洪工程。

如果防护区的附近没有洼地、坑塘、废墟、民垸、湖泊等承泄区（分洪区），但防护区下游附近有适合的承泄区，则可在防护区上游的适当地点修建分洪道，直接排入上述承泄区，将超标准的部分洪水泄入下游的承泄区，如图 4.2(a)所示；也可以利用邻近的河沟筑坝形成水库作为承泄区，并修建分洪道将超标准的部分洪水引入水库滞蓄，如图 4.2(b)所示。以上两种分洪工程称为综合式分洪

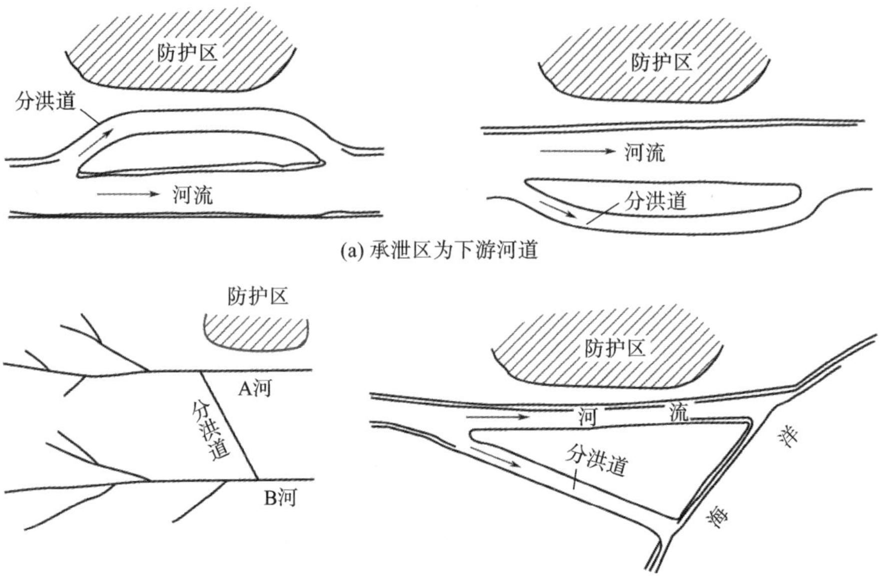

图 4.1　分洪道式分洪工程

方式。

2)分洪方式的选择

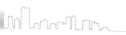

分洪方式非常重要,不仅关系到城市防洪工程的布置,而且关系到城市和居民的安全,应根据当地的地形、水文、经济、材料等条件,遵循安全可靠、经济合理、技术可行的原则,因地制宜地来选取和确定。在选择分洪方式时一般应考虑以下几种方案。

(1)如果防护区的下游地区无防护要求,下游河道的泄洪能力比较强,而且防护区段内有条件修建分洪道,可采用分洪道绕过防护区将超过防护标准的部分洪水泄入下游河道。

(2)如果防护区邻近海洋,下游河道的泄洪能力不强,可采用分洪道绕过防护区将超过防护标准的部分洪水直接泄入海洋。

(3)如果防护区附近除原河道外,还有相邻的河流,而且两条河相隔的距离不大,可采用分洪道将原河道的部分洪水排入相邻河道。

(4)如果防护区附近有洼地、坑塘、废墟、民垸、湖泊等承泄区(分洪区),而且在短期淹没的情况下损失较小,可考虑采用滞蓄分洪方案。

(5)如果承泄区(分洪区)位于防护区下游不远处,可采用分洪道和滞蓄区综

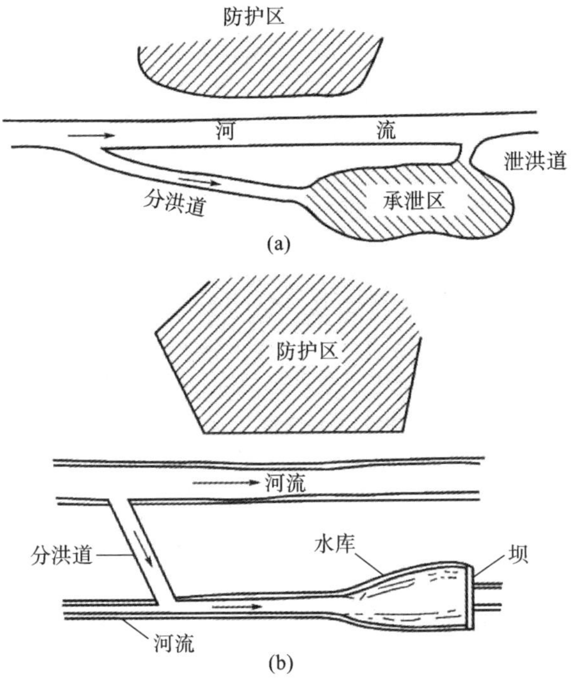

图 4.2　综合式分洪工程

合防洪的方案。

3)分洪道线路的选择

分洪道线路的选择对分洪工程的总体布局、工程数量、投资额、施工难易程度等有很大影响,在确定采用分洪道分洪方案后,首先要进行分洪道线路的选择。在选择分洪道线路时,主要应考虑以下内容。

(1)分洪道的线路应根据地形、地质、水文条件、工程量、工程投资等条件确定,尽可能拓宽、加深原有的沟汊,少占耕地,减小开挖工程量。

(2)分洪道是利用天然河道或人工开辟的新河道处理超过河道安全泄量分洪工程的组成部分。水流对防护区和防护堤的安全有一定的威胁,其线路应与防护区和防护堤有一定的距离。

(3)分洪道的进口应选择靠近防护区上游的河道一侧,设置进口的河岸应比较稳定,无回流及泥沙淤积等影响。

(4)对于直接分洪入下游河道和相邻河道的分洪道,分洪道的出口位置选择除应考虑河岸稳定、无回流和泥沙淤积等影响外,还应考虑出口处河道水位的变化、分洪的效果和工程量等的影响。

(5)分洪道的纵坡应根据分洪道进、出口高程及沿线地形情况来确定，在地形、地质条件允许的情况下，应选择适宜的纵坡，以减小分洪道的开挖量，降低工程投资。

4)分洪闸和泄洪闸闸址的选择

分洪闸和泄洪闸是分洪工程中的重要组成部分，闸址的选择对于分洪工程的分洪效果、运行管理、防护安全均有重大影响。分洪闸和泄洪闸闸址的选择，应根据地形、地质、水文、水力、施工、管理和经济等条件，因地制宜地综合分析后确定。

挡洪闸与泄洪闸宜选在河段顺直或裁弯取直处。泄洪闸可选在蓄滞洪区的最低处，以便泄空，其尺寸大小取决于内外水头差及排泄流量，排泄流量视排泄时间长短及错峰要求而定。

分洪闸应选在被保护城市的上游，河岸稳定的弯道凹岸顶点稍偏下游处或直段处。分洪闸的闸孔轴线与河道的水流流向应成锐角，以使水流顺畅，便于分洪，并防止闸前产生回流，影响分洪效果，减轻闸前水流对闸基的冲刷。

挡潮闸宜选在海岸稳定地区，以接近海口为宜，并应避免使海岸受冲刷。对于水流流态复杂的大型防洪闸闸址的选择，应有模型试验验证。

5)分洪闸的运用原则

分洪闸是用来分泄天然河道洪水的一种水闸。在天然河道遭遇特大洪水而宣泄能力不足时，为防止洪水泛滥成灾，开启闸门分洪，将河道中不能安全下泄的多余洪水泄入承泄区(分洪区)或分洪道。分洪闸通常建造在主河道的一侧，位于分洪河道的入口处，平时不泄水，一旦上游水位达到分洪水位，闸门迅速全部打开，短时间内达到较大分洪流量。

在分洪闸的使用过程中，如何科学地进行分洪调度，对于防洪安全和分洪效果具有很大影响。在一般情况下，分洪闸的使用应遵循以下原则。

(1)当河道洪水超过防护区设计洪水标准时，应根据洪水的实际情况，将分洪闸开闸进行分洪，以保证河道安全泄洪。

(2)在分洪闸的运行过程中，应将分洪闸闸前水位(河道安全泄量时相应水位)或安全泄量作为闸门启闭的条件。

(3)在分洪闸的运行过程中，应根据分洪闸闸前水位确定所需要的分洪流量及闸门开启高度；并应根据闸前及承泄区(分洪区)内水位的变化情况，及时调整闸门的开启高度。

(4)当河道洪水超过设计洪水标准时,在承泄区(分洪区)容量允许的情况下,除采用分洪闸进行分洪外,还可以选择适当地点采用扒口临时分洪,以保证防护区的安全。扒口的宽度应根据分洪流量确定,并应考虑到0.70～0.80的分洪有效系数。扒口分洪应掌握好时机,应在最大洪峰到达之前扒开缺口,以便及时分洪,同时禁止在最大洪峰到达后扒口。

6)承泄区(分洪区)和滞蓄区的设置

承泄区(分洪区)是利用平原区湖泊、洼地、坑塘修筑围堤,或利用原有低洼地区分泄河段超额洪水的区域,通过这些区域分流洪水,可以确保下游地区的安全,减少洪水造成的损失。

滞洪区是承泄区(分洪区)起调洪性能的一种区域,这种区域具有"上吞下吐"的能力,其容量只能对河段分泄的洪水起到削减洪峰或短期阻滞作用。

蓄洪区也是承泄区(分洪区)发挥调洪性能的一种区域,它暂时蓄存河段分泄的超额洪水,待防洪情况许可时再向区外排泄,主要起蓄存洪水削减洪峰的作用,以降低洪水对河道两岸堤防的压力。

滞洪区和蓄洪区可以是洼地、坑塘、废墟、民坑、湖泊等,如果防洪区附近有支沟或沟壑,也可以在支沟或沟壑上修建堤坝形成水库作为滞蓄区,将超标准洪水通过分洪道引入水库,并在堤坝内设置泄水涵管,在河道洪水通过后或汛末,再从水库中将滞蓄的洪水排放到河道中。

对于较大型的滞洪区,在滞洪区内人口比较密集的居民点、贸易集镇和工矿企业比较集中的地点,应选择地势较高的地方,必要时可在滞洪区四周修筑围堤,布置安全台或安全区,以保证滞洪区分洪时人民生命财产的安全。

滞洪区和蓄洪区的面积 A、容积 V 和滞蓄深度 H 可以根据地形图来计算,以作为承泄区(分洪区)规划设计的依据。当利用河沟筑坝形成水库作为滞洪区蓄洪区时,水库的库容可按下式估算:

$$V = KBH^2/I \tag{4.9}$$

式中:V 为水库的容积,m^3;K 为库容系数,与水库的形状有关,棱柱体水库的库容系数 $K=1/3$;B 为水库坝体的长度,m;H 为水库的有效蓄水深度,m,可近似按平均水深计算;I 为库区的纵向坡度。

2. 分洪道的设计

分洪道,顾名思义,就是分洪用的水道。分洪道分为两类:一类是邻近的河沟经过整治后作为分洪道;另一类是新开挖的渠道作为分洪道。分洪道的设计内容，主要包括断面形状、断面尺寸、堤顶宽度和超高、弯曲半径、水力最佳断面和实用经济断面。

1）渠道的断面形状

渠道的断面形状主要取决于水流条件、地形条件、地质条件、运用条件和施工条件。根据地形条件不同，渠道可分为挖方渠道、填方渠道、半填半挖渠道。

（1）挖方渠道。

挖方渠道指该渠道断面的底面标高之下的地基为老土的部分。在土质地基中开挖的渠道，最常采用的断面形状为梯形，这种断面形状不仅便于施工，而且容易保证渠道边坡的稳定性；当开挖深度较大时，为了减小开挖工程量，且保证渠道边坡的稳定性，可采用复式断面形状；当渠道水深较大，或渠道经过层状地基时，常采用上下边坡坡率不同的多边形渠道；当渠道靠近居民点或建筑物，要求宽度较小时，两侧可利用挡墙做成矩形断面；当渠道的地基为坚硬岩石时，也可采用矩形断面。

（2）填方渠道。

填方渠道指该渠道断面的底面标高之下的地基为新填土的部分。当地面高程很小，不符合分洪道底高程要求时，可采用填方渠道。填方渠道通常采用梯形断面。

（3）半填半挖渠道。

分洪道最常采用半填半挖渠道。平地上的半填半挖渠道，通常做成复式的梯形断面；当渠道经过山坡时，可利用挖坡的土来设计断面形状；当渠道经过坡地或浅滩，挖深比较浅时，可做成矩形断面形状。

2）渠道的断面尺寸

设计流量是进行水力计算，确定渠道过水断面尺寸的主要依据。合理的分洪渠道横断面除了应满足渠道的分洪水要求，还应满足渠床稳定条件，包括纵向稳定和平面稳定。纵向稳定要求渠道在设计条件下工作时不发生冲刷和淤积，或在一定时期内冲淤平衡。平面稳定要求渠道在设计条件下工作时，渠道水流不发生左右摇摆，渠道边坡适宜且稳定。对于分洪渠道横断面尺寸，主要确定渠道的底宽和渠道的边坡坡率。

（1）渠道的底宽。

渠道的底宽主要受分洪流量和施工条件的影响，人工开挖的渠道底宽一般不小于 0.5 m，机械开挖的渠道底宽一般不小于 1.5～3.0 m。

(2)渠道的边坡坡率。

渠道的边坡坡率主要与土壤性质、开挖深度、渠中水深和使用条件（渠道水位迅速升降的情况）等因素有关。

①挖方渠道的边坡坡率。对于挖方渠道，如果渠道的开挖深度大于或等于 5.0 m，渠中水深大于或等于 3.0 m，渠道的边坡坡率应通过稳定分析来确定；如果渠道的开挖深度小于 5.0 m，渠中水深小于 3.0 m，渠道的边坡坡率可采用表 4.5 中的数值。

表 4.5　挖方渠道的边坡坡率数值

土壤类别	水下边坡坡率	水上边坡坡率	土壤类别	水下边坡坡率	水上边坡坡率
细粒砂土	3.00～3.50	2.50	密实的重黏土	1.00	0.50～0.75
疏松砂土和砂壤土、不密实的淤积黏土	2.00～2.50	2.00	重黏壤土、密实的黏性土和一般黏土	1.00～1.50	0.25～0.50
砂、密实的砂壤土和轻黏壤土	1.50～2.00	1.50	中等黏壤土和黄土	1.50	0.50～1.00
卵石土和砂砾土	1.50	1.00	卵石和砾石	1.25～1.50	1.00
风化岩和砾石	0.25～0.50	0.25	完整的岩石	0.10～0.25	0

②填方渠道的边坡坡率。对于填方渠道，当渠道的填筑高度大于或等于 3.0 m时，渠道的边坡坡率应通过稳定分析并参考已建工程来确定；当渠道的填筑高度小于 3.0 m 时，渠道的边坡坡率可采用表 4.6 中的数值。

表 4.6　填方渠道的边坡坡率数值

土壤类别	渠道分洪流量/(m^3/s)							
	＞10.0		2.0～10.0		0.5～2.0		＜0.5	
	内边坡坡率	外边坡坡率	内边坡坡率	外边坡坡率	内边坡坡率	外边坡坡率	内边坡坡率	外边坡坡率
黏土、重黏土、中黏土	1.25	1.00	1.00	1.00	1.00	1.00	1.00	1.00

续表

土壤类别	渠道分洪流量/(m^3/s)							
	>10.0		2.0～10.0		0.5～2.0		<0.5	
	内边坡坡率	外边坡坡率	内边坡坡率	外边坡坡率	内边坡坡率	外边坡坡率	内边坡坡率	外边坡坡率
轻壤土	1.50	1.25	1.00	1.00	1.00	1.00	1.00	1.00
砂壤土	1.75	1.50	1.50	1.25	1.50	1.25	1.25	1.25
砂性土	2.25	2.00	2.00	1.75	1.75	1.50	1.50	1.50

为了便于渠道的维护和管理，深挖方的渠道水上部分和水下部分之间应设置马道，马道的宽度一般为 1.5～2.0 m。

3)堤顶宽度和超高

渠道堤顶宽度应根据堤高、交通、防汛抢险和使用管理的要求确定，按渠道的构造要求应不小于 2.5 m。根据工程实践经验，堤顶宽度应考虑防洪抢险、物料堆放和交通运输等的要求。当堤高在 6 m 以下时，堤顶宽度应为 3 m；当堤高为 6～10 m 时，堤顶宽度应为 4 m；当堤高在 10 m 以上时，堤顶宽度应为 5 m。

为了保证渠道堤防安全，渠道堤顶必须高出设计洪水位一定的数值，但渠道堤顶过高不仅会影响工程投资，而且对城市的环境、交通和景观等影响很大。因此，很有必要对渠道堤顶超高问题进行研究。一般情况下，分洪渠道的堤顶在最高水位以上的超高，应为风浪高度加 0.20～0.65 m 的安全高度，也可以按表4.7中的数值选用。

表 4.7 渠道堤顶的超高数值

渠道流量/(m^3/s)	超高/m
<30	0.45～0.60
30～50	0.60～0.80
50～100	0.980～1.00
>100	>1.00

4)渠道的弯曲半径

当渠道转弯时，弯道内的水流会产生横向环流，河水表面会出现横向比降，这些会影响弯道处渠道的冲刷或淤积，也会影响渠岸的安全和渠堤的高度。为了保证弯道处渠槽的横向稳定，以弯道的顶点处为准，将弯道分为前半段和后半

段两部分,使两段圆滑连接在一起。弯道的前半段最小稳定半径可按下式计算:

$$2.3(r/B)\lg(1+B/r)=v/v' \tag{4.10}$$

式中:r 为弯道前半段最小稳定半径,m;B 为弯道处的水面宽度,m;v 为弯道上游直线渠段的断面平均流速,m/s;v' 为渠道凹岸土壤的不冲流速,m/s。

水工模型试验结果表明,弯道后半段最小稳定半径 r,一般可取弯道处的水面宽度 B 的 3 倍。对于计算的弯道前半段最小稳定半径和弯道后半段最小稳定半径 r,取其中的较大者作为弯道的最小稳定半径,一般也可直接取弯道半径 $r=5B$。

5)渠道水力最佳断面和实用经济断面

(1)渠道水力最佳断面。

渠道水力最佳断面是指通过一定流量时过水断面面积最小,或者过水断面面积一定时通过的流量最大的渠道断面。渠道的水力最佳断面与一般的断面相比,不仅具有通过流量大或过水断面面积小的优点,而且具有节省土石方工程量的实际意义。所以在设计渠道断面时,水力最佳断面常常被选为进行经济比较的指标之一。

梯形断面由于渠道具有占地较少、施工简单、运行可靠等优点,是城市分洪道工程中应用非常普遍的一种渠槽形式。但是,如果采用传统的计算方法,梯形断面设计须解一个很复杂的高次方程。经过有关专家反复试验和推求,已寻找出一种简单求解方法,可大大减少计算量。

对于梯形断面渠道,水力最佳断面的渠道宽深比 β 和渠道的边坡坡率 m 的关系可用下式表示:

$$\beta=b/h=2[(1+m^2)^{1/2}-m] \tag{4.11}$$

式中:β 为渠道底宽与渠道水深的比值,简称渠道宽深比;b 为渠道的底宽,m;h 为渠道中的水深,m;m 为渠道的边坡坡率。

由上式可知,当 $m=0$ 时,则为矩形断面,其渠道宽深比 $\beta=b/h=2$。由此可见,矩形水力最佳断面是一种宽浅式的断面。在一般的土质渠道中,梯形断面的边坡坡率 $m<1$,由上式可知,一般情况下渠道的宽深比 $m>1$,所以梯形水力最佳断面是一种窄深式的断面。

(2)实用经济断面。

水力学试验表明,窄深式断面对施工是非常不利的。在实际工程中确定宽深比时,应综合考虑施工材料、施工技术、允许流速、维修养护和工程造价等因素。既接近理论上的水力最佳断面,又满足工程实际要求的断面称为实用经济断面。实用经济断面是在水力最佳断面的基础上设计的一种比较宽浅的断面。如果某过水断面面积为 A，水力最佳断面面积为 A_m，两者的比值 α 可用下式表示：

$$\alpha = A/A_m = v_m/v = R_m/R \tag{4.12}$$

式中：α 为某过水断面面积 A 与水力最佳断面面积 A_m 的比值；v_m 为与上述某过水断面面积 A 接近的水力最佳断面的平均流速，m/s；v 为某过水断面面积 A 相应的平均流速，m/s；R_m 为与上述某过水断面面积 A 接近的水力最佳断面的水力半径，m；R 为某过水断面面积 A 相应的水力半径，m。

在分洪流量 Q、渠道坡降 i、渠道粗糙系数 n 和边坡坡率 m 一定的情况下，可求得某断面和水力最佳断面之间的水力关系式如下：

$$(h/h_m) - 2\alpha^{5/2} h/h_m + \alpha = 0 \tag{4.13}$$

$$\beta = b/h \tag{4.14}$$

式中：b 为渠道某断面的底宽，m；h_m 为水力最佳断面的水深，m；h 为渠道某断面的水深，m。

在确定渠道实用经济断面时，先按水力最佳断面计算出其水深 h_m 值，根据选定的某过水断面面积 A 与水力最佳断面面积 A_m 的比值 α，由公式(4.13)计算出 h/h_m，从而确定实用经济断面的水深 $h=\alpha h_m$；再根据 α 和 h/h_m 值由公式(4.14)计算渠道宽深比 β，并据此确定实用经济断面的底宽 $b=\beta h$。

4.2.2 城市防洪的防护工程设计

城市防洪工程的目的是协调城市发展与城市排涝、城市所在江河行洪之间的关系。目前一些城市防护工程设计和建设对城市防护工程的安全问题重视和研究程度不够，造成先建设后防洪保安的被动局面。防护工程建设的实践证明，城市防洪的防护工程建成后，不仅可以改变城市防洪条件，大大提高防洪能力，还能促进地方国民经济的快速发展。

城市防洪的防护工程种类很多，在实际中应用较多的是防护堤、防洪墙等。

1. 防护堤的设计

1）防护堤线路的选择

防护堤线路的选择在防护堤的设计中非常重要，是整个设计的重要环节，在选择过程中应注意以下几点。

（1）防护堤线路布置要尽量与河道的主槽水流方向一致，为了施工方便，应尽量顺直，这也有利于河水流动的顺畅和平稳。

（2）各堤段之间应避免采用折线连接，以防止造成明显的水流转向，使防护堤的堤脚被冲刷破坏。

（3）防护堤线路应选择在层次单一、土质坚实的河岸上，尽量避开易液化的粉细砂地基和淤泥地带，以保证防护堤地基的稳定性。当河岸有可能被冲刷时，防护堤线路应尽量选择在河岸稳定的边线以外。

（4）防护堤线路应尽量布置在河岸地势较高的地方，以降低防护堤的填筑高度，减少防护堤的工程量，降低工程投资。此外，还应考虑尽量就地取材，便于运输和施工。

（5）防护堤线路不应顶冲迎流，同时防护堤的修建也不应使河道过水断面变窄，影响河道的行洪。

（6）防护堤线路应尽量少占农田和拆迁民房，注意对公共设施、文物、景观等的保护，并应考虑汛期防洪抢险的交通和对外联系要求。

（7）防护堤与所防护的城镇边沿之间应当留有足够的宽阔空地，以便于布置排水设施以及防护堤的施工、养护、管理。

（8）当防护堤同时作为交通道路时，防护堤转折处的弯曲半径应根据堤高及道路等级的要求确定。

（9）防护堤线路的选择应符合安全稳定、经济合理的原则，一般应制定多个线路方案，最终根据技术经济比较后确定。

2）防护堤的类型

防护堤通常采用当地的土料建造，其类型与水库的大坝基本相同，主要有均质防护堤、斜墙式防护堤和心墙式防护堤三种，其中最常采用的是均质防护堤。

（1）均质防护堤是由单一的土料修建的，其结构简单、施工方便。如果筑堤地点附近有足够的适宜土料，则常采用均质防护堤。

（2）斜墙式防护堤的上游面（迎水面）是用透水性较小的土料填筑的，以防止堤身渗水，称为防渗斜墙；堤身的其余部分则用透水性较大的土料（如砂、砂砾石、砾卵石等）填筑。

（3）心墙式防护堤的堤身中部是用透水性较小的土料填筑的，起到防渗的作用，称为防渗心墙；堤身的其余部分则用透水性较大的土料填筑。

应根据地形、地质条件，筑堤材料的性质、储量和运距，气候条件和施工条件，进行综合分析和比较，初步选择防护堤的类型，再拟定防护堤的断面轮廓，进一步分析比较工程量、造价和工期，按照技术上可靠、经济上合理的原则，最后选定防护堤的类型。

3)防护堤的断面尺寸

防护堤的断面尺寸是防护堤设计的重点，主要根据地形、地质、土料和施工条件等，确定防护堤的堤顶高程、堤顶宽度和边坡坡度。

(1)防护堤的堤顶高程。

防护堤堤顶高程的确定与土石坝基本相同，即防护堤的超高与设计最高洪水位之和。防护堤的堤顶在河道洪水位以上的超高，可用下式计算：

$$d = e + h_g + A \tag{4.15}$$

式中：d 为防护堤堤顶在河道设计最高洪水位以上的超高，m；e 为防护堤的风壅水面高，m；h_g为风浪在防护堤堤坡上的爬高，m；A 为安全加高，m。

表 4.8 中的数值是防护堤安全加高的下限值，对于洪水时期河道水面比较宽的情况，安全加高值宜较大；如果河道水面比较狭窄，则安全加高值可较小。

表 4.8　防护堤堤顶的安全加高 A 的最小值

防护堤的形式	防护堤的等级			
	1	2	3	4、5
	安全加高/m			
土石防护堤	1.5	1.0	0.7	0.5
圬工防护堤	0.7	0.5	0.4	0.3

(2)防护堤的堤顶宽度。

防护堤的堤顶宽度主要取决于交通和防汛的要求。当防护堤的堤顶作为交通道路时，堤顶宽度应符合相应等级公路的有关规定。如果堤顶无交通要求，仅用于防汛和检修，堤顶宽度应根据防护堤的级别和重要性而定。级别高和较重要的防护堤，堤顶宽度应略大一些，其他防护堤的堤顶宽度可略小一些，但最小的堤顶宽度不应小于 3.0 m。

为了排除降雨时堤顶上的雨水，堤顶应向一侧倾斜或向两侧倾斜，堤顶表面应具有 2%～3%的横向坡度，以便降落的雨水在短时间内顺利排走。

(3)防护堤的边坡坡度。

防护堤的边坡坡度主要取决于防护堤的高度、防护堤的形式、筑堤材料、洪水位变化情况和运行管理等。通常根据上述条件初步选定防护堤的边坡坡度后，还要根据稳定性计算、渗透计算和技术经济分析后确定边坡坡度。

在一般情况下，防护堤的迎水坡边坡坡度应比背水坡边坡坡度缓，这是由于迎水坡经常淹没在水中，坡面土体处于饱和状态，并受到河道水位变化和风浪的作用，稳定性较差。但当防护堤的背水坡坡脚不设排水时，背水坡的坡度也应当较缓。

在初步确定防护堤的边坡坡度时，可根据防护堤的高度、筑堤材料、边坡位置，按表 4.9 中的数值选用。

表 4.9　防护堤的边坡坡度

项目	不同高度的边坡坡度值					
筑堤材料	黏壤土和砂壤土					
防护堤的高度/m	＜5	5～8	8～10	＜5	5～8	8～10
坝坡	迎水坡边坡坡度			背水坡边坡坡度		
削坡值	1∶2.50	1∶3.00①	1∶3.00①	1∶2.00	1∶2.00	1∶2.25①
	—	1∶3.00	1∶3.00①	—	1∶2.25	1∶2.25①
	—	1∶3.00	1∶3.00①	—	1∶2.00	1∶2.25①
	—	1∶3.00	1∶3.50①	—	1∶2.00	1∶2.25①
	1∶3.00	1∶3.50	1∶3.75①	1∶2.50	1∶2.50	1∶300①

注：①为最小值。

防护堤的横断面形状通常是一个梯形。当堤身的高度不大时，迎水坡和背水坡通常可采用相同的坡度；当堤身的高度较大时，沿堤高可采用不同的坡度，顶部坡度稍陡，下部坡度逐渐放缓。考虑到交通、检修、防汛、施工、稳定和渗流的特殊需要，在防护堤的下游边坡上可设置马道，马道的宽度一般为 2.0～3.0 m。在堤坡的坡度变化处，一般都应设置马道。

2. 防洪墙的设计

防洪墙是指为了保护城镇和工矿企业防洪安全，用钢筋混凝土或圬工结构所建的挡水建筑物。防洪墙是城市防洪工程的组成部分，主要为了防御城市设防标准的洪水，而不是防御经常性的洪水。

由于地形条件限制或河岸距离城镇较近，无法布置防护堤时，可以修建防洪墙，以代替防护堤。防洪墙一般布置在河岸边缘，底面应埋入地基一定深度，为了防止波浪的冲击，特别是反射波的冲刷，墙的底部应用石块或铅丝笼等材料进行保护。

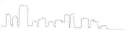

1)防洪墙的基本形式

防洪墙按照结构形式不同,可分为重力式防洪墙、悬臂式防洪墙和扶壁式防洪墙三类,它们具有不同的受力特点。

(1)重力式防洪墙。重力式防洪墙是指依靠墙自身的重量来抵抗迎水面水压力、背水面土压力从而维持稳定的墙,如图 4.3(a)所示。重力式防洪墙通常采用浆砌石或混凝土材料修筑而成,其迎水面为竖直面,背水面为倾斜面。但有时为了反射冲击墙面的波浪,可以将迎水面做成曲线形。

(2)悬臂式防洪墙。悬臂式防洪墙是指由底板及固定在底板上的悬臂式直墙构成的主要靠底板上的填土(或水体)重量维持稳定的墙,如图 4.3(b)所示。悬臂式防洪墙通常采用钢筋混凝土修筑而成,其迎水面一般为竖直面。

(3)扶壁式防洪墙。扶壁式防洪墙是指由底板及固定在底板上的直墙和扶壁构成的,主要靠底板上的填土(或水体)重量维持自身稳定的墙,如图 4.3(c)所示。扶壁式防洪墙是一种钢筋混凝土薄壁式墙,其主要特点是构造简单、施工方便、墙身断面较小、自身质量轻,可以较好地发挥材料的强度性能,能适应承载力较低的地基。

为了增加防洪墙的稳定性,可在墙的迎水面设置水平趾板。为了防止墙底受到风浪的淘刷,可在悬臂式和扶壁式防洪墙迎水面水平趾板的端部增设垂直齿墙。为了防止防洪墙度温度变化和地基沉陷影响而产生裂缝,可沿着防洪墙长度方向每隔 15~20 m 设置一道伸缩缝,缝内应设止水设施,以现渗漏。

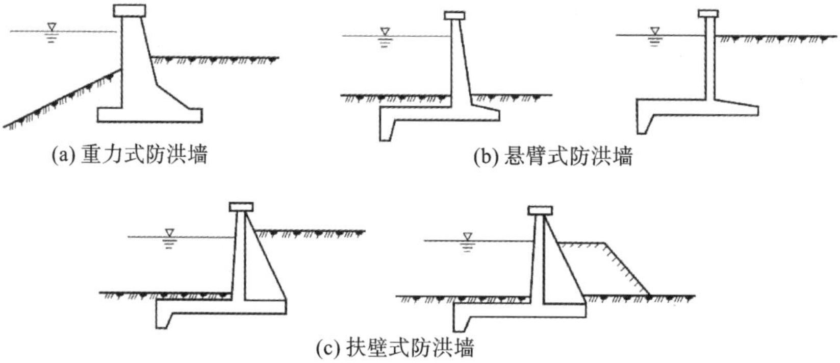

图 4.3　防洪墙的基本形式

2)特殊形式的防洪墙

除了上述三种基本形式的防洪墙,还可以采用干砌石防洪墙、桩基式防洪墙和阶梯形护岸防洪墙。

(1)干砌石防洪墙。干砌石防洪墙是指不用胶结材料,依靠石块自身重量及接触面间的摩擦力保持稳定的墙体。其迎水面采用厚度为 0.8～2.0 m 的干砌石层,背水面填筑土料。干砌石层的顶部应高于河道的最高洪水位,底部应伸入河底,以防止墙受到淘刷。

(2)桩基式防洪墙。当地基为软土,承载力较低时,可采用桩基式防洪墙,其修建在桩基上,下部采用浆砌石修筑,上部采用混凝土修筑。桩基式防洪墙的迎水面一般做成曲线形,以反射冲击墙面的波浪。桩基承台的下面设有排水垫层,墙体内还设有排水孔,以便平衡墙体前后的水压力。

(3)阶梯形护岸防洪墙。当河岸比较高,上部受风浪冲刷,下部受河水主流顶冲时,可采用阶梯形护岸防洪墙。阶梯形护岸防洪墙顶部为防洪墙,中部为砌石护坡,下部由抛石或石笼保护。

4.3　城市防洪工程设计实例

4.3.1　工程概况

泉州市北峰丰州片区滞洪排涝系统一期工程项目内容包括霞美村排洪渠、肖厝村排洪渠、站西排洪渠、井山排洪渠及井山平交闸倒虹吸、排涝泵站、软件园排洪渠、现状沟渠拓宽改造工程以及龙兴小区周边内涝改善工程。设计范围北起福厦高速铁路,南至新建滨江路,丰州片区总流域范围为 21.70 km^2。

4.3.2　防洪工程现状及规划简介

1. 防洪现状

晋江由西北向东南穿越泉州市区,洪水期江水位上涨,又受潮水顶托,两岸山洪(或雨洪)无法自流排出。目前,两岸主要依靠原引水渠道、自然沟渠、天然水面及滞洪排涝闸进行泄、滞洪。晋江北岸主要由北渠与环城河、八卦沟、破腹沟、大淮渠、东干渠、西北洋、东湖等组成排洪体系。

北渠位于市区北部，由晋江金鸡闸处引水，渠道沿途有南门水闸、东门水闸、后山平交闸、井山平交闸、潘山节闸，至潘山后分为高、低干渠。高干渠沿途有潭美平交闸、环城桥节闸及排涝闸、东湖水闸、平原渠进水闸、大坪洞节制闸，穿过大峡山隧洞经城东至洛阳桥闸。低干渠进入环城河后穿过平原区在法石入晋江，沿途经过客亭水闸、西门水闸、环城桥节制闸、坂头水闸、法石水闸进入晋江；低干渠在中途还通过溪乾水闸、新门水闸、八卦沟水闸、临漳水闸、富美水闸、大淮水闸、浦西水闸、童埭水闸等与外江连通，可用于排洪及换水。丰州片区水闸现状资料见表 4.10。

表 4.10　丰州片区水闸现状资料

名称	孔数	孔口尺寸($n\times B$)	备注
新亭水闸(旧)	2	2×2.0 m	底标高 3.48 m
招贤水闸(旧)	2	2×4.5 m	底标高 2.58 m
井山平交闸	2	2×4.0 m	底标高 3.33 m
南门水闸	1	1×4.0 m	底标高 3.50 m
东门水闸	1	1×2.5 m	底标高 3.48 m
后山平交闸	1	1×4.0 m	底标高 3.11 m

北岸的建成区(中心城区)排洪系统按已规划的方案实施，可抵御 20 年一遇的山洪。系统中有三座排涝泵站，分别为：金山排涝泵站，规模为 10 m^3/s；浦西排涝泵站，规模为 35 m^3/s；北峰排涝泵站，规模为 25 m^3/s。

丰州片区北面紧靠山丘，南面濒临晋江，东边与北峰镇紧邻，被潘山从中隔开，西侧是九日山、狮子山。山丘地带地势较高，最高达 120 m，多有松木和草丛，植被较好。南面一带是一片低平的平原地带，除零星的自然村落外，其余多为农田，这一带俗称为“西华洋”。当发生较大洪水而不能直接自流外排时，主要靠本区自然水面及稻田低洼处滞洪，有条件时再通过新亭水闸将洪水和招贤水闸排入晋江。

井山平交闸位于井山排洪渠与北渠相交处，也是见龙亭小区内景观用水的进水通道，该闸 2 孔 4.0 m 宽，设计闸底标高为 3.33 m。

2. 蓄洪现状

根据泉州市自然资源和规划局 2005 年出版的该区域 1∶2000 地形图，丰州片区滞洪排涝系统工程流域面积为 21.70 km^2，该面积包含滨江路外移新增加的汇水区域。丰州片区高程与面积关系见表4.11。

表4.11　丰州片区高程与面积关系

高程	面积/hm^2	备注
小于7.0 m	274.06	包括规划滞洪区面积
大于等于7.0 m	1895.94	—

依照上表，现状地形高程小于7.0 m的地面面积为274.06 hm^2，该区域内基本无民房，大部分为稻田或洼地，是目前丰州片区的天然滞洪区。根据地形，该区域平均高程取5.70 m，当该区域滞洪水位达到7.0 m时，可容纳洪水总量约3.563×10^6 m^3。

丰州片区现有排洪渠后田溪、鹏溪分别从丰州西部和东部南北向穿过，汇入晋江。

3. 西北片区防洪工程总体规划

泉州市西北片区内，北渠从平原地带自西向东穿过。北渠分为北高渠和北低渠，现作为农田灌溉水源和为下游城市供水的水源，北高渠设计流量为20～22.5 m^3/s，北低渠在西北片区段设计流量为10～12 m^3/s。雨季时，北高渠和北低渠承接上游部分雨、洪水，在下游排洪能力许可的情况下，可进入中心城区由法石水闸排至晋江外。北高渠和北低渠由于兴建时间较早，原设计主要用于农田灌溉，标准很低。

由于该片区四周多为农田，每当发生较大暴雨时，本地区的洪水主要靠区内的洼田和稻田滞洪，另外，晋江北堤上设有新亭水闸、招贤水闸、溪乾水闸，可排泄有限的洪水。

根据《泉州市区防洪工程规划(西北片区、江南片区)》(1997年编制)，在潘山处，有一片地势较高的山地，形成一条分水岭，将西北片区分成东、西两块自然的排水分区，而两块排水分区又由北渠连通。根据本片区的地形特点以及东西两块排水分区已经连通的有利条件，为解决西北片区的防洪问题，原规划设计提出了以下两个方案。

(1)方案一。以潘山处的一片山地为分界线，将西北片区分成东、西两块各自独立的滞洪排涝系统。西面为丰州区，汇流面积21.70 km^2；东面为北峰区，汇流面积20.81 km^2。丰州区与北峰区的防洪自成系统，建立各自的滞洪区和排涝泵站。

(2)方案二。充分利用北渠连通丰州区和北峰区雨洪系统的有利条件，利用北渠现有断面将丰州区域一定数量的洪水引入北峰区，尽可能不在丰州区内建泵站，而将排涝泵站集中建在北峰区内。

丰州区域的汇水面积较大，洪峰流量和洪水总量也相应较大，现有北渠断面有限，仅能传输 22.5 m^3/s 的洪水流量，而且北渠为城市水源保护地，城市洪水中的初雨径流对北渠会造成一定的污染，因此不可能按方案二设想的不在丰州区为建排涝泵站。

西北片区防洪工程规划推荐采用方案一，即建立丰州片区、北峰片区各自独立的滞洪排涝系统，汛期时，通过北渠的节制闸阻止丰州片区雨、洪水进入北峰滞洪排涝系统。西北片区防洪工程规划见图 4.4。

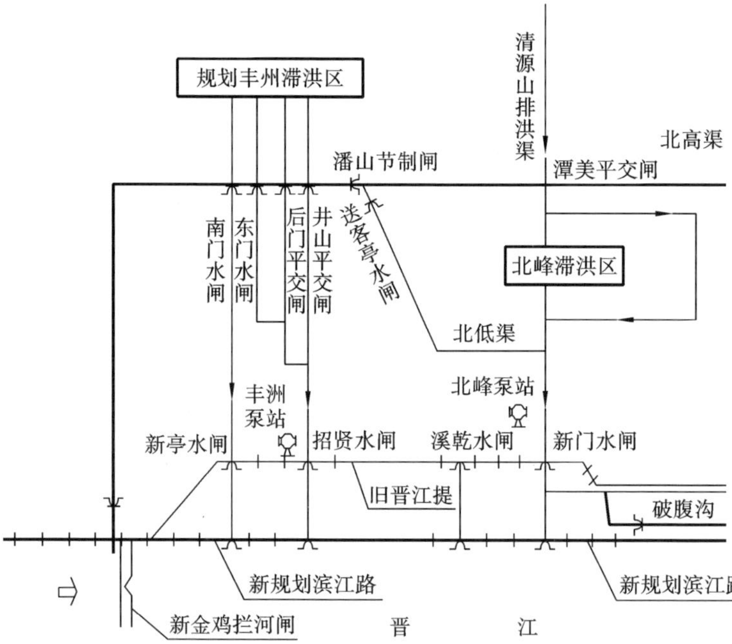

图 4.4　西北片区防洪工程规划图

4. 现状排水系统及内涝成因

丰州现状排水系统比较混乱，现状高速铁路以北区域主要通过三个排水涵洞将水向南排往下游，最终通过招贤水闸与新亭水闸排入晋江。大致的排水走向为由北向南、由东向西，东侧与北峰有天然的分水岭，西侧与南安以九日山为分水岭。

丰州组团的防洪排涝工程建设滞后，主要滞洪区、排洪渠、排涝泵站均未建设，导致区域积水内涝严重，具体如下。

(1)丰州片区防洪排涝系统工程尚未开始建设，目前片区内排水仅靠现状(天然或部分人工)渠道，排涝能力极差，致使洪水来临时潘山节制闸无法关闭，大量洪水经北渠转输倾泻进入北峰片区及中心城区，无法实现规划要求“高水高排”的原则，加大了下游北峰片区及中心城区的排涝压力，造成较大的安全隐患。

(2)部分洼地容易产生内涝，特别严重的内涝点主要有西华洋村、桃源村、东浦村、西城村、新亭村。

(3)主要排洪渠、滞洪区、山体截洪沟未建设，导致山洪下泄，无处排放，造成动车站区域、南北大道积水严重。

(4)部分排水沟渠淤积严重，排水不顺畅，洪涝来临时严重影响泄洪能力。

(5)目前东西大道南侧局部进行了改造，火车站区域仍为土渠，改造段下游也为土渠。

(6)火车站西侧排洪渠未建设，下游段滞洪区也未建设，山洪下泄时渠道排水不畅，火车站区域地势较低，洪水在此大量聚集，使火车站受淹。

(7)丰州西侧滞洪区附近，后山排水沟两侧区域地势低洼，大部分为农田，后山排水沟处河道较浅，暴雨时排水不畅，大片农田经常被淹，部分居民住宅偶尔也会出现淹水现象。后山排水沟后段宽度约为规划宽度的一半，均为土质边坡。

(8)周边地块及水体排水汇集至村东南面的一片水体(桃源湖)，沿桃源排水沟排至东门水闸，该段排水沟为土沟，沿线基本为农田，河道宽窄不一，垃圾杂物堆积在河道，淤积严重。有的地段河道布满水生植物，排水不畅，至东门水闸段宽度大约有 7 m，但淤积堵塞、河沟浅、排水能力差，致使桃源湖附近地块每逢暴雨都会出现积水现象。

5. 见龙亭小区排洪渠及排洪箱涵

泉州见龙亭小区位于省道 307 线和普贤路交接处西北侧，小区占地 370 亩，总建筑面积 $4.82\times10^{5}\ m^{2}$，包括安置房、经济适用房、中心绿化广场、景观水池、小学、幼儿园、飞凤园、公交始末站、污水泵站等。

本次设计泄洪通道井山排洪渠与招联联通渠在见龙亭小区中央会合，然后通过 2 孔 $4.50\ m\times3.0\ m$ 涵洞穿过 307 省道与招贤水闸相连。小区内景观水体总面积为 $1.24\ hm^{2}$。见龙亭排洪渠是滞洪区、招贤水闸和排涝泵站互相联络的主要通道。

见龙亭小区排洪渠及箱涵按规划宽度进行建设，现已淤积严重，渠道挡墙顶至小区地面的斜坡被小区居民用于种菜，影响行洪断面。

建议按原设计标高进行清理，并对箱涵进行清淤。对清淤后的渠、涵的过流能力进行校核的结果见表 4.12。

表 4.12　渠、涵过流能力

序号	桥涵名称	桥涵断面	设计坡度	实际过流能力	结论
1	见龙亭排洪渠	2 孔 4.0 m×3.0 m	0.001	48.9 m^3/s	保留
2	307 省道箱涵	2 孔 4.0 m×3.0 m	0.001	48.9 m^3/s	整治清淤

由表 4.12 可知，见龙亭小区排洪渠和 307 省道箱涵均可以满足设计频率 $P=3.33\%$的行洪要求。

4.3.3　滞洪排涝总体方案

1. 设计原则

根据丰州片区的地理位置、地形特点以及防洪现状，拟定以下原则，作为本次滞洪排涝工程设计的指导。

(1)本滞洪排涝工程方案设计力求与新编的《泉州市丰州片区控制性详细规划》和《泉州市城市总体规划(2008—2030)》相协调，兼顾丰州片区近、远期城市建设与防洪工程的关系。

(2)根据城市的大小、社会经济及城市发展状况，结合城市的自然地理环境，拟定与其地位及重要性相应的防洪设计标准。

(3)结合该片区的地形特点，合理地划分滞洪排涝分区，各分区内洪水排放尽可能自成系统，分区、分散、就近排放，既可降低排洪渠的工程投资，也便于防洪工程建设的分期实施和建成后的运行管理。

(4)充分利用丰州片区内外沟渠水系的调蓄和泄洪功能，以新建的排洪渠和“西华洋”作为滞洪区，以削减洪峰，减少排涝泵站的规模，同时避免特大洪水对重要地区、地段造成危害。

(5)部分现状低洼地规划为城市建设用地，可以作为滞洪区的范围有限，外江水位顶托不能自流外排时，须辅以适当规模的电排，以电排与滞洪相结合，达到工程建设与经常运转费用经济合理的目的。

(6)在现状排水体系下，尽可能与景观设计、区域修建性详细规划衔接。

2. 防洪标准

城市防洪工程设计标准的确定直接关系到防洪工程的规模、投资及建设周期等问题，一般同一座城市，城市防洪可根据市区、工业区、郊区等不同对象的重要程度，采用不同的防洪设计标准。现将 2012 年住房和城乡建设部发布的行业标准《城市防洪工程设计规范》(GB/T 50805—2012)列下，见表 4.13。

表 4.13　防洪标准

城市等别	分等指标		防洪标准(重现期)/年	
	重要程度	城市人口/万人	河(江)洪、海潮	山洪
一	特别重要城市	≥150	≥200	≥50
二	重要城市	50～150	100～200	30～50
三	中等城市	20～50	50～100	20～30
四	小城市	≤20	20～50	10～20

泉州市区由晋江、洛阳江分割成相对独立的三块，为此结合《泉州市城市总体规划(2008—2030)》拟定的防洪标准以及《泉州市丰州片区控制性详细规划》中的规定，确定泉州市丰州片区城市防洪标准按第二等的下限、第三等的上限规划设计，即按照 30 年一遇(P=3.33%)山洪设计。

3. 工程系统布局

(1)系统分区。

丰州片在晋江以北，中心城区及北峰片上游以西处。按 2013 年编制并批复的《泉州市中心城区防洪排涝工程专项规划修编》，中心城区、北峰片区、丰州片区各区域的洪水排放尽可能自成系统，遭遇设计频率洪水或特大洪水时，能分散、分区、就近排放。一般年份雨洪较小时，则结合晋江下游段江水落差大，北高、低干渠将丰州、北峰及中心城区串联起来的特点，充分利用各现有渠道的转输能力将水引向下游自流排放，可缓解上游片区渍涝状况。但这种串联运行的方式仅在下游具有排放条件时方为合理，否则会增加下游片区的渍涝灾情和运行负担，这显然是不合理的，故排水系统规划时应考虑相邻系统的互相连通，当下游不能自流排江时，可利用渠道上的节制闸及时切断上下游的通道，防止上游洪水进入下游区域。中心城区、北峰片区、丰州片区各区域排水系统中北高渠上的潘山节制闸是丰州排水系统和北峰排水系统分开的控制闸门。北低渠上的环城桥节制阀是分开北峰排水系统和中心城区排水系统的控制阀门。中心城区内部的古城金山排水系统和新城区大淮排水系统是利用八卦沟、破腹沟、南环城河连通堤后渠联系运行的排水系统。

考虑景观的需求及该片区最新的规划，以现状排水系统为主要参考对象，对丰州流域系统内排洪渠的分布进行了重新规划。排洪系统布置示意见图 4.5。

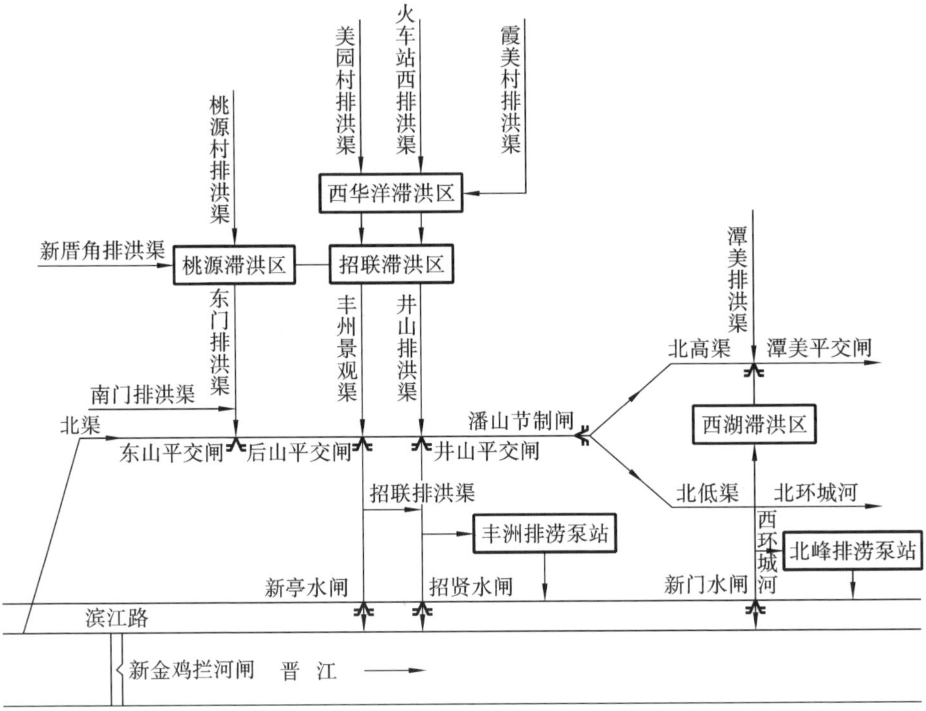

图 4.5　排洪系统布置示意图

(2)系统布局。

根据丰州片区的自然水系、泉州高铁线预留排水涵洞以及滞洪区的位置。排洪渠的系统布置及线型选择一般应根据现状雨水排向，尽可能利用天然沟道，以便于现状雨水排入，减少工程投资。《城市防洪工程设计规范》(GB/T 50805-2012)明确规定："排洪渠渠线布置，宜走天然沟渠，必须改线时，宜选择地形平缓、地质稳定、拆迁少的地带，并力求顺直。"

本工程排洪渠布置均考虑充分利用现状地形和天然沟道，结合水流条件适当裁弯取直。现对排洪渠系统内不同渠道分述如下：东西大道以北区域北面紧靠狮子山，遇到山洪时，所有洪水需向南排，穿越站前东西大道，然后进入滞洪区。

本次一期工程仅包含霞美村排洪渠系统（含肖厝村、软件园及霞美村排洪渠）、火车站西排洪渠系统、井山排洪渠系统、排涝泵站、现状渠道拓宽改造工程及龙兴小区周边内涝改善工程。

4.3.4　排洪渠与北渠平交节制闸及倒虹吸设计

北渠从晋江新建金鸡拦河闸前取水由东向西横穿整个丰州片区，担负着为下游城市输送水这一非常重要的任务。根据丰州片区防洪工程规划，共有三条排洪渠与北渠相交，分别是东门排洪渠、丰州景观渠和井山排洪渠。为了保护北渠饮用水水源通道，防止渠内污水和地表初雨径流进入北渠，需要在这三处渠与北渠相交处设置倒虹吸。

(1)东门平交闸及倒虹吸设计。东门平交闸位于规划东门排洪渠与北渠相交处，上游有南门排洪渠系统和东门排洪渠系统，总的汇水面积为 1.10 km^2，设计 $P=3.33\%$洪峰流量为 24.03 m^3/s。本段 $P=10\%$洪峰流量为 18.69 m^3/s，$P=20\%$洪峰流量为 15.04 m^3/s。该节点处既要满足防洪要求，又须保护北渠水质。功能上，设置倒虹吸的主要目的是避免城市雨水，特别是初期雨水和直排的污水直接进入北渠，为保障行洪安全，又必须设置平交闸，确保水路畅通。关于倒虹吸规模的确定，理论上应以保护北渠水源用水安全为原则，同时考虑一定的行洪能力，结合当前初期雨水污染物的研究（12.5 mm 厚度雨水定义为初期雨水，初期雨水基本包含 80%～90%的污染物），倒虹吸按 $P=20\%$重现期（降雨量为 168.4 mm）设计总体上是安全的，按此标准拟设置两根直径为 2000 mm 的钢制倒虹吸排水管，超过该标准时开启平交闸泄洪。同时东门平交闸平时也可起到换水的作用和功能，本次设计规模与现状一致。

(2)后山平交闸及倒虹吸设计。后山平交闸位于规划丰州景观渠与北渠相交处，为丰州滞洪区的主要泄水通道，设置闸尺寸为 3 孔 4.0 m×3.6 m。倒虹吸的设置标准同东门处倒虹吸。

(3)井山平交闸及倒虹吸设计。井山平交闸位于井山排洪渠与北渠相交处，现状为 2 孔 4.0 m×3.0 m 泄洪闸。根据现场踏勘，结合防洪工程规划方案，该闸保留，本次只是改造增加倒虹吸管。该节点是滞洪排涝系统泄洪及排水的主要通道口，安全起见，确定倒虹规模按泵站规模的过流量考虑。在近期东门倒虹吸、后山倒虹吸无法建设的情况下，井山倒虹吸需要承泄不小于井山排洪渠、排涝泵站规模的过流量（45 m^3/s），表明倒虹吸的设计标准是安全的。

4.3.5 排涝泵站设计

1. 泵站设计原则

按规划设计条件，泵站设计须满足以下要求。

(1)泵站地块竖向、退让、站区室外管线及站区出入口道路应做好与周边道路的衔接。

(2)泵站工艺设计应采用国内先进、成熟的工艺方式，水泵造型、电气系统、仪表和机械设备等应充分考虑先进、易维护、自动化程度高的设备和系统。

(3)站区临路应以绿篱或通透式围墙与道路相隔。泵站构筑物、配套建筑、围墙、绿化、站区道路及泵站前池景观与周边环境协调。

(4)泵站用地使用强度控制：①容积率在 0.6 以下；②建筑密度在 60%以下；③绿地率在 30%以上，站区外围绿地应注意保证与周边现状、规划居住、公建设施的卫生防护距离。

(5)泵站建筑设计：①泵房等构筑物按设备要求高度控制；②配套建筑层数为 1～2 层；③拟退让规划道路 15 m 以上；④建筑间距符合《建筑设计防火规范》(GB 50016—2014)及其他有关要求；⑤出入口方位应符合与道路交叉口的安全间距(≥70 m)要求；⑥根据生产使用要求确定停车数量。

2. 泵站选址

泵站应根据以下原则进行选址。

(1)泵站站址应符合城市总体规划和防洪排涝总体布置的要求。

(2)排水泵站站址应选择在排水区地势低、能汇集排水区涝水的地点。

(3)泵站站址宜靠近承泄区，以减少管道投资、管路损失，节约能耗。

(4)出水口应设在河床稳定地段，不应设在崩岸和河床淤积严重的河段。

(5)选择岩土坚实、抗渗性能良好的天然地基，应避开不良地质段。如因其他条件所限，站址地质条件较差，应采取相应的基础处理措施。

根据上述选址原则，泵站选址结合规划位置与现场踏勘的实际情况，拟选两个方案进行分析比较。

方案一：根据原泉州市西北片区防洪工程规划，排涝泵站位于晋江下游招贤水闸处。

方案二：根据丰州片区控制性详细规划，排涝泵站位于晋江上游新亭水闸处。

方案一与方案二两处场地多为滩涂、农田，基本无须拆迁，都具备建设泵站的条件。方案一中泵站设置在招贤水闸处，处于晋江的下游，地势较低，现状地面标高为 4.6～4.80 m，新建招贤水闸闸底标高约为 2.38 m，有利于雨水的汇集和排放，还能充分利用北渠对该区域雨洪的接纳和转输能力，且随着滨江路的建设，原先规划埋设的穿堤管道已经埋设，位于新招贤水闸东侧约 40 m 处，共 8 根 DN1800 钢管。

方案二设置在新亭水闸处，位于晋江的上游，新建站前大桥从此跨越。该处地面标高较高，大部分地块现状标高为 7.8～8.0 m，新亭水闸闸底标高约为 3.80 m，不利于整个片区洪水的汇集，且此处滨江路已经建设完成，并没有预埋穿堤管。

两个方案选址优缺点比较见表 4.14。

表 4.14　两个方案选址优缺点比较表

内容	方案一	方案二
优点	(1)可利用现状已经铺设的 8 根 DN1800 穿堤管； (2)招贤水闸处地势较低，可以充分利用地形自流排水； (3)场地空旷，前池面积较大； (4)工程投资低	(1)场地标高较高，填方量较小； (2)场地空旷，前池面积较大
缺点	场地填方量较大	(1)不能利用已经埋设的穿堤管，造成工程投资浪费； (2)地势高，不利于片区内雨水的汇集

经过上述两个方案的对比分析，结合目前现状情况，项目初步设计推荐泵站选址采用方案一，即设置在晋江下游的招贤水闸处，另外泵站与前池同步建设，与滨江路设计相协调，景观效果好。

3. 泵站总体布置

排涝泵站内有排涝泵房、格栅与导流渠、变配电间及机修、管理楼等附属建筑物。泵站的布置结合征地条件，以满足主体构筑物进出水要求为前提，同时考虑交通运输、卫生防护、环境绿化及防火安全等方面的需求，分两个方案进行了比较，见表4.15。

方案一：排涝泵站平行于滨江路布置，主出入口布置在东侧，离道路交叉口的安全间距满足相关规范的要求。另外考虑能够与现有的穿堤管相顺接，设计了较大的前池，更加能够满足泵站安全生产的要求。

方案二：排涝泵站平行于滨江路布置，泵站主出入口布置在靠近排洪渠的西北角，通过沿着渠道设置的道路进入厂区，进厂道路出入口距离规划的站前南北大道与省道307交叉口较近，约30 m，由于该路口远期规划将改造为立交，这将对排涝泵站的正常生产运行带来一定的影响。另外考虑节省用地，泵站前池较小，仅为渠道的延伸，没有设计专门的泵站前池。

表4.15　两个方案平面布置优缺点比较表

内容	方案一	方案二
优点	(1)出水压力管直进直出，管路顺畅； (2)本站前池作为滞洪区的一部分，容积较大，可保证汛期滞洪区积水迅速排入江中； (3)与周边的道路和环境能够更好地协调	泵站前池作为滞洪区的一部分，占地面积稍大
缺点	出水压力管直进直出，管路顺畅	泵站进场道路不能与周边路网近、远期规划相协调

经过上述方案的比较分析，因方案一流程顺畅，本次排涝泵站设计推荐采用方案一。

4.3.6　排洪渠设计及结构形式比选

1. 排洪渠设计

1)设计原则

(1)排洪渠尽可能利用原有冲沟或河道，保持原有沟道的水力条件。

(2)经过小区或厂区的排洪渠，须与小区景观设计衔接。

(3)排洪渠的布置须满足现状排水及规划的需求。

(4)排洪渠经过规划道路时，近期仍采用明渠；经过现状及拟建道路时须采用桥涵，设计底标高不得随意降低，须尽可能与规划渠底坡度相衔接。

(5)当渠道坡度很大时，为了避免冲刷、减少铺砌范围，可隔一定距离，在直线段内设跌水或陡坡(急流槽)。跌水高差一般以 0.5～1.5 m 为宜。

(6)当渠道长度较长、沿途有流量加入时，分段进行计算及设计。

2)设计内容

前面已经对丰州流域内排洪渠的分布和服务范围进行了规划设计，下面对渠道具体的尺寸和设计流量进行论述(渠道流量设计均为 $P=3.33\%$ 的洪峰流量)。

(1)霞美村排洪渠系统。本系统主要收集丰州片区东北区域雨水，包括高速铁路以北部分区域和高铁火车站以东区域。根据地形特点划分汇水流域，该段渠道的服务面积为 4.40 km^2，区域内洪水通过站前东西大道箱涵后穿过燎原村，沿着规划纬八路进入西华洋滞洪区。目前，该段穿越东西大道箱涵已经按照规划设计施工完成，断面尺寸为 2 孔 4.0 m×3.0 m。该段渠道总长为 2400 m，其水力特性见表 4.16。

(2)火车站西排洪渠系统。本系统主要收集东西大道以北、火车站西侧雨水，上游与现状铁路涵洞相接。汇水面积 120 hm^2，其水力特性见表 4.16。

(3)美园村排洪渠系统。本系统主要收集丰州片区正北区域雨水，包括高速铁路以北部分区域和高铁火车站站前广场区域。根据地形特点划分汇水流域，该段渠道的服务面积为 1.42 km^2，区域内洪水通过站前东西大道箱涵后向北排放进入西华洋滞洪区。该段渠道长度为 440 m，其水力特性见表 4.16。

(4)桃源村排洪渠系统。本系统主要收集丰州片区内西北角雨水，包括高速铁路以北部分区域。根据地形特点划分汇水流域，该段渠道的服务面积为 2.00 km^2，区域内洪水通过站前东西大道箱涵后向北排放进入桃园滞洪区。该段渠道长度为 1230 m，其水力特性见表 4.16。设计该段渠宽为 10 m，渠道平面结合规划路网条件布置。

(5)新厝角排洪渠系统。本系统主要收集丰州片区西侧桃源新厝角区域雨水，根据地形特点划分汇水流域，该段渠道的服务面积为 0.96 km^2，区域内洪水自西向东直接排入招联滞洪区。本段排洪渠总长为 690 m，其水力特性见表 4.16。

(6)东门排洪渠系统。本系统服务面积为 0.36 km^2，该渠道除了收集丰州新大厝、东门片区雨水，主要功能为转输上游招联滞洪区洪水，在泄洪时能将滞洪区洪水快速通过设置在西门水闸处的倒虹吸排入主丰州景观渠中，然后通过新亭水闸、招联水闸或者排涝泵站抽排入晋江。另外考虑转输招联滞洪区流量为 10 m^3/s，该段渠道总长为 690 m，其水力特性见表 4.16。

(7)南门排洪渠系统。南门排洪渠平行于北渠设置，为现状渠道，拦截部分进入北渠的雨水，流域汇水面积为 0.74 km^2，排洪渠洪水自西向东穿越丰州村后，倒虹吸过北渠，最后排入丰州景观渠中。该段渠道总长度为 960 m，其水力特性见表 4.16。

(8)丰州景观渠系统。景观渠为丰州片区泄洪主要通道，平行于丰州景观大道布置，流域汇水面积为 2.45 km^2，该渠道除了收集两侧地块雨水，还具有滞洪、排洪的重要功能，景观渠向南穿越 307 省道后通过新亭水闸排入晋江。该段渠道总长为 1530 m，其水力特性见表 4.16。

(9)招联排洪渠系统。招联排洪渠为连接井山排洪渠与景观渠的通道，也是丰州片区内新亭水闸和招贤水闸的连通渠道。根据地形特点，该渠道流域汇水面积为 0.39 km^2。该渠道除了收集两侧地块雨水，主要作用是转输滞洪区洪水，在见龙亭小区内与井山排洪区汇合后进入排涝泵站前池。在内涝遭遇外江高水位顶托的情况下，该渠道是滞洪区泄洪的主要通道，考虑转输上游滞洪区 15 m^3/s 的流量，总长为 1070 m。其水力特性见表 4.16。

(10)井山排洪渠系统。井山排洪渠为丰州片区滞洪区泄洪主要通道，流域汇水面积为 0.50 km^2，该渠道除了收集两侧地块雨水，主要作用是转输滞洪区洪水，穿过井山平交闸、见龙亭小区后进入排涝泵站前池。在内涝遭遇外江高水位顶托的情况下，该渠道是滞洪区泄洪的主要通道。井山排洪渠与招贤水闸相通，在外江低水位期间也可以直接排放。考虑转输西华洋滞洪区流量为 20.0 m^3/s，该段渠道总长为 1000 m(未包括见龙亭小区内现状渠道)，其水力特性见表 4.16。

(11)临时渠道工程。

①现状渠道拓宽改造工程。本系统主要连通霞美排洪渠及下游的井山排洪渠，在近期滞洪区还未建设的情况下，使火车站的积水能够快速、顺畅地排到下游，避免火车站产生内涝。本工程起点位于永兴桥，终点位于肖漳泉铁路南侧，与现状滞洪区对接，总长约 1071 m。排洪渠断面为底宽 3 m、顶宽 12 m、高 3 m 的梯形断面。工程主要内容包括渠道护岸及开挖的工程量。

②龙兴小区内涝改善工程。由于下游现状渠道被侵占，原 8 m 宽明渠局部被改造成 DN1600 雨水管，且一半以上的雨水管被淤积，严重影响行洪。经计

算，该渠道需要承担的雨水量达 7 m^3/s。经与业主沟通，采用临时挖土渠的方式进行排水，待龙兴小区二期建设及经四路建设时，按标准明渠进行建设。临时排水渠为梯形断面，断面尺寸为 17 m(上边)/8 m(下边)×3 m(高)，长度 396 m。

表 4.16　各排洪渠系统水力特性

序号	渠道名称	流域面积/km^2	洪峰流量/(m^3/s)	设计断面/m	设计坡度	实际过流能力/(m^3/s)
1	霞美村排洪渠	4.40	70.1	$B\times H_{水}=12\times 3.5$	$i=0.00216$	/
2	火车站西排洪渠	1.20	22.8	$B\times H_{水}=6.0\times 2.8$	$i=0.00139$	/
3	美园村排洪渠	1.42	76.3	$B\times H_{水}=10\times 3.5$	$i=0.0085$	/
4	桃源村排洪渠	2.00	36.5	$B\times H_{水}=10\times 3.5$	$i=0.0010$	/
5	新厝角排洪渠	0.96	30.3	$B\times H_{水}=8\times 3.5$	$i=0.00382$	/
6	东门排洪渠	0.36	4.83+10	$B\times H_{水}=8\times 3.5$	$i=0.00018$	/
7	南门排洪渠	0.74	9.2	$B\times H_{水}=8\times 3.5$	$i=0.0002$	/
8	丰州景观渠	2.45	40.63	$B\times H_{水}=30\times 3.5$	$i=0.0002$	/
9	招联排洪渠	0.39	8.14+15	$B\times H_{水}=8\times 3.5$	$i=0.0002$	25.01
10	井山排洪渠	0.50	10.36+36.0	$B\times H_{水}=12\times 3.5$	$i=0.00034$	54.76

2. 排洪渠结构形式比选

排洪渠断面形式的选择按因地制宜、就地取材的原则，根据渠段所处的地理位置、现状环境条件、工程地质及水文地质条件、建筑材料、施工条件、工程造价等因素综合比较确定。根据上述原则，本工程初步拟定三种渠道断面形式。

(1)矩形断面(浆砌块石挡墙)。明渠断面为矩形，采用浆砌块石重力式挡墙护岸，挡墙断面为：顶宽 1.35 m，迎水面采用直壁式(斜率为 1∶0.05)，背水面坡度 1∶0.27。挡墙墙身迎水面用条石砌筑，背水面采用浆砌块石；墙体埋设纵横@2000 的泄水管，管径 75 mm，管后设通长反滤层；挡墙每隔 15 m 设变形缝一道，缝内填沥青杉木板。渠底采用干砌块石，两侧挡墙墙顶采用石砌栏杆。

(2)矩形断面(加筋土挡墙)。明渠断面为矩形，采用加筋土挡墙护岸，加筋土挡墙面板采用预制钢筋混凝土板，拉筋带采用 CAT30020A 钢塑复合拉筋带；面板埋设纵横 ϕ75@2000 的泄水管；渠底采用干砌块石，墙顶采用石砌栏杆。

(3)梯形断面(浆砌块石护坡)。明渠断面为梯形,渠道边坡坡度为1∶2,坡面采用浆砌块石护面,渠底采用干砌块石护底;边坡坡面埋设纵横 $\phi75@2000$ 的泄水管,管后设反滤层。

三种渠道断面形式结构方案比较如下。

浆砌块石挡墙施工快、简单,材料来源丰富,符合当地工程习惯,工程占地少,征地、拆迁量小,但对地基承载力要求较高。浆砌块石挡墙主体结构工程投资费用相对较高,但工程总造价(含征地费)较低。

加筋土挡墙对地基承载力要求不高,但土方开挖和回填量大,并且在筋带范围内以后不得随意开挖,工程永久性占地多,征地、拆迁量中等,受面板模数的限制,墙高宜固定。加筋土挡墙结构工程主体投资费用中等,工程总造价(含征地费)中等。

浆砌块石护坡施工快、简单,材料来源丰富,对地基承载力要求不高,但土方开挖量大,工程占地多,征地、拆迁量大,浆砌块石护坡主体结构工程投资费用相对较低,但工程总造价(含征地费)较高。

综上所述,本工程推荐采用矩形断面(浆砌块石重力式挡墙)的渠道断面形式。

4.3.7 污水截流设计

1.设计原则

(1)贯彻执行国家关于环境保护的政策,符合国家的有关法规、规范及标准。

(2)从本滞洪排涝工程的实际情况出发,以分区规划及市政规划为依据,确保污水不进本次设计排洪渠、滞洪区及北高渠。在靠近规划市政道路的一侧不再布设污水管道。

(3)深入调查、研究、分析,充分利用现有污水管网及现有排污设施,使本次污水截流工程与现状管网衔接。

(4)积极而稳妥地利用新技术,采用新材料,确保工程质量和建设进度。

(5)力求以经济、合理的手段达到高效的截污效果,确保滞洪区水体水质受到较好的保护和维持。

(6)结合现状及规划在排洪渠两侧铺设污水截流支管,确保近期污水有出路,远期规划有保障。

2. 丰州片区污水系统简介

根据 2003 年新编《泉州市北峰组团市政工程规划》及区域地形条件，北峰丰州组团污水自成系统，在北峰兴建一座污水处理厂。结合现状地形及规划竖向高程，北峰组团污水管网系统分为两个系统，即丰州污水管网系统和北峰污水管网系统。

本片区排洪渠截污管道属于丰州污水管网系统。根据竖向设计和排洪渠的布置，丰州污水管网系统分为南、北两个系统，北部污水汇入经四路后，进入丰州景观大道污水管内，南部污水分别汇入 307 线、纬三路和纬四路污水管道中，进入丰州景观大道污水管内，并在纬三路处汇合，沿纬三路及排洪渠进入 1＃污水泵站。丰州区内污水经 1＃污水泵站中途提升后进入 307 线东段自流主干管。

北峰污水管网系统分成两个部分，其中西部片区污水进入 1＃污水泵站，东部和北路污水进入 2＃污水泵站。西北部及站前片区污水汇流进入经四路后，再进入纬三路与丰州片区污水汇合，然后进入 1＃污水泵站；西南部污水进入 307 线污水管道后，通过站前大道，进入 1＃污水泵站，1＃污水泵站提升后，再进入 307 线东段污水自流管。

丰州污水管网系统及北峰污水管网系统西部污水经 1＃污水泵站提升后，自流至 307 线污水主干管汇集，沿旧泉永路至西湖路口；北峰污水管网系统东部污水则沿新华北路及环城北路、清源山路自流至西湖路，再沿西湖路向西至旧泉永路，与旧泉永路污水主干管汇集，进入 2＃污站泵站(根据前述论证，2＃污水泵站总汇水量为 $8.5\times10^4\ m^3/d$)，经 2＃泵站提升后直接进入北峰城市污水处理厂。

北峰污水处理厂建设在现有新门水闸堤外滩地、江滨路以北，北峰排涝泵站以西处。污水处理厂总规模为 $9\times10^4\ m^3/d$，控制用地 $5.54\ hm^2$，处理深度根据排放水体情况及总体规划确定为二级处理。

现 1＃污水泵站、2＃污水泵站、污水处理厂及污水系统主干管均已建成，并投入运行。

4.4　城市防洪工程管理

4.4.1　城市防洪工程模块化管理

1. 城市防洪工程现场管理的模块划分

现有的管理体系无法适用于城市防洪工程建设，也无法对其现场管理提供可靠的支撑。在这样的背景下，引入模块化责任体系的管理思路来对其现场管理进行重建。具体的构建原则分为如下几个方面。

(1)需要结合现场管理的要求与特点来明确不同的模块设计。与实际的工程相联系能发现城市防洪工程的现场管理主要需要对工期、安全、成本等几个方面进行细化构建。根据具体的现场责任划分以及工段区别，可以将城市防洪工程现场管理模块按照工期管理模块、物料管理模块、工程质量管理模块、现场安全管理模块、应急管理模块五个部分来进行细致划分，其中不同部分的划分原则以负责部门为基本单位。这样的体系安排明确了管理责任以及管理程序的合规性。

(2)在管理模块层面上建立一个统一的管理机构。该机构直接由工程项目组负责，并可以由项目负责人担任组长，现场管理负责人担任指挥，各个模块的负责人共同参与。这种设计方式能够增加不同模块的联动性，进而保障工程管理的整体性与协调的高效性。

(3)需要确定不同模块的管理责任与管理绩效，必要时可以通过成本奖惩的方式来规范模块管理责任人的具体行为，并进行全施工期的评价，为后续管理措施的不断完善提供相关的理论依据。

2. 城市防洪工程模块化管理的实现

通过上文的分析，可以将具体的管理过程分为若干个模块，在模块管理的过程中需要遵循模块责任制的方式来进行，主要内容如下。

1)工期管理模块

根据工程的实际要求以及相关的设计方案确定工期安排，并进行严格的阶段工期计划。在具体的管理与保障体系方面则分为如下内容。

(1)严格按照项目法施工管理，实行项目经理负责制，对工程行使计划、组织、指挥、协调、控制、监督六项基本职能，对工程实行全方位、全过程的有效管理。

(2)与建设、监理、设计单位紧密配合，对工程施工全面进行计划、组织、技术、质量、材料等各项管理，统一组织协调各种施工关系，充分调动各工种的施工优势，从组织上保证总进度。建立每周工程例会制度，举行与建设、设计单位联席办公会议，及时解决施工生产中出现的问题。

(3)对基层作业班组实行目标控制，以经济手段激励作业人员的创造性，对保质保量提前完成任务的班组按照合同予以奖励，对由于施工安全、质量等人为造成工期拖延的按照合同予以处罚，并保障各种资源的合理调配，如材料、架设工具、机械设备、劳动力等，做到人歇机不停，避免出现停工待料或劳动力不足等情况。

2)物料管理模块

建立现场平面布置综合管理责任制，定期组织检查，对违反综合管理的单位进行强制整改，对违章严重者给予经济处罚，以创造良好的施工环境。搭建临时设施、基础施工阶段，应搞好整个场地的综合布置，保证材料进场和土石方出场秩序，使整个现场井然有序，为大规模开展施工打下坚实的基础；同时入场材料必须按平面布置所规定的位置堆放，场地建筑垃圾应定点堆放并及时清运出场，场内始终保持松散材料成堆，块材成方，钢管与模板分规格堆码整齐，钢材上架挂牌，保持良好的场容场貌；随着施工阶段的变化，综合布置应本着动态管理的原则进行调整和统筹，以满足施工需要，达到经济、科学、合理的目标。各专业协作单位入场后，由项目组统一规划调整设备以及材料的堆放区和加工区，做到项目施工物料进出场的有序运行。

3)工程质量管理模块

工程质量管理主要通过如下三个方面来保障。

(1)精选业务素质高、管理工作经验丰富、责任感极强的施工、技术、质量、安全、设备、材料等人员组成有权威性，并得到公司授予实权的项目管理班子，对各专业施工有统一指挥权，对各道工序、工艺之间的质量验收和交叉穿插有统一协调权，确保工程目标的实现。

(2)项目经理必须懂技术、善管理、重质量，与项目的质检负责人、施工负责人、技术负责人、材料负责人组成严格、奖罚严明的质量保证体系，确保项目各类人员在组织行动方面、上岗尽职方面、分工合作方面、保证质量及进度目标方面等从组织管理措施上将责任落实到位。

(3)专职质检人员在班组自检、互检、交接检的基础上，独立行使质量监督职能，并拥有质量否决权；严格监督生产班组，资金分配同质量挂钩，其优质工资必须经专职质检人员检查、认可、签证后方可发放。专职质检员直接对项目经理负责。

4)现场安全管理模块

加强重点控制，针对易燃材料库房、材料堆场、配电房、木材加工点等各重点部位增设干粉、泡沫灭火器若干，并布设少量水管作消防备用；同时落实消防制度，组成由项目经理任组长的消防管理责任团队，接受公司及专业部门的培训，以预防为主，防消结合，确保安全生产。

5)应急管理模块

在实际的施工过程中会遇到各种突发事件，突发事件处置是否得当直接影响事件后果的严重性，因此，在工程现场管理中需要引入应急管理模块，在具体的构建过程中可以将其分为环境应急与安全生产应急管理两个方面。在环境应急方面，受到施工点敏感性的影响，这类应急事件是管理的重点。在具体的施工过程中应该选择取水口下游来进行相应的施工工程，必要的施工环节也需要对可能产生的污水，如混凝土搅拌产生的污水、土方挖掘产生的污水、工人生活区域的生活污水等进行有效的管控，采用专人负责、专职协调等方式来共同进行。当环境应急事件出现时，根据事先编制的环境应急预案予以积极的配合与处置。在安全生产应急管理方面，此类应急事件在城市防洪设施建设的过程中并不常见，但是，我们仍应做好管理准备，加强施工安全监管，以避免类似事件的发生。

4.4.2 城市防洪工程施工管理

1.城市防洪工程施工管理工作特点

城市防洪工程施工是一项工序复杂、技术要求较高的工程项目，施工管理人员不仅要掌握理论知识，还要善于运用专业技术，运用现代化的管理方法。可以说城市防洪工程施工现场管理是一项高难度、高挑战性的工作，是对管理人员综合能力的考验。

对于城市防洪工程建设施工来说，其最显著的特点就是工期长、工序多、技术含量高。基于此，实际的现场施工管理就绝非等同于质量管理，同时，要兼顾对工程工期与施工进度的掌控，以达到合理控制成本的目标。防洪工程施工具有一定的风险性，因此，施工现场也应该加强安全管理，减少由于安全威胁造成的工程进度落后等问题。

城市防洪工程施工的关键是把握施工工序、掌握施工流程，结合城市所处位置、工程具体概况来科学安排施工工序，确保工程按照特定的工序规范地进行，这样才能从根本上把握工程施工进度，提高工程施工质量。

此外，对于沿海城市来说，防洪工程施工还容易受到潮汐变化、风浪等因素的干扰和影响，实际工程施工中必须强化对外部因素的控制。

2. 城市防洪工程施工的现场管理

(1)预测险情,安全管理。

城市防洪工程处于一个相对恶劣、复杂的环境中,特别是沿海城市防洪工程,可能面临海风、潮汐、飓风等的威胁,因此,必须加强施工安全管理,将安全管理放在各项管理工作的首位。首先要形成超前意识,提前获取天气信息,根据天气情况、海风以及潮汐的变化等来动态调整防洪施工进度,避开不良外界因素的干扰与威胁,同时,也要形成一种危险预测机制,进而预先采取防范性措施。此外,也要注重施工中一些关键部位安全隐患的排查,例如:堤岸开挖施工中,岸堤开挖深度、土方开挖位置等都要安全当先。

(2)施工材料与设备的质检管理。

城市防洪工程施工是水利工程建设的一部分,要明确防洪工程施工所需的各项材料、设备,工程开工前通过试验测试、仪器检测等方式和方法来检查、检测各项材料、设备等的质量等级,分析其是否达标。施工现场要加强施工材料与施工设备的规范化管理,要严格依照设计图纸、水利工程行业规定的标准等来试验检测工程材料与设备质量,确认各项材料质量合格后才能继续施工。

(3)堤防工程施工问题与管理对策。

严格依照规范进行堤防工程质量检查,确保堤防工程达到特定的标准,其中堤顶等部位,例如高程、坡度、宽度等需要达到规定的技术标准,堤顶的沥青混凝土层要平整、干净,无杂物、无裂痕,没有裂缝、泛浆等现象。

现实的堤防工程运维管理既要严抓日常的施工工序操作,又要进行突击性检查,本着预防为主、防治结合的思路来提高堤防工程管理工作质量。

堤防工程施工中最常见的问题为渗漏问题。渗漏问题不仅对堤防工程自身带来破坏性影响,还可能导致整个城市防洪系统的崩溃,因此,必须强化堤防防渗管理。

加强堤防工程的防渗漏处理,要从堤身、堤基两大方面进行。堤身防渗可以采用劈裂灌浆、铺设土工膜等措施,其中劈裂灌浆方法成本低、工序简单、操作方便,而且防渗效果好。堤基则要结合防洪工程的地质条件、渗流程度、城市道路景观等来采取防渗措施,包括水平防渗与竖直防渗两大措施。竖直防渗一般采用灌浆、垂直铺膜以及高压喷灌泥浆等方法;水平防渗则可以通过在临水侧、背水侧添加水平防渗铺盖来达到防渗流的效果。其中后者成本低、成效好。

(4)强化防汛与应急管理。

城市防洪工程施工不可避免地受汛情以及海浪等天气因素的影响。为了确保防洪工程建设的顺利开展，必须强化防汛管理。应创建一个工程监控与防汛调度管控信息系统，对工程所处环境的天气状况、水文状况等进行全天候监测，通过对气候信息、天气条件以及水文信息等的采集、分析与处理，来进行汛情预测，并提前进行防汛预警，编制出合理的调动方案，以应对防洪工程建设中的险情，减少外来自然灾害、天气条件等对防洪工程施工带来的不良威胁。

(5)施工进度的合理掌控。

城市防洪工程施工通常工期较长、施工程序多、工艺要求精湛，其中工期的长短直接决定着工程施工建设的成本、造价等，要想从根本上确保防洪工程施工的经济效益，就必须加强进度管理，科学掌控好施工进度，控制由于工程延期带来的成本问题。掌控施工进度可以从以下方面入手。

①做好前期筹备工作。施工单位必须熟识设计图纸，深刻分析其中的设计思路，对一切所需的设备与材料进行质检，并围绕所建设的工程来编制组织设计方案，从人员的安排、设备材料等的配置，以及工序的规划等都要筹备完毕，其中最关键的是要进行技术交底。

②疏通交通通道、通信线路等。要为防洪工程建设创造一个畅通的交通通道以及通信线路，确保各项物资能及时到位、施工信息等能高效传递。

(6)防洪工程联合，推进信息化管理。

现代化高科技时代，城市防洪工程施工现场应该逐步推动并实现现代化管理，积极借助信息化技术、现代科技来推动并实现防洪工程施工的信息化、智能化管理。应创建一个防洪水利工程管理信息平台，使该信息平台同水利自动监控系统、防汛调度系统、水政监察系统以及工程档案信息系统之间建立连接，形成有机的信息整合系统，依靠这一庞大的信息系统进行信息收集、处理、储存与分析，并动态监测防洪工程现场施工情况，从而提高防洪工程施工管理效率，实现智能化、信息化管理。

此外，还要强化防洪工程施工现场的变更管理，通过创建严格、规范的变更签证审批制度，确保依照这一制度来履行责任，最大限度控制变更问题，从而减少工程施工的经济损失，提高工程施工的经济效益。

第 5 章　海绵城市建设与创新

海绵城市，即低影响开发（简称 LID，low impact development）是指城市像海绵一样，在环境发生变化或灾害发生时具备良好的“弹性”，在下雨时吸水、蓄水，在需水时又能将蓄存的水分释放出来并加以合理利用。其内涵可以归结为以下几点：①转变传统建设理念，实现构建城市与自然和谐共生的新型城镇的开发目标；②开展以应对极端降水及气候变化、防灾减灾、维持生态系统为目标的城市建设；③转变传统排水思路，采用“渗、滞、蓄、净、用、排”等多种措施实现全过程的雨水管理。

海绵城市的核心是雨洪管理，体现就地解决雨水径流的发展理念，从管渠工程到处理设施分散处理雨水并回收使用，是一项多目标的综合性技术。海绵城市建设应遵循生态优先等原则，将自然途径与人工措施相结合，在确保城市排水防涝安全的前提下，最大限度地实现雨水在城市区域的积存、渗透和净化，促进雨水资源利用和生态环境保护。在海绵城市建设过程中，应统筹自然降水、地表水和地下水的系统性，协调给水、排水等水循环利用各环节，并考虑其复杂性和长期性。

5.1　我国城市暴雨内涝现象及其防治策略对比

5.1.1　我国城市暴雨内涝灾害的形势及危害

随着全球气候变暖和城镇化进程加快，特大暴雨事件正在变得越来越频繁，而且在全球范围内同时发生，由其引发的洪涝灾害风险居高不下，甚至变成了“新常态”。值得注意的是，我国在全球洪涝致灾因子发生频率中处于高危险度的洪涝灾害多生区。预估表明到 2050 年全球暴雨洪水经济暴露量将增加至 1580 亿美元。“逢暴雨必涝”“城市看海”“城市泡汤”“水漫金山”的现象已成为困扰中国大中城市可持续发展的重要问题之一，造成了十分严重的经济损失（见表 5.1）、人员伤亡和各类城市运营风险，引发了社会各界的广泛关注。全球气候变暖、经济增长过快、基础设施欠缺、城市规划设计理念滞后、流域系统综合调控能力不足、城市灾害预防存在麻痹思想和侥幸心理等多种因素综合作用，最终导致二三十年一遇的“新常态”特大暴雨摧毁城市原有防御能力，导致大范围城市内涝。城市严重内涝问题，是发展中出现的问题，需要在发展中采取综合措施不断加以解决，助力城市安全健康发展。综上可见，中国城市暴雨内涝已成为“大城市病”的综合体现，城市暴雨内涝治理已迫在眉睫。

表 5.1　中国近 10 年引起严重城市内涝的暴雨事件

时间(年-月-日)	地区	暴雨级别	最大日降雨量/mm	直接经济损失/亿元
2009-05-24	广东广州	大暴雨	147.9	2.0
2010-07-23	河南西峡	特大暴雨	288.0	24.1
2011-06-23	北京	特大暴雨	213.4	约 100.0
2012-07-21	北京	特大暴雨	＞460.0	159.9
2013-08-22	湖北武汉	大暴雨	＞101.1	2.5
2014-03-30	广东深圳	特大暴雨	318.0	0.5
2015-08-17	贵州铜仁	特大暴雨	293.8	＞1.4
2016-07-19	河北邢台	特大暴雨	673.5	163.7
2017-06-22	北京	大暴雨	180.0	＞1.3
2018-08-18	山东寿光	特大暴雨	＞206.3	—
2018-08-29	广东惠州	特大暴雨	1034.4	—

当前气候变化与城市化进程发展形势下，中国有三分之二的国土面积存在洪涝风险。2008—2010 年中国 500 多个城市中约有 62％的城市，即 300 多个城市发生过城市暴雨内涝灾害，其中暴雨内涝灾害发生超过 3 次的城市有 137 个，57 个城市的最长积水时间超过 12 h。2012—2016 年中国发生内涝的城市数量分别是 184、234、127、154 和 183。根据中国 1990—2015 年的城市内涝统计数据来看，中国东部基本每个城市均发生过城市内涝，且基本都是大暴雨频繁光顾的地区。中国洪涝灾害总体上呈现出南重北轻、中东部重西部轻的空间分布格局，尤其在东部城市群地区灾情突出，且有愈演愈烈之势。2017 年全国共出现 43 次大范围强降雨过程，共造成全国 6951.2 万人次受灾，674 人死亡，直接经济损失 1909.9 亿元。2018 年对中国来说更是个“水患之年”，从 5 月份开始中国各地就频繁遭受大大小小的暴雨洪涝灾害，8 月份山东寿光和广东惠州暴雨洪涝更严重。2021 年 7 月 17 日至 23 日，河南省遭遇历史罕见特大暴雨，发生严

重洪涝灾害，特别是7月20日郑州市遭受重大人员伤亡和财产损失。这是一场因极端暴雨导致严重城市内涝、河流洪水、山洪滑坡等多灾并发，造成重大人员伤亡和财产损失的特别重大自然灾害。灾害共造成河南省150个县(市、区)1478.6万人受灾，因灾死亡失踪398人，直接经济损失1200.6亿元。综上可见，中国暴雨内涝愈演愈烈，形势不容乐观。

5.1.2 我国城市暴雨内涝的原因分析

1. 气候变暖导致城市暴雨频次和强度趋于增多增强

全球变暖背景下大气中的水蒸气含量相比20世纪60年代而言增加了5%左右。随着大气平均温度的升高，因水蒸气含量的增加而导致的大气中存储的能量趋于攀升。大气储能由于水汽相变而释放，表征为闪电和雷暴，并伴随着强降雨过程甚至特大暴雨。联合国政府间气候变化专门委员会发布《管理极端事件和灾害风险，提升气候变化适应能力》的特别报告，对全球陆地的26个陆地分区的日最大降水的重现期进行预估，发现相邻两次超过日最大降水的重现期越来越短，表明相同时间内日最大降水频次越来越大。在中国，近年来短历时超标准暴雨频繁发生，并呈逐年增加趋势。20世纪60年代中国极端强降水事件的发生概率为10%～15%，但近20年以来极端降水事件的出现概率大大增加，超过了20%。尤其在我国东部经济发达的城市群地区，受"热岛效应"和"雨岛效应"的影响，城区小范围、突发性、短历时、高强度的局部大暴雨事件屡屡发生，而中国发达地区的排水泵站标准多为24 h降雨10～20年一遇，远不能满足要求，容易造成内涝灾害。

2. 城市建设规划未遵循原有自然地理格局

中国城市建设规划追求几何对称之美，规划理念是美观协调，而非景观协调，城市建设中越摊越大的环路型格局，破坏了原有的古河道等水系网络，不利于城市内涝的内在消化，一旦遭遇高强度的短时突发特大暴雨事件，往往造成严重的城市内涝灾害。

以2012年7月21日的北京市特大暴雨内涝灾害为例，积水严重的63个积水点均是城市建设中改变了原有水系网络格局的地方。尤其是北京诸多下沉式立交桥坐落在低洼的负地形区，这些地区大多是古河道、古河网，这种在城市建设中人为形成的低洼地区是暴雨内涝灾害的脆弱地区，往往"逢雨必淹"，加之其交通枢纽作用，一旦其受阻，整个区域都将受到影响，极大地加剧了暴雨内涝灾情。积水严重的莲花桥地处古河网地带，地势比周边地区低，在此基础上再建下沉式立交桥，必然使此地成为雨涝灾害的脆弱地带。

通过调研北京市二、三和四环立交桥情况，发现二环共计 34 座立交桥，其中下沉式立交桥 16 座，占二环立交桥的 47.06%。三环共有立交桥 44 座，其中下沉式立交桥 12 座，占三环立交桥的 27.27%。四环共计有立交桥 65 座，其中下沉式立交桥 14 座，占四环立交桥的 21.54%。具有共性的是，立交桥下各种标态不仅混乱，而且可视性和警示性不强，很多标志比较隐蔽且处于立交桥桥洞下，这些地方的光线往往太差，不易被发觉，在阴天的时候尤为明显。最主要的是没有警示灯，在晚上下雨时，不能给予路人很好的提示，如果水位过高，极易引发事故。城市决策者和建设者必须协同考虑城市交通流量和自然地理格局的关系，避免因城市建设规划不合理而出现城市暴雨内涝灾害等大城市病。

3. 快速城市化建设进程带来诸多不利方面

当前中国城市化进程处于高速发展的阶段，城市化进程中大量人口、财富、产业向城区集中，城市规模不断扩大，不透水面层大幅增加，城市林地、园地减少，城市河湖萎缩，使得城市暴雨内涝调蓄空间大大缩减。例如北京城市建设不断由内环向外环发展，不仅改变了原有水系，且很多城市建设也影响到了现有城市水系格局，从而影响其防洪排涝功能。武汉市城市内涝形势严峻。在中华人民共和国成立初期武汉有 127 个湖泊，随着快速粗放式的城市建设，人们向湖泊争夺建设空间，争夺资源，围湖造田、填湖建城、拦湖养殖，目前仅剩 38 个湖泊。城市建设改变了城市水文过程，使得地表下渗减少，径流加快，城市洪水过程线变高、变尖、变瘦，洪峰提前。短时间汇流产生的雨水给地下排水管网造成巨大压力，并由此导致城市排洪河道流量剧增，势必给相邻区域内涝造成严峻挑战。

此外，城市地下空间开发越来越充分，伴随着地下车库、地铁、下穿隧道、地下电力、热力和电信管道等密集分布，导致储存雨水的地下空间越来越少，雨水对地下建设产生了严重影响，甚至出现地面下沉现象。整体而言，目前我国绝大多数城市的地下空间利用形式简单，且类型单一。上述快速城市化背景下不合理的城市建设导致我国近 20 年来的城市暴雨洪涝事件趋于增多，有些城市甚至多次出现洪涝灾害。因此，必须考虑城市化建设进程中带来的不利影响，合理布局城市建设。

4. 城市建设中忽视平均设防能力和特殊地段设防能力的关系

城市运营是一个四通八达的网络化系统，互联互通是城市系统的典型特征。由于城市系统内部不同地区防灾抗灾水平的差异，导致城市暴雨内涝影响牵一发而动全身。换言之，设防水平较高的地区会受到周边设防水平较低地区的影响，特殊地段的设防水平通过四通八达的网络体系会影响到城市运营全局，形成典型的“木桶短板效应”。

据统计，我国承担防洪任务的640多座城市中，城市暴雨洪涝标准小于50年一遇的约占80%，达到100年一遇的不超过10座，50年一遇以上的占18%，还有约21%的城市未达到10年一遇。以北京为例，多数地区的小时排水标准可抵御1～3年一遇的暴雨，即36～45 mm/h的降雨量；部分重要地区为3～5年一遇；仅像天安门这样特别重要的地区为10年一遇。中国的重要区域的暴雨洪涝设防标准远低于英国(30年一遇)、美国(10～100年一遇)和日本(50～200年一遇)等发达国家。尤其日本在城市防洪方面因城市不同而设防标准有所差异，特别重要城市达到200年一遇，重要城市达到100年一遇，而一般城市也有50年一遇。日本每年治河开支占其财政预算的1.7%，而我国的相关财政预算比例则远小于日本。

城市设防往往有不易被发现或尚未暴露的特殊薄弱点，一旦遭遇罕见暴雨事件，势必通过四通八达的联络网影响整个城市运营，因此，不能用平均设防能力代替特殊地段的设防能力。平均设防能力高并不意味着整体设防能力高。在遭遇特大暴雨事件时，脆弱性较高的特殊地段往往成为影响全局的关键因素。因此，必须高度关注城市建设中的平均设防能力与特殊地段设防能力的关系。

5. 排水管网系统设施的老旧问题凸显

随着城市地区硬化地面面积不断扩张，地表汇流加快。而城市排水管道由于规划和管理不善，存在普及率低，设施老化、滞后、不健全，污染物堵塞，过水能力不足，超负荷运转，以及城市建设引发积水问题等现象，不能满足汛期排水需求，从而导致城市“憋”出病来。以北京为例，城区雨涝排洪的四条河流分别是凉水河、清河、坝河和通惠河，然而由于生活生产中排放的污染物堵塞河道，严重影响了城市暴雨排洪效力，除造成市区内涝外，还对城市环境和水体构成污染。北京地下的主排水管道最窄的仅1.5 m宽，由于污染物堵塞，很多低洼地带的泵站排出的水很难顺畅排掉，是城市暴雨内涝形成的潜在隐患因素之一。目前中国多数城市的排水管道缺乏常规化的有效管理，城市建设中存在着重地上轻地下、地上地下发展不配套的现象，往往地上内涝问题因地下配套发展不利殃及整体，这已成为中国城市遭遇暴雨内涝问题的共性特征。值得注意的是城市的排水管道包括污水管道、雨水管道和雨污合流管道。根据住房和城乡建设部《2020 年城乡建设统计年鉴》数据，我国大部分省份的排水管道密度低于 15 km/km^2，雨水管道长度占比在 45%以下。换言之，绝大多数地下管道是用来排污的，而非排水。因此，一旦遭遇特大暴雨，城市排水管网将面临严峻挑战。

6. 城市发展长远规划和评价指标导向问题突出

城市发展进程中首要解决的问题是与人生存相关的就业、住房、交通等方面的问题，防洪排涝由于投资巨大、施工周期长、建设效益缓慢，往往不被城市决策者重视。城市发展规划受决策者影响较大，尤其是防洪排水工程往往耗费巨大、持续多年，前任决策者制定的规划在后继决策者执政时被搁置或改变，不能有效延续，从而导致中国许多城市防洪规划停滞不前。而中国现有多数城市由于缺乏规划，地上城市建设突飞猛进，一些老旧城区的排水管网上均规划有新建筑群，无法拆迁，一旦新建的建成再来修补或重建地下防洪设施就异常艰难，即便发现了问题，只能打“补丁”，发现一处补一处，且耗资更甚。除此之外，城市排水管网改造项目审批程序较多，建设速度也跟不上，导致城市排水系统建设滞后。目前重建排水系统经济成本十分高，地下管廊每千米的静态造价平均要 1 亿元，如果按高标准施工，每千米至少要 1.3 亿元，这还没有计入管廊运营后的巨额维护和更新费用。

5.1.3 应对城市暴雨内涝的策略对比

应对城市暴雨内涝的关键是开发城市雨水管理适应性技术，不同技术殊途同归的核心是增加地表渗透、减少径流及其产生的各类影响。在国际上，诸多发达国家已经提出和开发了城市雨水管理措施，形成了有地域特色的城市雨水管理体系。虽然不同地区的体系名称、重点方向各有不同，但其核心理念基本相同，即雨水源头控制与回收利用及多功能调蓄。其中雨水源头控制是利用雨水源地的绿地、草木、建筑等分散、吸纳、削减雨水径流，典型技术有房屋顶部绿化、渗透型绿地建设、雨水吸纳花园、透水型道路建设、可渗透沟渠建设等。

其中美国环境保护署(USEPA)发展的低影响开发，其核心理念是通过利用各类分散的源头控制措施，以有效保障城市快速发展以后可以保持其发展之前的水文特征。经过实践证明,低影响开发确实可以有效减少城市地表径流,大大降低洪峰,而且能够补充地下水,有效改善水质,减少水土流失,起到了趋利避害的双重作用。低影响开发在美国的马里兰州、华盛顿州得到了有效利用,并建设了基于低影响开发的区域雨洪控制工程,其中最为典型的就是雨水花园和绿色街道。

澳大利亚的城市也借鉴低影响开发理念,发展其本地城市雨水管理的适应性技术,例如墨尔本的绿色基础设施建设中大量采用雨水花园和生物滞留技术,有效地减少了内涝和废物污染,同时美化了城市环境,有效地实现了人与环境和谐共处。

加拿大温哥华在 2005 年也借鉴低影响开发理念颁布了《暴雨源头管理设计导则》,有效地缓解了区域城市内涝问题。

相比雨水源头控制理念而言,城市雨水回收则历史悠久,在全球多个干旱地区广泛采用,其核心理念是有效利用雨水,减少地下水摄取。这种理念不仅可以有效涵养区域水资源,解决城市缺水问题,有效规避因过多摄取地下水引起的城市地面沉降,而且可以减少城市排水管网系统的压力及暴雨内涝产生的可能影响。城市雨水调蓄的核心理念是在保障城市既有功能的基础上,一旦遭遇暴雨内涝灾害,利用特定区域措施控制雨涝。例如日本由于其国土资源稀缺,因而广泛采用下凹式的城市广场、停车场、运动场、绿地、公园等调蓄雨洪。我国学者通过模拟不同单一低影响开发措施对武汉某小区的洪峰削减作用,发现可有效消减洪峰(见图 5.1)。

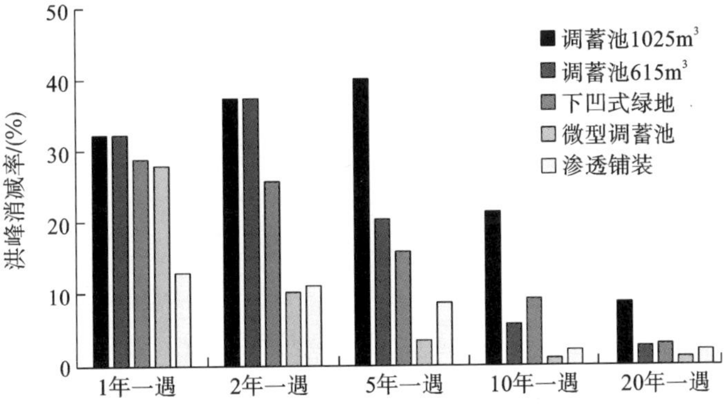

图 5.1　武汉市某小区不同单一低影响开发措施对不同年遇型洪峰的削减作用对比

从增加城市河湖面积比例和增加调蓄空间角度来看,城市防洪工程建设应充分利用自然雨洪调蓄系统,主要包括河湖水系、树林、草地、湿地、低洼地等,将其有机连接起来，优先将城市雨水排入天然或人工湿地，形成城市区域的水文循环与调蓄防洪的生态系统。对于原有河湖地区，禁止圈占为民用或商用建筑，并最大限度地合理扩大城市河湖面积比例。城市社区尽可能通过渗透铺装减少不透水路面，减小路面宽度，采用路边草皮入渗排水沟增加下凹式绿地、植被浅沟和绿色屋顶。以绿地、开放空间、社区可入渗道路等形式保留天然降雨的径流路径，遭遇超标准特大暴雨时，可作为溢流通道，将过多雨水合理有序排入城市调蓄设施内。

从城市公共开放场地的防洪工程建设与管理来看，主要包括活动公共场地、休闲观赏公共场地、受保护公共场地和设施运行公共场地四类。城市活动公共场地主要由体育场、游乐场和停车场等组成，其在城市排洪中可用于临时蓄滞雨洪，必须尽快排干，保证其运营正常。城市休闲观赏公共场地主要包括公园、绿地等，其调蓄雨水作用较大，但同时应注意观赏价值与维护费用，在合理的情况下可长期调蓄。城市受保护公共场地是指尚未开发的天然林地，其可以调蓄任何重现期的雨洪，且维护费用低，城市建设中对其要有长远规划，并需要加以保护。城市设施运行公共场地主要包括为城市基础设施正常运营而保留的场地，其在遭遇罕见暴雨洪涝时，可以有效蓄滞雨洪，但考虑到基础设施的公共安全，需要尽快排干，且应保留维修通道等配套措施。

从流域防洪来看，可通过统筹干支流的防洪能力，合理制定防护对象的设防标准，来协调流域不同地区之间的挡、蓄、滞、泄的关系。挡主要是修筑堤坝，适用于抵御超标准雨洪，实施容易，且长期来看经济实用。蓄主要是修建水库或改造利用湖淀，调节洪水，削减洪峰，减轻下游城市防洪压力，同时还可以综合水资源开发利用，发挥综合效益，是流域防洪治理中趋利避害并举的措施。滞主要是利用相关城市设施场地，暂时滞留过多雨洪，减轻其他地区压力，但一般需要排净，不影响城市主要设施的运营。泄主要是通过修建分洪道或整治河道，抵御常遇型雨洪，是目前河长制管理中的重要内容之一。

随着城市内涝的愈演愈烈，我国提出了“海绵城市”的理念。住房和城乡建设部基于此理念推出了《海绵城市建设技术指南——低影响开发雨水系统构建（试行）》，其核心是建设适应环境变化和有效应对自然灾害的新城市，使城市韧性增加，有效缓解城市暴雨洪涝。海绵城市的理念与国外城市雨水管理措施不谋而合。如何吸纳国外经验，服务本土海绵城市建设成为当前解决我国城市内涝的焦点问题之一。

5.2　国内推进海绵城市建设的政策与地方实践

5.2.1　国内外对海绵城市的研究现状

1. 国内研究现状

我国海绵城市雨水管理体系建设的步伐相对滞后，但对雨水管理的研究早在 20 世纪 90 年代就开始了。地方政府陆续颁布了一些地方雨水管理条例并实施了一系列低影响开发技术措施，自 2012 年“海绵城市”概念提出以来，相关部门也愈发重视海绵城市建设。

21 世纪初，“海绵城市”理念的形成在我国经历了一个不断探索、延伸发展和实践的过程。2003 年，俞孔坚等人第一次将雨水管理措施比喻成海绵，成为海绵城市这一理念在我国发展的开端。

2003 年至 2010 年，以俞孔坚为首的团队先后在浙江、天津以及黑龙江进行了实践探索，并取得突出成果。这一系列设计实践讲究与水为友，弹性适应，充分利用雨水，以此缓解内涝等灾害带来的影响；其后，深圳于 2004 年首次在地方开始海绵城市建设模式，并建成光明新区示范区。傅凡、赵彩君等提出了适合中国城市生态环境的低影响开发措施，为之后低影响开发措施在中国的发展提供了可行的研究以及方法。

在之后的时间里，海绵城市的概念也在不断发展和完善。在市政领域，2011 年董淑秋等人以及台湾水利署则分别在雨水利用等问题上提出了海绵城市的理念。在规划领域中，何卫华等人认为应该建立完善的政策法规体系。王宇建则提出要在原有监管指标的基础上构建海绵城市管控指标体系，使其建设理念更具可操作性。张园等提出低影响开发是控制城市径流的重要途径。之后，闫攀、车伍等人创造性地在水文学的基础上提出构建良好水循环的可持续城市雨水系统的设想。车生泉、于冰沁等则将绿色基础设施和低影响开发措施在海绵城市的建设方面进行了融合以及比较研究，验证了两者在雨洪管理方面的共性以及个性特征。车生泉、陈丹等人则为我国建设发展海绵城市提供了理论支撑。在这一阶段，海绵城市的理念在全国范围内受到极大关注并引发广泛的讨论，此后习近平总书记于 2013 年 12 月 12 日在《中央城镇化工作会议》的讲话中，提出了促进海绵城市建设的要求。2014 年 10 月,国务院发布了海绵城市建设的目标,表示“到 2020 年,城市建成区 20%以上的面积达到目标要求;到 2030 年,城市建成区 80%以上的面积达到目标要求”,这些更是推动了海绵城市理论研究和实践进展。

2015 年以来,海绵城市的成熟概念已经逐渐形成,从仇保兴、俞孔坚、杨阳等人探讨低影响开发的概论、内涵与途径、展望;到之后俞孔坚、车伍、翟立、武春丽等对海绵城市的理论与实践研究进行了探讨;胡楠、胡灿伟等从水生态分析角度来解析海绵城市的定义;章林伟、王文亮等则从低影响开发建设概论及其要点来解析海绵城市;徐振强、鞠茂森、俞孔坚、车伍、车生泉、王宁等再从政策、技术与试点及其实践来谈海绵城市。海绵城市理念也逐渐成为我国解决城市内涝等问题的新模式、新方法。

总体而言,这一阶段对海绵城市的理论研究以及实践探索还存在一定的局限性,大部分都是单独考虑城市区域、小区或道路的“工程性措施”,也有人将研究重点放在范围的整体上,在宏观、中观、微观三个层面上对海绵城市相关的规划进行了论述,并且提出了一些相应的“非工程性措施”,但是其深度都十分有限,并且没有完全考虑所研究城市的城市规模等社会经济要素和生态环境要素,与各地的土地规划以及总体规划联系较弱,使其在城市发展与建设中体现的作用较小。

2. 国外研究现状

海绵城市的理念除在美国发展外,英国、澳大利亚、日本等国家也有各自的特点与发展以及实践案例,这些对我国海绵城市的建设有一定的启迪和借鉴意义。

1)美国低影响开发技术的发展与推广

“海绵城市”理念来源于 20 世纪在美国出现和发展的最佳管理措施(BMPs,best management practices)、低影响开发(低影响开发)等理念。美国在 20 世纪快速的城镇发展导致大量雨水问题出现,这也促使美国更早认识到雨水管理的重要性,并希望采取一些措施来缓解雨水问题。1972 年美国在《联邦水污染控制法》中首次提出了最佳管理实践。到了 20 世纪 90 年代,马里兰州乔治王子县则提出了低影响开发的概念,该理念强调通过保护和利用现场自然水文及土壤等自然特征来保护水质。与最佳管理措施相比,低影响开发注重于采用小规模分散控制措施来控制雨水径流,与此同时也产生了第一个设计技术标准。同一时间,美国可持续发展委员会提出绿色基础设施(GI,green infrastruction)理念。2000 年到 2005 年,低影响开发的设计理念逐渐被接受,低影响开发技术设施从而得到推广和应用。在 2006 年到 2010 年，低影响开发的概念开始应用到雨水管理和非点源污染控制中。美国的雨水管理已经从简单的排水系统发展到对水量和水质的控制，形成了目前多用途、可持续的管理体系，纽约、洛杉矶、芝加哥、费城、华盛顿、波特兰等城市都进行了工程实践，并取得了良好的效果。此后，2015 年《晨报》开展的讨论更是给新时代海绵城市的建设提供了新的理论与实践。经过长达半个世纪的发展，为“海绵城市”理念的形成提供了理论以及实践支撑。

2）英国可持续排水系统的发展演变

英国通过建立一个可持续排水系统（sustainable urban drainage systems，SUDS 或 SuDS）来解决暴雨洪水问题，1992 年发布了《城市径流控制范围》指南对可持续排水系统的建设提供指导。到了 2000 年初则发布了一套指导文件，为苏格兰、北爱尔兰、英格兰和威尔士分别提供了类似但独立的设计手册，以此来指导可持续排水系统在英国的全面实施，且该指导手册同时考虑农村和城市土地使用的情况。与最佳管理措施相比，可持续排水系统更加全面，其由一系列雨水处理实践和技术组成，形成一个系统，不仅解决了城市雨水的问题，而且对城市污水的排放提出了一定的解决办法。当前可持续排水系统已广泛应用于英格兰、威尔士、苏格兰、爱尔兰和瑞典。

3）澳大利亚水敏城市设计的应用实践

澳大利亚在 20 世纪 90 年代提出了水敏城市设计（water sensitive urban design，WSUD）来解决由城市快速发展所带来的水问题。水敏城市设计将水循环及水处理问题工程化、系统化，提倡用规划和设计的手段来缓解环境退化的影响。水敏城市设计相对而言是一个结构较为完善的可持续水资源管理系统。与最佳管理措施和低影响开发相比，水敏城市设计更加全面，在保护和加强市区发展的天然供水系统的基础上，将雨水处理设施融入景观，使雨水项目的审美和休闲价值达到最佳，同时保护了城市排水水质，采用本地截留措施及减少不透水地区来处理雨水，以减少城市雨水径流的峰值流量，在增加额外价值的同时，减少了排水基建的建设成本。水敏城市设计提出的一系列措施，通过规划设计的实践，实现多目标管理目标，同时还改变了传统的规划方法。

4）日本雨水管理办法的发展应用

日本于 20 世纪八九十年代先后推出“雨水处理计划”以及“地下水总体规划”，完善了雨水管理相关办法，从而推动了雨水管理的进步。在该规划体系下，将雨水下渗设施的布置作为大型公共建筑设计与实施的必要组成部分。通过这一系列工程性措施以及非工程性措施，有效降低了城市区域内的径流流出率和流出量，缓解了城市雨洪问题。

5)国外现状概括

国外的雨洪管理经历了半个世纪的发展，形成了各国各具特色的理论以及实践体系。虽然没有提出如“海绵城市”这样的理念，但是学者们的研究已经涉及相关内容，并已考虑到城市的水量、水质、水景观、水环境、水生态等问题，主要是对雨水资源的利用以及生态环境的保护。各国政府也十分重视雨水管理，在雨水管理方面做了大量研究和实践，值得我国学习。但是，由于我国城市规划建设与管理体制、自然地理环境、社会经济发展与其他国家不同，尤其是各地各异的气候与雨水特点，必须建立一套具有中国特色的城市雨水生态管理理论、方法和制度，不能照搬国外雨水管理的理论与实践方法。

5.2.2 国内推进海绵城市建设的政策

2013 年 12 月，中央城镇化工作会议提出要建设具有自然积存、自然渗透、自然净化的海绵城市，中央以及地方政府先后出台多项政策支持开展海绵城市建设。国务院办公厅、住房和城乡建设部、财政部、水利部等相关部门先后发布了多部文件，并先后公布 2 批海绵城市试点城市名单，总共 30 个城市成为试点城市。文件从指导思想、设计理念、控制目标及财政支持到考核要求等多个方面，指导建设、监督和规范试点城市的海绵城市建设工作。海绵城市相关法律法规如下所述。

2013 年 6 月，住房和城乡建设部发布《住房城乡建设部关于印发城市排水(雨水)防涝综合规划编制大纲的通知》，要求地方提交城市排水防涝设施，雨水灌渠、雨水调蓄措施，以及低影响开发相关建设任务汇总表。

2013 年 12 月，中央城镇化工作会议上，习近平指出：解决城市缺水问题，必须顺应自然，要优先考虑把有限的雨水留下来，优先考虑更多利用自然力量排水，建设自然积存、自然渗透、自然净化的海绵城市。

2014 年 2 月，住房和城乡建设部发布《住房和城乡建设部城市建设司 2014 年工作要点》，提出建设海绵型城市的新概念，将编制《全国城市排水防涝设施建设规划》。

2014 年 6 月，国务院办公厅发布《国务院办公厅关于加强城市地下管线建设管理的指导意见》，提出推进雨污分流管网改造和建设，暂不具备改造条件的，要建设截留干管，适当加大截流倍数。

2014 年 8 月，住房和城乡建设部、国家发展和改革委员会发布《住房城乡建设部　国家发展改革委关于进一步加强城市节水工作的通知》，提出新建城区硬化地面中，可渗透地面面积不应低于 40%，并加快对使用年限超过 50 年和材质落后供水管网的更新改造。

2014 年 9 月，国家发展和改革委员会发布《国家发展改革委关于印发国家应对气候变化规划（2014—2020 年）的通知》，提出重点城市城区及其他重点地区防洪排涝抗旱能力显著增强的工作目标。

2014 年 10 月，住房和城乡建设部发布《海绵城市建设技术指南——低影响开发雨水系统构建（试行）》，给出海绵城市技术指导、定义、规划标准等。

2014 年 12 月，财政部、住房和城乡建设部、水利部发布《关于开展中央财政支持海绵城市建设试点工作的通知》，提出中央财政对海绵城市建设试点给予专项资金补助，一定三年，直辖市、省会城市和其他城市每年分别补助 6 亿元、5 亿元和 4 亿元。对采用政府和社会资本模式（public-private-partnership，PPP）达到一定比例的，将按上述补助基数奖励 10%。

2015 年 1 月，财政部、住房和城乡建设部、水利部发布《2015 年海绵城市试点城市申报指南》。

2015 年 4 月，水利部、财政部发布《海绵城市试点城市名单》，公布 16 座海绵城市试点名单。

2015 年 7 月，财政部、住房和城乡建设部、水利部发布《关于印发海绵城市建设绩效评价与考核办法（试行）的通知》，从水生态、水环境、水资源、水安全、制度建设及执行情况、显示度六个方面考核。

2015 年 8 月，水利部发布《关于推进海绵城市建设水利工作的指导意见》。

2015 年 9 月，国务院常务会议上提出：一是海绵城市建设要与棚户区、危房改造和老旧小区更新相结合；二是全面推进海绵城市建设；三是总结推广试点经验。

2015 年 10 月，国务院发布《国务院办公厅关于推进海绵城市建设的指导意见》，提出将 70%的降雨就地消纳和利用。到 2020 年，城市建成区 20%以上的面积达到目标要求；到 2030 年，城市建成区 80%以上的面积达到目标要求。

2015 年 12 月，住房和城乡建设部、国家开发银行发布《关于推进开发性金融支持海绵城市建设的通知》。

2016年3月，财政部、住房和城乡建设部、水利部发布《2016年海绵城市试点城市申报指南》。

2016年3月，住房和城乡建设部发布《关于印发海绵城市专项规划编制暂行规定的通知》。

2016年3月，住房和城乡建设部办公厅发布《关于做好海绵城市建设项目信息报送工作的通知》。

2016年4月，财政部办公厅、住房和城乡建设部办公厅、水利部办公厅三部委共同组成评审专家组，在中国城市规划设计研究院召开2016年海绵城市试点竞争性评审会议，并公布14座海绵城市建设试点地区入围名单(第二批)。

2017年5月，住房和城乡建设部、国家发展和改革委员会发布《全国城市市政基础设施建设"十三五"规划》，将城市综合管廊建设工程列为重点工程之一，要求建设干线、支线地下综合管廊8000千米以上；提出加快推进海绵城市建设，2020年20%以上城市建成区面积须达到海绵城市目标要求，2030年该比例达到80%。

2019年2月，住房和城乡建设部发布《城市地下综合管廊运行自护及安全技术标准》，对海绵城市建设的评价内容、评价方法等做了规定。要求海绵城市的建设要保护自然生态格局，采用"渗、滞、蓄、净、用、排"等方法实现海绵城市建设的综合目标。

2021年4月，住房和城乡建设部办公厅、财政部办公厅、水利部办公厅下发《关于开展系统化全域推进海绵城市建设示范工作的通知》，决定在"十四五"期间，开展系统化全域推进海绵城市建设示范工作。

2021年12月，财政部办公厅、住房和城乡建设部办公厅、水利部办公厅发布《中央财政海绵城市建设示范补助资金绩效评价办法》通知，以做好系统化全域推进海绵城市建设工作，提高中央财政补助资金使用效益。

2022年4月，财政部办公厅、住房和城乡建设部办公厅、水利部办公厅发布《关于开展"十四五"第二批系统化全域推进海绵城市建设示范工作的通知》，以贯彻习近平总书记关于海绵城市建设的重要指示批示精神，落实《中华人民共和国国民经济和社会发展第十四个五年规划和二〇三五年远景目标》关于建设海绵城市的要求。

2022年4月，住房和城乡建设部印发《关于进一步明确海绵城市建设工作有关要求的通知》，进一步明确了海绵城市的内涵和实施路径，提出20条海绵城市建设具体要求。

5.2.3　国内海绵城市试点实践

中国海绵城市试点有 2 批，共 30 个城市。2015 年公布第一批 16 城市：迁安、白城、镇江、嘉兴、池州、厦门、萍乡、济南、鹤壁、武汉、常德、南宁、重庆、遂宁、贵安新区和西咸新区。2016 年公布第二批 14 个城市：北京市、天津市、大连市、上海市、宁波市、福州市、青岛市、珠海市、深圳市、三亚市、玉溪市、庆阳市、西宁市和固原市。

1. 镇江

1)试点建设背景："城市山林"遭遇雨洪威胁

镇江北临长江，南有宁镇山脉丘陵环绕，形成"一水横陈，连冈三面"的独特城市地貌特征，自古便有"城市山林"之称。镇江整体地势南高北低，南部山水逐级汇流后，通过"三河一湖"——运粮河、虹桥港、古运河和金山湖，最终汇入长江。

镇江雨洪突出问题体现在两个方面。①城市局部内涝。南山北水的地貌特征使镇江遭遇江洪、山洪的南北夹击，北部江洪绕城而下，南部山洪穿城入江，加上城区局部地势低洼、排水不畅导致形成 36 个积水区(点)，影响市民正常生产生活。②城市水环境质量较差。由于城市排水管网不完善、合流制溢流(CSO)和初期雨水污染，以及河道缺乏生态基流、水动力不足、水环境容量低等问题，导致城市总体水环境质量较差。主城区 26 条水系中，水质为劣Ⅴ类的有 15 条(其中黑臭水体 7 条)，不能稳定达到水功能区目标的有 4 条，金山湖虽然达到水功能区目标，但面临蓝藻暴发的威胁。

难题需要良策，思路决定出路。镇江以 2007 年金山湖溢流污染事件为起点，通过对既有城市化模式的反思，开启了现代雨洪管理探索之路，特别是国家海绵城市建设试点的实践，使镇江真正走上了人水和谐的城市发展道路。

2)试点建设实践：从理念、技术到体制机制的系统集成创新

(1)总体思路。

镇江海绵城市建设试点的总体思路是：坚持"一个思想"(习近平新时代中国特色社会主义思想)，融入"两大战略"(国家长江经济带和江苏省高质量发展战略)，统筹"五大目标"(恢复水生态、保护水环境、涵养水资源、保障水安全、丰富水文化)，建立"六大机制"(组织推进、项目管控、政策保障、技术支撑、资金投入、

产业发展机制），建成区、试点区并举，水安全、水环境并重，走出一条人水和谐的城市发展之路。

（2）目标指标。

镇江海绵城市建设试点的根本宗旨是“人水和谐”，基本目标是“恢复水生态，保护水环境，涵养水资源，保障水安全，丰富水文化”，当前以水安全保障和水环境治理为重点；具体目标为“3＋2”，即“建成较为完善的城市排水防涝系统；大幅度削减城市面源污染；源头有效控制径流总量”，以及“充分实现雨水资源化利用，形成令人愉悦的城市水景观”，相对应的指标为“有效应对 30 年一遇强降雨、面源污染削减 60％、年径流总量控制率 75％”。

（3）政策体系。

①强力推进机制：通过合力推进、依法推进、督查推进、长效推进四种推进手段，从政策方面在组织机构、人员配备、运行机制、资金投入等提供全面保障，依法、持续将海绵城市建设推向深入。为此，镇江成立以市政府主要领导为组长的领导小组，统筹各地各部门，在全市域全面推进海绵城市建设；开展多层次、多形式督查巡视；设立“镇江市海绵城市建设管理办公室”等。

②空间统筹机制：一是实施“红线—绿线—蓝线”管控。严格管控 8 个生态红线区，落实“一带、两湖、七轴”水系统蓝线管控要求，构建“一环两核、两楔两带”绿线控制体系。城市建设开发项目一律实施最严格的“红线—绿线—蓝线”管控制度，无条件让出蓝线、绿线，用作海绵城市等绿色基础设施建设。二是构建城市海绵空间格局。以海绵生态本底分析为基础，通过“基质—廊道—斑块”的空间组合形态，构建起“一轴、一廊、三区、多点”的海绵空间格局，划分六类区域，差异化确定海绵设施建设重点。

③项目管控机制：实施项目全域、全类别、全生命周期管控。依据政策文件，自 2015 年 10 月起，建成区内所有项目，无论试点区内外，无论项目类别，一律按照海绵城市要求和指标同步规划设计、建设、竣工验收、投入运营。对于此前已批准的在建项目，凡具备条件的，尽量按照海绵城市建设要求变更完善。这一制度在试点完成后，也将永续执行。

④资金投入机制：按照常态投入、试点投入、持续投入 3 种方式确保海绵城市建设方面的资金投入。

（4）技术体系。

根据试点实践需要，镇江与国内外多个团队合作，在城市—项目（地块）—设施等多个尺度，形成了一系列技术策略和方法。

系统治理策略：从城市到城市的部分区域，如试点区，乃至于项目（地块），围绕排水防涝、水质提升、径流控制、非常规水资源利用、景观营造等多个目标及其相关指标，因地制宜地利用源头（地块）、过程、末端、水体等空间，采用绿色、灰色、蓝色工具及其优化组合，拿出系统最优的解决方案。试点区158个项目，投资40.6亿元，正是基于系统治理策略而设计的，形散而神不散，是既有条件下的技术经济优化方案，又具有科学可靠的目标可达性。

水安全治理策略：基于既有山水生态特征，形成了"外挡—内疏—上蓄"的城市水安全策略。外挡北部江洪，在城市外围采用堤闸围合，构建江洪保护圈；内疏洪涝通道，在城市内部实行洪涝共治，系统疏理城市河道、排水管渠，畅通山洪行泄和径流排放；上蓄雨水径流，在上游源头坚持水陆并举，通过陆域源头低影响开发和上游湖泊水体，存蓄和削减雨水径流。

水环境治理策略：全面采用最大日负荷总量（total maximum daily loads，TMDL）理念和技术，形成"截污—净雨—畅流"的城市水环境策略。对"一湖三河"现状各排口污染负荷量进行系统分析，科学确定各污染物削减率及允许排放量，并对不同污染物来源分类治理。针对污水，通过雨污分流、混（错）接整改、缺陷整治，实现截污纳管，提质增效；针对初期雨水，通过源头减排、过程处理、末端净化，实现净雨减量，削减污染；针对水体，通过引水活水、中水回用、循环净化，实现增加基流，修复生态。

海绵设施全生命周期方法：首先，方案设计阶段即立足于全生命周期，按照技术可行、经济合理、管理方便的原则，实现项目化管理；其次，编制"运行、维护、管养"海绵技术标准，实现规范化管理；最后，编制相关项目运行控制要点，实现长效化管理。

"监测—模型—绩效评价"方法：一是针对边界条件、项目、地块、汇水区、水体、城市等建立多尺度的监测体系；二是基于监测，采用多模型耦合，全面系统表征城市水循环过程中的水文、水力学、水质指标；三是将"监测—模型"作出的评估结论，应用于投资决策、方案设计、行政审批、工程建设、运营管理、抢险应急等全生命周期中，实现绩效最优。

(5)实践体系。

①"海绵＋"模式。海绵城市不是一种城市建设类别，而是所有类别项目必须贯穿、融合其中的一种城市建设理念、技术和方法。在实践中，特别是在高密度老城区的试点实践中，镇江形成了"海绵＋"模式。

"海绵＋治涝/治黑"，即海绵城市多目标协同。黑臭治理、内涝治理、非常规水资源利用、水景观营造等本身就在海绵城市建设范畴之内，在光明河、玉带河等项目实践中，编制了系统最优的解决方案，实现了黑臭治理、内涝治理等多目标融合。

“海绵＋棚改”，即棚改等城市建设和海绵城市协同。在一夜河、虹桥港、玉带河、会莲庵街等项目实践中，将棚户区、城中村改造与海绵城市建设有机结合，共拆迁居民 2245 户，面积达到 4.38×10^5 m^2。根本上解决了群众居住的脏乱差环境，完成了海绵城市建设任务，大幅提升开发建设的生态品质。

“海绵＋群众诉求”，即海绵城市和解决群众困难协同。镇江源头项目绝大多数位于老旧城区，改造将海绵城市建设与积水区（点）整治、街巷整治、屋面渗漏、物业提升、小区环境综合治理等群众诉求相结合，达到了目标的指标要求，解决了群众的突出困难，实现了老旧城区的有序修补和有机更新。

②“厂网河”一体化运营模式。基于水环境和水安全目标，按照“不求所有，但求统筹”的原则，镇江努力构建“厂网河”一体化运营模式。与传统运营相比，“厂网河”一体化运营模式打破条块分隔，包括市、区、街道、社区等纵向层级和住建、水利、交通等横向界限，利用“监测—模型—评估”体系和智慧海绵城市信息平台，发挥最优的整合联动效应，制订优化的运行调度方案，取得最优的综合绩效。

③PPP 模式。镇江 PPP 项目以海绵城市综合绩效考核为核心，其空间覆盖了全部试点区，其时间覆盖了投资、建设、运营全生命周期共 23 年，其内容覆盖了水安全、水生态、水环境、水资源等。因为项目设计科学、边界清晰、操作规范、竞争充分、运营高效，分别被国家财政部、国家发展和改革委员会评为示范项目和典型案例。

④“产业＋技术”模式。镇江利用在试点实践中积累的技术优势，结合战略合作伙伴的产业优势，拓展海绵城市包括黑臭治理、水环境提升等国内市场，做大做强“产业＋技术”的经济实体。目前镇江海绵产业企业除服务本地外，已承接了徐州、宁波、玉溪、武汉、深圳等地的相关业务，初显产业化格局。

⑤“共建共享”模式。在试点中，镇江让人民群众在海绵城市全生命周期中全方位参与主导，形成“共谋、共建、共管、共评、共享”机制，全过程鼓励、引导、强化公众参与。实践证明，凡是“共建共享”机制发挥得好的地方和项目，海绵城市的绩效就越出色、越持久。

3）试点建设成效：河畅水净景美赢得群众满意

“锲而不舍，金石可镂”。通过 3 年的试点，镇江海绵城市建设试点取得了“一个实现，四个提升”的显著成效：试点目标、指标全面实现；防洪防涝能力、水体环境质量、群众幸福指数、城市生态品质全面提升。

(1)目标指标全面实现。镇江从水生态、水环境、水资源、水安全、机制建设、显示度等全面实现试点目标，指标完成率 100%。

(2)防洪防涝能力提升。实现防洪标准达到“长流规”标准，防洪堤达标率100%。重点完成了御带河、江滨、学府路、小米山路、黄山天桥、珍珠桥、头摆渡7 大积水片区治理工程，实现试点区易淹易涝片区全消除。试点区 29.28 km^2 全面达到有效应对 30 年一遇内涝防治标准。

(3)水体环境质量提升。试点区一夜河和虹桥港 2 条黑臭河道已消除，御带河由劣Ⅴ类提升至Ⅳ类水，建成区其余 5 条黑臭水体也已全部消除。入江入河水质全面提升，6 条河 11 个断面水质达标率为 100%，金山湖水质达到地表水标准二类以上。初期雨水污染削减率(以总悬浮固体颗粒计)已达到 68.41%。

(4)群众幸福指数提升。采用“海绵＋N”模式，对 45 个老旧小区实施了全面改造，改造面积达到 2×10^5 m^2，3 万余户居民直接受益；新增及改造居民区小公园、广场 8 个，面积超过 2.4×10^5 m^2；进行棚户区、城中村改造 2245 户，总面积 4.38×10^5 m^2；建设海绵公园、孟家湾湿地公园、征润州湿地公园等城市公园18 个，市民休闲游憩空间大幅增加。

(5)城市生态品质提升。水生态格局初步确立，蓝绿空间体系稳定，基本实现清污分流、清雨分流。生态岸线修复 4.2 km，新增水域面积约 5.47 km^2，水面率达到 6.72%，超额完成试点目标。通过开展河道拓宽、水库库容提升、绿化覆盖增加等工程，有效缓解了热岛效应强度。气象数据显示，与 2016 年相比，2018年镇江夏季城市热岛效应强度下降 0.9℃。

通过泵闸、大口径管道系统、末端处理系统等海绵项目和设施，实现金山湖水位的可调可控，金山湖淤积与主城相连的趋势得到控制，“三山一水”片区的山水交相辉映之景得以留存。构筑镇江沿江水污染防治保护带，使最终进入长江的各类污染物得到有效削减，完成了长江经济带水污染防治和江苏省长江水污染防治要求。

2. 厦门

1)试点工作开展情况

厦门市在 2015 年 8 月提出全市域内开展海绵城市建设的工作计划，明确要求厦门市新建城区应全面落实海绵城市理念，老城区结合城市更新有序推进海绵城市建设。同时，厦门市以马銮湾新城和翔安新城两个片区共 35.9 km^2 作为海绵城市建设试点，分别探索了以问题为导向的老城区系统方案和以目标为导向的新区系统方案。主要工作包括以下5个方面。

(1)组织领导。

厦门市根据不同建设阶段调整海绵城市建设领导机构与协调机制。

①试点初期。将海绵城市建设职责纳入市政园林局部门职能，同时要求各区分别成立海绵城市协调机构，市区两级机构相互配合。

②试点建设阶段。为协调各职能部门，成立了以市长为组长，市政园林局为主体，相关单位为成员的市海绵城市建设工作领导小组。领导小组下设办公室，分为8个工作组，由各工作组责任主体牵头，分头探索海绵建设审批、监管经验，出台相关技术标准文件。建立“区海绵办—市海绵办—分管副市长”三级例会制度，形成海绵城市建设全市“一盘棋”的组织格局。

③常态管理阶段。经过试点的3年探索，建立了完善的海绵城市制度保障体系，出台了一系列技术标准文件，海绵城市建设模式逐步清晰。海绵城市建设领导小组办公室原工作组职责按事权主体回落至各职能部门，在不增加审批流程的基础上，将海绵城市理念融入各职能部门的日常工作。取消例会制度，各区海绵办不定期召开会议，市海绵办原则上每月召开一次会议，遇大问题由市政府协调会统筹解决。

(2)统筹规划。

海绵城市建设是一项涉及多学科、多行业的综合性系统工程，需要统筹各项规划，协调众多行业。

①顶层设计。《美丽厦门战略规划》《厦门市水资源战略规划》等顶层设计全面融合了海绵城市理念，并拟以立法的形式明确顶层设计的基础作用和引领地位。

②统筹规划。在构建“山、水、林、田、湖”相融共生的自然生态空间格局的基础上，将海绵城市理念在空间具象化，统筹水系、绿化、道路、市政等相关专项规划，协调各层级国土空间规划，实现单一空间的多功能、多维度有机融合，落实海绵的空间属性。

③多层级规划体系。依托现有国土空间规划体系和管控实施平台，按照“理念指标化、指标空间化、空间系统化、系统性实施”的思路，结合不同行政层级的管理，构建了“市级、区级及重点区域”的三级海绵城市规划体系，逐级细化落实海绵城市建设任务，形成了专项规划引领、详细规划传导、系统化方案衔接的全方位海绵城市空间规划体系(见图5.2)。

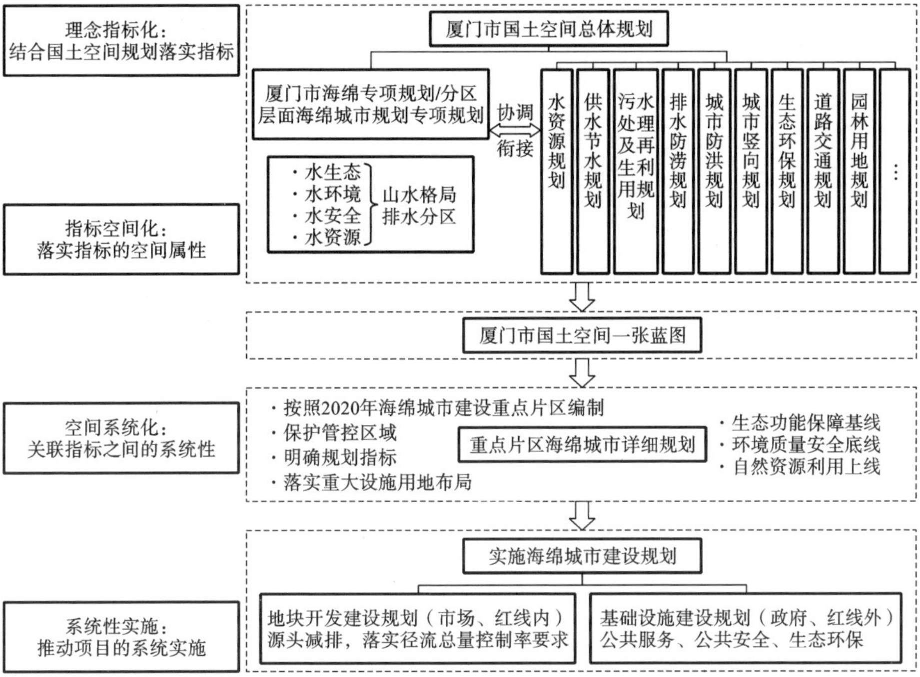

图 5.2　厦门市海绵城市规划体系

(3)全过程管控。

厦门市结合"多规合一"建设成果，建立了海绵城市项目建设全过程管控机制，明确开展海绵城市建设项目设计方案审查、施工图审查、工程质量监督、竣工验收的具体流程和要求，提出在规划许可发放、施工图审查、施工许可发放和工程竣工验收等环节中嵌入海绵城市建设管控要求(见图 5.3)。为支撑厦门市海绵工程建设各个环节，制定了《厦门市海绵城市建设方案设计导则》《厦门市海绵城市建设绿地设计导则》等 9 项标准文件，全面覆盖海绵城市建设项目的事前管控、事中监督和事后评价。深化国家"放管服"的行政理念，在不新增项目审批流程前提下，由海绵城市建设工程技术研究中心并行海绵城市建设项目方案设计文件联合技术指导。2015 年以来，联合技术指导项目个数达 1500 项，有效促进了海绵城市的高质量建设。

(4)技术探索。

技术是海绵城市建设强有力的支撑，厦门市在技术方面做了以下探索。

①属地化研究。试点期间编制了本地降雨频率图集及暴雨高风险区域图集；对试点区下垫面进行详细调查与研究，获得各测点的稳定下渗能力；因地制

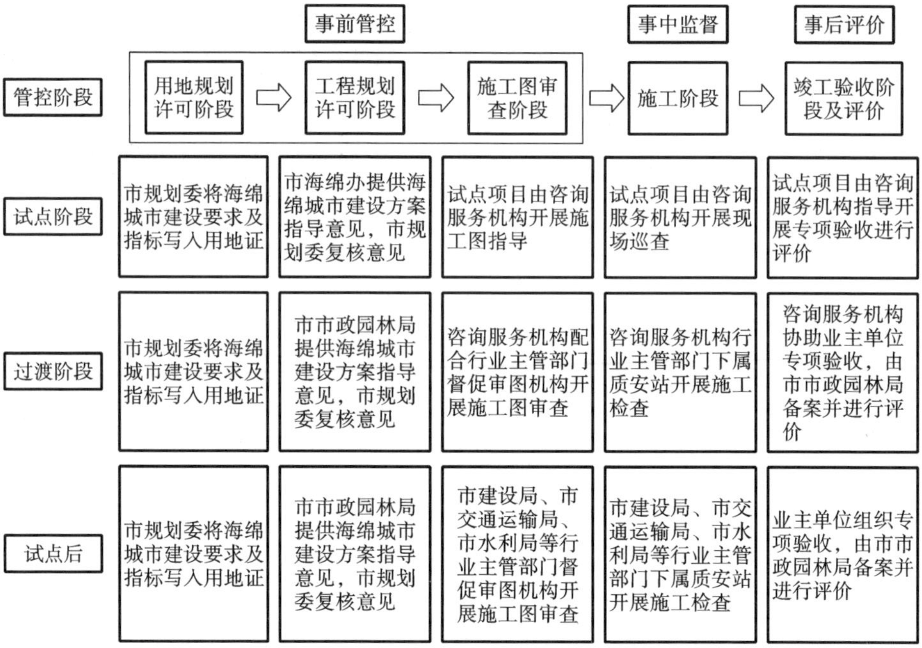

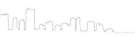

图 5.3　厦门市海绵城市建设管控流程

宜对暴雨强度公式进行了修订；对 SWMM 模型（strom water management model）进行参数属地化的研究；研究本地植物适宜性等。

②信息化管控平台。构建了典型设施、典型地块和典型流域三个层次的在线监测体系。建立了厦门市海绵城市管控平台，对本地低影响开发设施及地块和流域控制效果进行了定量的分析和评价，可联合气象数据实现全市内涝风险预报，有效指导了海绵城市的建设。

(5)政策保障。

为促进海绵城市技术创新，形成本地特色的海绵城市建设模式，出台了《厦门市发展海绵产业的实施意见》。整合规划、设计、融资、工程建设、运营维护等上下游产业，探索项目推进新模式和打造完整海绵城市产业链。从强化人才支撑、加强技术改造、加快市场培育宣传管控、增强产业投入、推动产业融合、加大融资支持等方面形成针对性的意见。出台《厦门市海绵城市建设财政补助资金管理办法》，规范中央财政补助资金及市财政预算安排的海绵城市建设资金的使用范围、分配程序、监督检查等环节，确保资金专款专用。明确工程建设项目海绵投资统计口径，指导试点区和相关部门合理界定海绵工程投资范围。

2)试点工作成效

经过 3 年多的试点工作，厦门市完成了国家对试点城市的考核，取得了良好的成效。

(1)生态安全格局逐渐完善。通过统筹规划，厦门市在全市面积 1699 km^2 内划定了生态控制线 981 km^2，城市开发边界 640 km^2，海域及滩涂 78 km^2。同时统筹城市水系统，明确海绵城市管控空间，通过“定点、定位、定桩”确定海绵城市生态空间，形成事权对应、面向协同实施管理的全域海绵城市“一张蓝图”。

(2)排水防涝能力提升。通过划定河道及重点调蓄水体蓝线，完善雨水排水系统，推进河道清淤及综合整治和农村及老城区雨污分流改造。试点期间，全市新建改造雨水管网 221 km，雨水管渠设计标准提高到 3 年一遇以上；全市 123 个易涝隐患点已基本整治完成，主要城区排水防涝标准达到 50 年一遇。

(3)黑臭水体消除。坚持问题导向和因河施策，对新阳主排洪渠等黑臭水体逐个“把脉”、逐个开“药方”，同时推进全流域综合治理，加强陆域统筹，实现“基本消灭城市黑臭水体，还给老百姓清水绿岸、鱼翔浅底”的景象。

(4)居民幸福感大幅提升。试点期间，全市结合海绵城市理念改造的老旧小区累计 151 个，占改造总数的 93%，人均公园绿地 14 m^2，城市休闲游乐空间不断扩大，居民日常休闲需求得到满足。2018 年开展的满意度调查显示，马銮湾试点区总体满意度达到 94%，翔安新城试点区群众满意度达到 80%。

3. 宁波

1)宁波国家海绵城市建设试点区基本情况

(1)自然特征。

宁波市海绵城市建设试点区位于江北区姚江—慈城片区，总面积 30.95 km^2。

宁波市属亚热带季风气候区，降雨量多集中在梅雨和台风季节，多年平均降雨量为 1457 mm，其中 5—9 月总降雨量约占年降水量的 65.6%，易受台风短历时强降雨影响，易致城市“洪、涝、潮”的三重影响。通过对 1981—2015 年共 35 年的 5367 场 24 h 降雨资料分析，宁波市年径流总量控制率 80%对应的设计降雨量为 24.7 mm。

该区域主要为平原水网特征，滨海临江，地势低平，河网密布，试点区内共 56 条水系，水体流动性较差，自净能力不足。

宁波试点区的土壤以淤泥质粉质黏土与淤泥质黏土为主，根据土壤渗透试验测定，渗透系数介于 $1.2\times10^{-7}\sim2\times10^{-7}/cm\cdot s^{-1}$，渗透性能差，雨水下渗非常缓慢。

(2)用地特征。

宁波市国家海绵城市建设试点区用地特征丰富，包含慈城古城、慈城新城、狮子山、生态区、姚江新区和老旧小区建成片区等不同类型。

①慈城古城片区。现状建筑密度高，多为重点文物保护区，绿化率低，水系水质整体较差，合流制溢流污染突出，同时存在逢雨必涝的水安全问题。该片区的建设重点为消除内涝积水和控制合流制溢流污染。

②慈城新城片区。该片区以新城建设为主，其中慈城新城西片区的建设早期基于“水敏感”理念，但已有设施长期缺乏运营维护。该片区建设重点为提升修复已有海绵设施，加强新建项目规划管控，主要包括竖向管控及海绵城市建设目标管控。

③狮子山生态区。该区域自然生态本底较好，但存在农村生活污水直排和农业面源污染等问题。该区域海绵城市建设重点为生态本底修复与保护、农村污水与农业面源污染控制。

④姚江新区。该区域以村镇、农田为主，部分片区为新区开发建设，存在农村生活污水直排、农业面源污染、内涝等问题。该区域主要建设目标为农村污水与农业面源污染控制、农村内涝消除以及新建项目规划管控。

⑤老旧小区建成片区。该片区主要位于机场路以东，存在源头管网混接、错接、水质较差、局部内涝积水、生活品质不高等问题。该区域主要建设目标为解决源头管网混接、错接，消除点源污染；通过源头海绵改造，控制城市面源污染；消除内涝积水区域。

2)系统化方案实施路径

(1)总体思路。

结合试点区现状基本情况与特征问题，根据国家对海绵城市建设的相应要求，试点区系统化实施方案总体思路如下。

①识别基底，摸清现状。通过对现状城市的降雨特征、地表特征、用地特征、水环境、水生态、水安全、水资源等基础条件的分析，对试点区现状有充分的认识。

②问题导向与目标导向相结合。通过对现状水资源、水环境、水生态、水安全等问题分析，确定试点区海绵城市建设重点解决的问题，根据问题导向明确建

设的重点内容;同时结合城市建设进展,新建项目全部落实海绵城市建设相关要求。

③因地制宜,分区建设。以现状用地为基础,以控制性详细规划用地空间布局为依据,结合绿地率、建筑密度等用地控制指标,因地制宜,确定有效空间进行海绵城市建设。结合自然径流特征,河流水系,管网排向,合理划分汇水分区,以汇水分区为基本单元开展海绵城市系统建设。

④生态优先,灰绿结合。试点区内存在一定面积的生态保留区及农田耕地,对尚未开发建设的区域,优先保护自然生态本底,识别低洼地区,预留超标径流调蓄空间。针对试点区存在的内涝、水环境等问题,合理构建源头减排、过程控制、系统治理的海绵城市建设体系,采用生物滞留设施、植草沟等绿色基础设施与市政管网、泵站、调蓄设施等灰色基础设施相结合的工程体系建设海绵城市。

⑤建管一体,近远统筹。海绵城市建设不仅包括工程建设,更重要的是长效机制建设,通过建设与管理的综合统筹,实现长期有效的海绵城市建设模式。系统化方案设计突出近期可实施项目的系统构建以及海绵城市建设目标评估,同时要充分衔接试点区海绵城市建设详细规划,新建和改造项目要严格落实详细规划中海绵城市建设目标的要求。

(2)汇水分区划分。

首先,宁波海绵城市建设试点区内地势平坦,河网密布,汇水分区的划分主要与河流水系布局以及地形地势有关,依托1∶500地形图并结合全球数字高程模型(digital elevation model, DEM),获取试点区高程、坡向的分析图。

其次,通过ArcGIS水文分析,对规划范围内自然汇水路径进行模拟分析,获取区域自然汇水单元。

最后,依据试点区内河道水系的分布情况、管网建成情况以及道路建成情况,确定分区边界。宁波试点区有慈江、官山河、姚江3条流域性河道,依据上述分区划分原则,将试点区划分为8个汇水分区。

(3)分区实施方案。

①慈城古城汇水分区。该区以合流制溢流污染控制、积水点整治为建设重点,完善排水管网,建设合流制溢流污染控制调蓄池,对水系进行综合治理。慈城古城通过构建"蓄—排—防"的大排水系统,通过合流制调蓄池控制溢流污染,同时兼顾古城文保区域的格局风貌,形成以合流制溢流污染控制、城区水安全防范、积水点治理为主的"控污水、治涝水、重保护"的建设实施方案。

②慈城新城东、西汇水分区。慈城新城西汇水分区以巩固提升"水敏感"建

设理念，提升水环境质量为建设重点，修复原有的海绵设施，场地内部进行海绵化改造，新建项目落实海绵城市理念，同时，修复市政管网，控制点源污染，对水系进行综合治理，提升水环境容量。慈城新城东汇水分区近期以农业面源污染控制为主，同时在新建道路及场地全过程以海绵城市理念为建设重点。东、西汇水分区通过合理控制场地的整体标高，建设片区型调蓄水体，保障片区整体水安全，同时，强化指标管控，在开发建设的全过程融入海绵城市建设理念，控制雨水面源污染，形成新建区域系统性海绵城市建设实施方案。

③狮子山及孙家漕直河汇水分区。该分区以生态保护与修复、水环境提升为建设重点，保护自然本底，修复受损山体，建设三级处理塘削减农业面源污染，在白米湾村、前洋村进行截污纳管改造、污水处理站提升改造等，控制农村生活污水，同时，通过水系综合治理，提升水环境质量。该分区形成了以山体修复、湖泊河道生态整治、农业面源污染控制、农村综合环境治理等为重点的“海绵＋美丽乡村”建设实施方案。

④姚江新区汇水分区。该区以提升水环境质量、村庄内涝治理和建设管控为建设重点。水环境治理方面，在新建地块及道路全过程融入海绵城市理念，近期通过建设三级处理塘控制农业面源污染，通过截污纳管和处理站提升改造控制生活污水，通过水系综合治理，提升水环境质量。水安全保障方面，通过完善排水管网，修建人工湿地等，解决裘市村的内涝积水问题。

⑤机场路东汇水分区。试点期间该片区的海绵城市以“海绵＋”为主要思路，以解决现状水环境问题、水安全问题为导向，通过源头改造、雨污分流、停车位改造和小区环境品质提升，一揽子解决老旧小区民生痛点。同时，开展排水设施建设、局部水系拓宽改造、水系综合治理等，提升水环境，保障城区水安全。

⑥湾头汇水分区。该分区是新建城区，以水环境保护为建设重点，通过全过程落实海绵城市理念。

3)实施效果

宁波国家海绵城市试点区以系统化实施方案为技术指导，通过三年的试点区建设，基本实现海绵城市建设总体目标。

(1)水生态指标方面。一是年径流总量控制率，整体建设目标为80%。试点区以排水分区为基本单元，依据分区特点分解总体指标，运用模型与监测共同评估，建设后整体年径流总量控制率达82%。二是生态岸线恢复率的建设目标为40%，试点区三年共新建、改造生态岸线21.1 km，建设后生态岸线率为67.7%，生态效益明显提升。三是天然水域面积保持度的目标为5.86%，试点建设过程中，对现状水体进行了严格保护，未出现侵占、填埋天然水体的行为，同时，新建东湖、党校镜湖、田园湿地等，建设后水域面积为 2.09 km^2，水面率达 6.76％。

(2)水环境指标方面。一是地表水质达标率，海绵城市试点区内共 26 个水质监测点，河道的水质呈好转趋势，主要水质指标优于试点建设前。二是初期雨水污染控制率需达到 60％，运用模型与监测共同评估，试点区整体年径流污染削减率达 64.8％。

(3)消除内涝指标方面。试点区建设前，慈城古城、裘市村、机场路东多个老旧小区存在内涝积水现象，区域受灾人数超过 2 万人。根据不同区域的积水原因，海绵城市建设采取"一点一策"的治理思路，通过海绵城市建设，试点区内涝积水情况大幅改善，改造后各小区经受住 2019 年利奇马、米娜等几轮台风暴雨考验。

(4)百姓获得感方面。老旧小区海绵城市建设结合百姓需求，逐步增强群众获得感。增加"海绵"停车位改造与提升。针对项目内各小区停车难问题，结合海绵城市建设，对小区进行生态透水停车位建设，改造停车位 2520 个，新增停车位超过 430 个，近 5 万社区居民直接受益。此外，通过对小区入口、广场等公共活动空间进行重点打造，对公共设施进行更新和功能提升，打造干净整洁的小区环境，如公共绿地旁增设休闲座椅，对小区的围栏进行更换，减少安全隐患；部分小区还敷设景观绿道，形成社区海绵绿道。

4. 海南

1)海绵试点区概况

(1)区域概貌。

三亚海绵城市建设试点区域位于中心城区，北邻三亚高铁站、南至鹿回头广场、西临三亚西河、东靠凤凰岭(狗岭)，共计 20.56 km^2。三亚市整体围绕海湾呈圈层式布局，试点区域位于三亚精品旅游城市建设发展的第二圈层。在试点建设方案制定中，以汇水分区为基础，考虑周边用地对试点区的影响，将试点区的协调研究范围扩展至抱坡溪、半岭水、西河、临春河汇水范围，总面积约40.3 km^2。

三亚市具有热带海洋性季风气候特点，年平均降雨量 1392.2 mm，降水总量季节分配不均，有较为明显的丰枯差异。5—10 月为雨季，降雨量约占全年雨量的 90％；11—4 月为旱季。6—11 月受热带气旋影响较多，降雨多为台风雨，过程降雨量多在 50 mm 以上，呈现雨急风大的特点。

试点区土壤情况基本分为两类：第一类为表层为素填土，下面是粗砂、细砂、中砂及黏土，渗透性良好，这类土壤分布较为普遍；第二类为表层为素填土，下面是淤泥质粉质黏土或粉质黏土，渗透性较差，主要分布于河口冲积平原地区。试点区域地势为丘陵台地，三亚东、西河和抱坡溪南北向穿过试点区汇流入海，雨水管线依据地形敷设，就近排河，同时区域内还包括东岸湿地、腊尾山塘等 6 个坡塘湿地类水体。

(2)汇水分区及排水分区划分。

根据自然汇水路径、区域管网分析，试点区划分为 4 个汇水分区，分别为抱坡溪汇水分区、东河汇水分区、西河汇水分区和临春河汇水分区。各汇水分区详细信息如表 5.2 所示。

在汇水分区的基础上，结合试点区内地形地貌、排水管网及水系分布进一步划分排水分区。同时，综合考虑项目实施的完整性进行微调，4 个汇水分区共划分为 21 个排水分区，如表 5.3 所示。

表 5.2　汇水分区情况表

汇水分区	面积/km^2	排水出路
抱坡溪汇水分区	5.54	东河
东河汇水分区	6.07	临春河、三亚河
西河汇水分区	5.04	三亚河
临春河汇水分区	3.92	入海
合计	20.57	

表 5.3　排水分区情况表

汇水分区	序号	排水分区	代号	面积/hm^2
抱坡溪	1	抱坡溪 1	B-1	91.14
	2	抱坡溪 2	B-2	37.88
	3	抱坡溪 3	B-3	155.75
	4	抱坡溪 4	B-4	41.27
	5	抱坡溪 5	B-5	104.07
	6	抱坡溪 6	B-6	37.97
	7	抱坡溪 7	B-7	37.76
	合计			505.84

续表

汇水分区	序号	排水分区	代号	面积/hm²
东河	8	东河 1	D-1	64.26
	9	东河 2	D-2	75.13
	10	东河 3	D-3	72.76
	11	东河 4	D-4	16.23
	12	东河 5	D-5	160.38
	13	东河 6	D-6	15.13
	14	东河 7	D-7	93.07
	15	东河 8	D-8	66.89
	合计			563.85
西河	16	西河 1	X-1	126.54
	17	西河 2	X-2	135.96
	18	西河 3	X-3	73.47
	19	西河 4	X-4	103.1
	合计			439.07
临春河	20	临春河 1	L-1	267.24
	21	临春河 2	L-2	67.37
	合计			334.61
总合计				1843.37

注：排水分区面积不包含大型开放水面面积。

2)试点区水系统面临的主要问题

(1)水生态破坏问题突出。

在水生态方面，试点区内采用大量的硬质铺装，雨水下渗减少，地表径流系数增大。经估算，试点区海绵城市建设前年径流总量控制率约为 46%。大面积的城中村，下垫面以硬地和屋面为主，绿地率低，径流控制效果差。堤岸建设以防洪和景观为目标，未考虑河岸原始生态系统和红树林的保护，导致大量硬质护岸挤占红树林生长空间，而水体污染也对红树林生长造成不利影响，生态系统遭到一定程度的破坏。

(2)水环境质量堪忧。

在水环境方面，试点区域内淡水型水体水质基本处于Ⅴ类到劣Ⅴ类(目标Ⅳ

类),海水型水体水质为Ⅳ类(目标海水川类),无法满足地表水功能目标。鸭仔塘、腊尾山塘等部分水体存在一定程度黑臭现象。通过调研分析主要存在以下五个方面的原因。一是污水处理厂处理能力不足,污水提升泵站旱季污水溢流进入水体。二是区域污染收集系统不完善。区域内合流制小区较多,现状污水干管截流倍数低,造成雨季大量合流制污水进入河道。市政管网存在雨污水混接,旱季仍有部分污水直接进入水体;雨季雨水进入污水管网,污水管网存在冒溢现象。试点区中部分城中村仍无雨污水管网,部分生活污水及雨水径流随农灌渠直接进入河道。三是城市地表径流污染未得到有效控制。四是试点区上游存在大面积农田,农业面源污染未经有效控制削减直接进入水体。五是部分水体受地形、地貌与降雨影响,各水体旱季流量小,水体自净能力弱。水体局部区域内源污染严重。

(3)水安全风险较高。

试点区内,市政雨水管网设计标准较低,大量管网设计重现期低于1年。由于三亚市台风频率高,暴雨强度大,试点区缺乏涝水行泄通道和调蓄空间,超过城市管网降雨标准的雨水无法及时排出。部分区域受山洪影响严重,山地雨水无有效截流措施及行泄通道,导致山地雨水进入城市建设区,形成局部区域内涝。部分区域地势低洼,雨水无法通过重力排出,现状雨水泵站排水能力不足。此外,对照试点目标,东河、西河上游段达不到100年一遇防洪标准。

3)海绵试点实施路径

(1)试点区海绵建设目标。

试点区域海绵城市建设综合采取“渗、滞、蓄、净、用、排”等措施,最大限度减少城市开发建设对生态环境的影响,实现“小雨不积水、大雨不内涝、水体不黑臭、热岛有缓解”。试点的总体目标:年径流总量控制率达到60%(对应的设计降雨量为25.5 mm);三亚河部分断面及抱坡溪流域达到Ⅳ类水水质标准;新建雨水管网的设计标准为2~3年一遇,重要地区为3~5年一遇;内涝防治标准为能有效应对不小于30年一遇的降雨;中心城区防洪标准为100年一遇。

(2)实施思路。

按照源头削减、过程控制、系统治理系统方法,对排水分区、现状问题、系统方案、目标可达性进行进一步梳理和分析,坚持目标导向和问题导向,充分考虑双修进展成效、棚户区/城中村改造问题,按照科学规划、近远期结合的思路,确定海绵城市试点工作思路与重点。

①“补短板”。结合城市棚户区改造和城市有机更新,大力推进市政基础设

施建设，完善试点区雨污管网和处理设施建设，同步推进实施雨污混接和雨污合流的分流改造、初期雨水面源控制等工作，提升试点区污染物收集、削减、处理能力。

②"控增量"。在新建区域和项目中严格落实海绵规划指标，落实区域雨水管理制度，落实雨水径流总量控制和面源污染控制目标。

③"去存量"。结合城市棚改和老旧小区改造等城市工作，制定老旧小区、道路等源头减排项目的海绵改造计划。在试点期间，尽可能多地完成源头低影响改造，实现"能做尽做"，减少区域径流总量，降低径流污染水平。

④"统双修、出亮点、创模式"。构建"双修＋海绵"推进模式，扩展双修项目的功能，并提高效益，通过双修构建城市绿色基础设施骨架和生态格局，通过海绵城市建设将生态功能在面上向流域和区域扩展。同时，海绵城市建设中突出重点和实效，重点实施抱坡溪流域水环境综合治理、三亚东河水环境提升等流域和区域综合项目，统筹源头、过程和末端，统筹各个职能部门，打造区域海绵城市样板，提升城市水生态和水环境质量。

(3)技术路径。

①辨别主要问题，确定建设目标。通过对现状水资源、水环境、水生态、水安全等问题进行深入现场勘查，分析试点区海绵城市建设重点解决的问题及其主要成因，以问题为导向，结合国家对三亚市海绵城市建设目标的要求，合理确定分类控制目标。

②加强规划统筹，深化顶层设计。根据试点区自然、社会条件，合理划分汇水分区，深入分析每个汇水分区的特征与问题，结合"双修"等城市基础设施更新计划，构建源头减排、过程控制、综合治理的系统化综合建设方案，综合考虑项目近远期实施条件，确定实施工程项目库。

③深化项目设计，严把施工质量。根据系统方案确定的地块/项目控制目标，综合调查项目现场情况及社会经济条件，因地制宜开展项目设计，合理选择工程措施，确定技术经济最优方案。建立设计建设审批管理流程，在可行性研究、初步设计和施工图审查中落实建设目标。施工过程中由设计和技术咨询单位进行指导与监督，确保施工质量。

④监测评估实施成效，加强设施运行维护。建立海绵城市事前、事中和事后的监测平台，利用监测和模型评估相结合的方法，评估分析设施、项目和汇水分区建设成效，校核建设目标可达性，不断完善顶层方案、项目设施设计方法和施工工法。同时，针对不同类型海绵设施建立运行维护办法，保证设施长效发挥

作用。

试点实施技术路线见图 5.4。

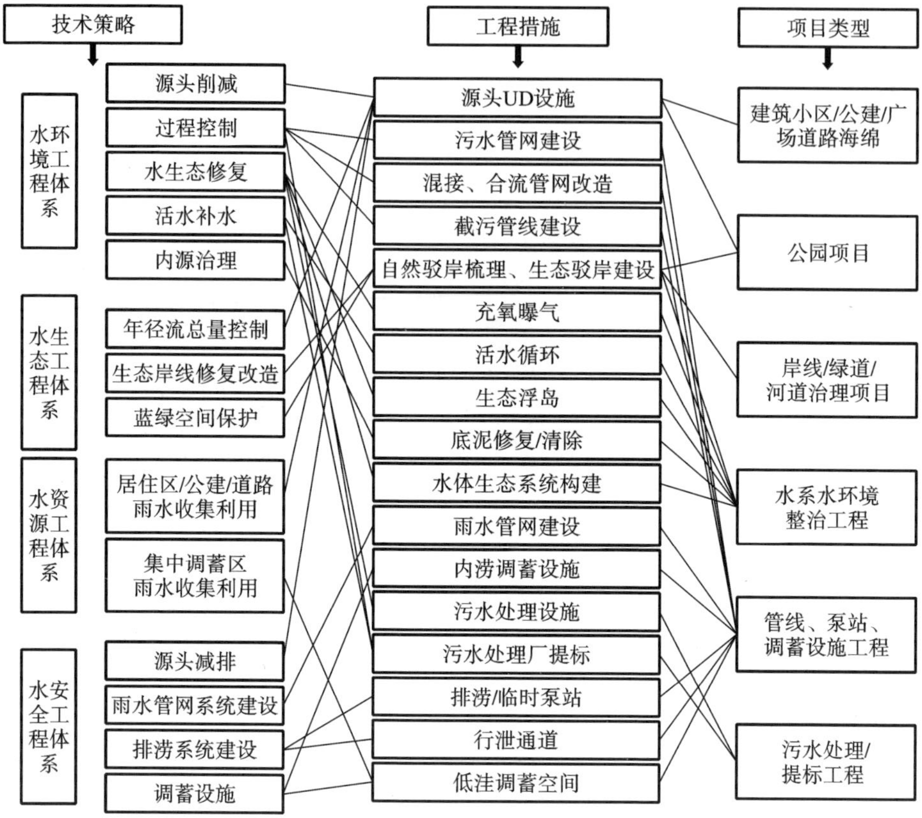

图 5.4 试点实施技术路线图

(4)实施项目内容。

三亚市按照“源头减排、过程控制、系统治理”的技术路线,在系统化顶层设计的基础上,确定了建筑小区、道路广场、绿地公园、管网厂站等类型的项目,并进行了目标可达性分析,支撑试点目标和指标的实现。

建筑小区类项目:试点区域内建筑与小区类涉及海绵化建设项目共 44 个,用地达 150.73 hm^2。优先对存在涉水问题的小区进行改造,形成集中连片示范效应,体现海绵城市建设的成效,避免海绵小区改造碎片化。对于新建、重建类项目,将地块海绵城市建设指标和要求纳入“一书两证”,确保海绵指标落地。

道路类项目:通过现场勘察,试点区域内目前可实施的市政道路类建设项目共 3 个。同时,要求新建市政道路均进行海绵化建设,并根据近期道路建设计划，新建海绵道路4条。

管网厂站项目：开展临春桥、抱坡溪、同心家园1期泵站扩容工作；提升荔枝沟污水处理厂能力，进行荔枝沟污水处理二厂建设，完成后由原30000 m^3/d提升至70000 m^3/d，解决月川片区污水处理超负荷问题，同时，提升污水厂出水标准，扩大污水再生能力，相应配套建设污水干管，新增再生水规模30000 m^3/d。普查管网雨污混接状况，累计开展60余处混接改造工作；在东岸湿地公园周边开展截污管网建设；在金鸡岭社区、市仔村、荔枝沟片区、津海建材城、师部农场等片区开展雨污分流建设；在下洋田片区、海螺片区、万人海鲜城、临春片区等片区进行合流制及初期雨水调蓄处理；试点区设合流制溢流调蓄坑塘9处，调蓄池5座，设置初雨调蓄净化坑塘1处，调蓄池6座。

公园绿地及区域综合整治项目：在现状绿地海绵建设基础上，重点对三亚河滨水区域、东岸湿地滨水区域、鹿回头区域等绿化节点进行海绵化建设，进一步完善试点区海绵建设基底，提升城市生态环境品质和安全格局。试点区内建设海绵城市公园绿地、湿地公园、水生态修复及区域综合整治项目20个。

城市水安全提升项目：新建排涝泵站1座；开展师部农场积水点等11处积水点改造项目；开展主要行洪河道10余千米疏浚工作；新建东岸湿地、抱坡溪湿地雨洪调蓄型湿地公园。

监测设备与平台项目：开展雨量、水系、排污口、汇水分区出口、项目出口、易涝点、下垫面及典型设施150余个点位的海绵监测工作，搭建智慧化海绵监测平台，为海绵实施效果评估及维护提供有力保障。

4）试点实施的初步效果

（1）小区源头改造，解决居民涉水问题，区域污染收集能力增强。通过雨污混接/分流改造、阳台排水管及雨落管改造、小区积水点改造等解决了老旧小区内部的雨季积水、污水冒溢等一系列涉水问题。雨污分流改造小区雨水管网提升到2～3年一遇标准。

（2）恢复城市生态系统，生物多样性显著增加。恢复红树林种植面积，种植小叶榕、千屈菜、梭鱼草等本地特色植物，新增绿地面积约68 hm^2，新增生态岸线约7.8 km，新增水域面积约3.5 hm^2。

（3）城市水环境质量得到提高。经过旱季排口截污，管网雨污分流、混接改造，新建雨水、污水管网，增强了管网收集能力，管网提质增效效果显现，荔枝沟污水处理厂进水化学需氧量月均浓度从2017年约150 mg/L提升到2018年约230 mg/L。目前，三亚河全段、腊尾山塘、鸭仔塘已消除黑臭现象，且水质在不断提高。图 5.5 是腊尾山塘 2017—2018 年 COD 浓度变化图。

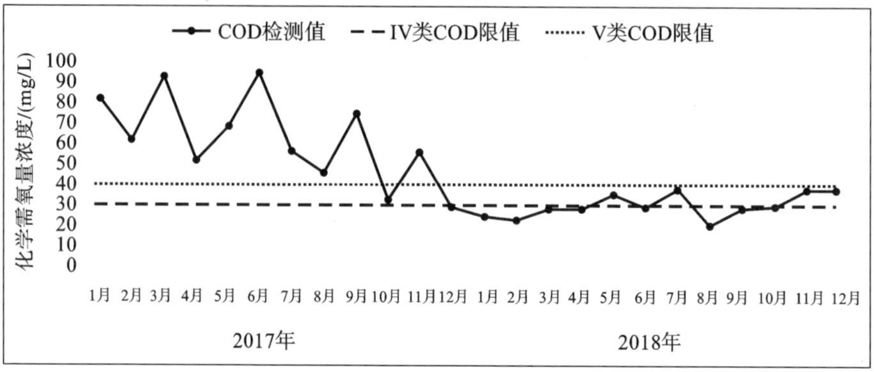

图 5.5 腊尾山塘化学需氧量浓度变化图

(4)积水排涝问题得到缓解。试点区域内的下洋田、凤凰路嘉宝花园等多处较为严重的内涝点,在 30 年一遇短历时降雨和长历时降雨下均未出现明显积水现象;在如 2018 年 7 月台风"山神"、8 月台风"贝碧嘉"等极端降雨事件下(日降水量超过 100 mm),积水较快消退,未对居民出行和安全造成影响。图 5.6 是春光路积水点在方案改造前后,30 年一遇 2 小时降雨和 24 小时降雨条件下的积水深度变化对比图。

5.3 智慧化海绵城市建设

城市化进程中,植被遭破坏、路面被混凝土硬化等现象使自然水循环过程受到阻碍,从而产生水质下降、供水不足、暴雨内涝等问题。改变传统城市建设方式,利用海绵城市"存、渗、净"的功能能够有效解决上述问题,同时,促进城市与环境的协调发展。各海绵城市试点城市在建设中取得了一些成果的同时,各种问题也暴露出来:未从本地实际情况出发,提出了不适应本地的建设目标和控制指标;出现了"建""管"失衡的问题,对工程建设的重视程度高于后期管理维护;同时部分试点城市虽然在海绵城市建设中引入了智慧城市理念,但仍只偏重于建设智能化暴雨预警、管网监控等平台,并没有联合交通、电力、水务等其他相关专业及部门建立真正意义上的智慧化海绵城市综合管控系统,海绵城市建设中各行业与部门间沟通不畅、存在业务隔阂的现象仍未得到解决。

近年来随着"智慧城市"理念的兴起以及信息技术的成熟,城市的建设与管

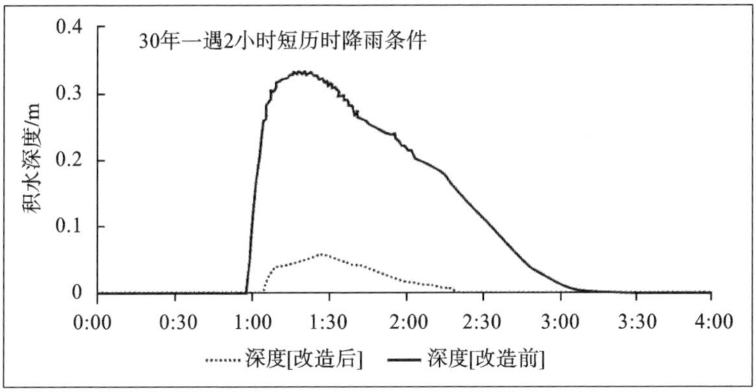

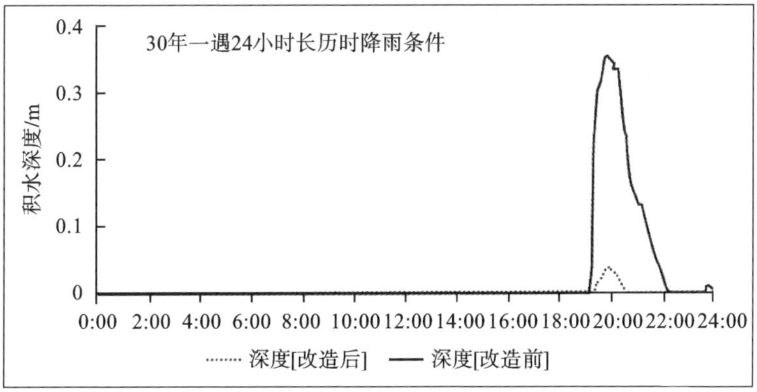

图 5.6　春光路积水点改造前后积水深度变化曲线

理模式也随之发生变化。新加坡的“智慧国”、瑞典斯德哥尔摩“智慧交通”等成功案例为智慧化海绵城市的建设与管理提供了参考，使用传感器采集降雨量、水位、流量等相关数据，并进行实时上传、筛选等处理，利用相关模型进行分析，实现内涝预警、积水点治理、海绵城市建设成果评估等功能，并进行可视化展示，使政府、企业、公民和社会都能参与其中，使海绵城市建设及运行过程中出现的问题得到及时反馈和解决，提升工作的效率和质量。

5.3.1　智慧化海绵城市概述

1. 海绵城市的概念

海绵城市，指的是建造了低影响雨水工程，能够吸纳、过滤、储存、回收利用过量雨水的城市。这类城市在发生暴雨时，对过量雨水处理的过程具有类似海绵的弹性，因此被称作海绵城市。海绵城市与低影响开发并非两个相同的概念。虽然两者具有相似的目标，采取相似措施，即地块在建设开发前后保持水文特征不变，在城市中合理建设低影响设施以削弱对水环境的不利影响，但是海绵城市不局限于建设分散的低影响设施，而是上升到对整体水文循环的保护，分级制定相应的规划措施和详细建设方法，形成完整的城市雨水管理体系。

传统的城市建设方式是粗放的，强调土地效益最大化，使用混凝土等材料大面积硬化路面，追求“更快、更多、更通畅”的雨水排放目标而采用快排模式，忽视雨水的渗透、调蓄、净化及回用，破坏了自然水文循环过程，导致雨水大量汇流至城市低洼区域，超出排水管网的排放能力，暴雨来临时极易造成城市内涝灾害，同时雨水流经路面时携带了大量溶于水的污染物及不溶于水的杂质，导致了污染的迅速扩散。

海绵城市则强调精细化设计，以未经人为干扰的自然水循环过程为参照，制定径流总量、污染控制、水资源保护等各项控制指标，摒弃以“快排”为目标的传统排水模式，通过促进雨水下渗，并对其过滤、调蓄、回用，实现补充自然水源、美化城市环境、资源化利用雨水等功能。

2. 智慧城市的概念

智慧城市在数字城市的基础上发展而来，是数字城市、物联网、云计算和智慧应用的综合，是运用 GIS(geographic information system，地理信息系统)、云计算等新一代信息技术，结合互联网、Fab Lab、Living Lab 等工具建设管理城市的新型概念，将人的智慧与计算机强大的数据处理能力相结合，整合并充分利用城市中的各类资源。智慧城市具有实时感知、信息共享、高速运算、可视化展示等特点。近年来，在“智慧城市”的基础上进一步产生了“新型智慧城市”，其具有如下四个建设重点。

(1)物联网开放体系架构。构建以“物体命名解析系统(TNS)”和物联港为核心的物联网开放体系架构，完善云平台和通信技术等，以保证数据的存储和传输。

(2)城市开放信息平台。将平台与大数据结合，建立面向不同主体、跨行业的通用服务平台，实现资源融合共享，消除信息隔离，保证数据安全。

(3)城市运行指挥中心。将城市运行中产生的各类数据实时上传，并进行筛选处理，提高其可利用价值，构建各种模型对可能出现的突发事件进行预测并提出多种模拟解决方案，完成跨部门、跨行业的协调联动，提高应急响应效率。

(4)网络空间安全体系。保证网络基础设施、各类数据库、网络传输系统的安全,防止重要信息被盗用、篡改等状况的发生。

3. 智慧化海绵城市的概念

智慧化海绵城市的概念由智慧城市的概念衍生而来,即利用物联网、云计算等技术建立覆盖这个城市的感知网络与信息化管理系统,全面、精确、实时地掌握城市雨洪管理的相关情况,对暴雨内涝、设备故障等突发状况及时响应,为海绵城市建设与管理提供信息共享、联动协同的支持,并可以对建设成果进行评估。

智慧化海绵城市的信息化管理系统应面向不同使用者提供不同的功能。对于监管部门与公众,系统的界面应简洁明了、便于操作,展示的内容应具备实时性好、准确度高、可查看性强、易于理解的特点。同时系统应具备投诉建议功能,便于问题得到及时反馈与解决。对于海绵城市各岗位工作人员,应降低系统操作需要的专业性,对于不同的岗位、角色和职责,有相应的个人工作系统,自动提供工作内容、工作建议、工作考核和工作流转,系统应起到减轻工作人员脑力和体力劳动的作用,同时能够削减重复性工作,提高事务处理效率。对于系统开发人员,智慧化海绵城市监控管理系统应当具有可开发新功能的特性,以应对海绵城市发展过程中不断出现的新问题。系统应具有兼容性,可接入第三方软硬件和应用系统,能够对外提供相应的数据服务和分析服务。需要制定统一的数据处理标准和网络协议,建设数据中心和应用(构件)中心,实现各类资源互通和共享。

4. 智慧化海绵城市的特征

智慧化海绵城市通过对海绵设施雨水出入口、建设项目排出口、排水管网关键节点等重要位置进行监测,用实际监测数据来反映海绵城市的建设成果,为城市水资源、水环境、水安全的监控改善和效果评估提供用以分析的基础,以更加精细的、动态的方式管理海绵城市,消除部门间信息不能共享、沟通不畅的现象,避免建设管理过程中的重复性工作,以提高海绵城市建设和管理效率。与传统的海绵城市相比,智慧化海绵城市具有以下特征,如表 5.4 所示。

表 5.4　传统海绵城市与智慧化海绵城市的特征比较

比较项目	传统海绵城市	智慧化海绵城市
信息的获取	信息数据收集分散、不完整,信息实时性较差	信息数据收集全面、系统,信息实时性好

续表

比较项目	传统海绵城市	智慧化海绵城市
信息的共享	各部间沟通不畅，存在信息隔离	建立统一的数据共享平台，各部门间可实现信息实时反馈
方案的制定	多根据经验进行决策，缺乏科学依据和技术支撑	云计算、GIS、水文模型等综合技术支持并可进行方案模拟运行，使决策更准确、智能
设施的维护	多依靠人力巡检，效率低下	由信息化平台实时监测设备运行状况，可及时检测故障并采取相应措施

5.3.2 智慧化海绵城市建设体系构建

1. 智慧化海绵城市建设体系构建思路

1）分析智慧化海绵城市建设影响因素

智慧化海绵城市的建设受到各种因素的影响，包括城市的地势条件及建设现状、气候及水文条件、市政排水系统现状、地面透水性及海绵工程建设现状等。

（1）地势条件及城市建设现状。地势描述了城市区域内地面高低起伏的形态，它会影响雨水在地面的汇流与聚集，进而影响低影响开发设施的建设选型、选点。分析城市地势条件对海绵城建设产生的影响时，应重点考虑高程与坡度，在山区与平原之间建立防洪系统，缓解山洪对平原地区的冲刷作用。同时可沿地势变化修建沟渠并在地势低洼区域设调蓄设施，引导径流由高处汇流入低处并最终被调蓄设施吸纳处理。城市建设现状包括各类民用建筑物、水利、电力、交通等基础设施的建设情况，城市建设现状及未来的规划都会对海绵城市的建设产生影响。建设海绵设施时应注意避免对周边建筑物及基础设施造成不利影响，同时也应当注意减少铁路、桥梁等基础设施对海绵设施调蓄效果的影响。

（2）气候及水文条件。气候条件包括气温、降水、湿度、日照等，这些因素会影响植草沟、雨水花园、生物滞留设施等低影响开发设施内的植物生长状态。建设海绵城市时，应根据本地的气候条件，因地制宜地选择植物，从而提高海绵设施对雨水的调蓄能力，降低其维护成本。水文条件包括地区内河流湖泊等水体的水位、水量、水质、汛期及补充方式等。这些因素会影响海绵城市的建设目标及设施的规模。对于降雨时空分布不均且水资源匮乏的地区，应重点考虑雨水资源化利用，针对不同地区水体的主要污染物选取对应的监测设备并采取净化处理措施。

(3)市政排水系统现状。市政排水系统包括排水渠、管网等，是海绵城市建设的基础，是径流的主要传输通道，排水系统排水能力不足时，将造成路面积水内涝。进行海绵城市建设工作时，以现状市政排水系统为基础，根据需求评估其径流传输能力，对于能力不足的渠道及管网，分析原因并进行扩建改造。

(4)地面透水性及海绵工程建设现状。地面透水性、已建成及建设中的海绵工程影响海绵城市建设的未来规划、施工进度及施工成本等。对地面透水性较差的区域，应采取地面透水铺装、建设生态树坑、增加绿地面积等措施，提高地面透水性，降低综合径流系数。同时，可在已建成的海绵工程基础上建设新工程，以达到节约成本、缩短工期的目的。

2)分析海绵城市建设现存问题

结合影响因素并与发达国家和地区较为成熟的海绵城市建设管理体系比较，分析规划区域在建设中存在的问题及需要面临的挑战，目前，我国海绵城市建设中普遍存在的问题包括以下各项。

(1)研究范围仍以城市中的某片特定区域为主，尚未形成面向整座城市的海绵城市规划建设体系。目前我国海绵城市试点多为问题较不突出的中小型城市和区域，其建设经验对暴雨内涝最为严重、水资源最为缺乏的北京、郑州、沈阳等大型城市以及其中矛盾最为集中的老城区无法产生较高的参考价值。

(2)研究内容多局限于海绵设施施工技术，尚未上升到城市整体水文循环过程的宏观层面。同时部分城市照搬其他城市的建设经验，未根据本地实际情况因地制宜地建设海绵工程，导致海绵城市建设效果不佳。

(3)重视前期规划建设工作，缺乏对后期维护管理工作的研究。海绵城市的建设工作不应当随着施工完成而结束，政府部门应当重视竣工后的项目建设成果评估与设施的运营维护，避免出现设施缺乏维护、雨水调蓄能力减弱等现象发生。

(4)智慧化海绵城市建设仍处于初级阶段。目前多数应用智慧城市理念的海绵城市试点完成的仅是水务系统信息化平台的建设，没有与电力、交通、气象部门联合形成跨部门、跨行业的综合城市信息数据库，导致在建设中仍存在信息隔离的现象，没有达到真正意义上的智慧化。

(5)关于海绵城市建设主体的协调配合研究较少，较多的是从政府的角度对海绵城市建设管理进行研究，企业、公民缺乏对海绵城市的认知，参与建设的积极性不高。

(6)建设资金筹措难度较大。海绵城市建设需要大量的资金投入,目前各地的建设投资主要来源于政府拨款,造成政府财政压力较大,同时存在工程款拨付不及时的情况,一定程度上影响到工程建设的进度与质量。

3)建设智慧化海绵工程

根据最佳管理措施、低影响开发模式及雨水利用及雨洪管理体系等理论内容,应合理划分城市建设用地、水系、绿地等空间,从雨水径流的产生源头、中间传输、末端处理等过程出发,通过建设生态树坑、植草沟、调节塘等雨水处理设施,实现对雨水的吸纳、调蓄、净化及回收利用,减少过量雨水对城市的负面影响。结合城市信息化理论,可利用传感器、互联网、大数据等信息技术采集海绵城市运行过程中产生的数据信息,并通过 GIS、SWMM 等对城市降水事件及长期的水量、水质进行模拟,并提出合理的低影响设施规划建设方案。

建设智慧化海绵工程主要包括水系、绿地、防洪排涝系统、雨水资源化利用系统等专项建设内容,以及对城市不同地块进行分类并提出相应的海绵化建设方法。可利用 SWMM 模拟出城市的水文、水力、水质模型的特征,并以此为参考,结合 GIS 技术对区域内现状河流、水渠、湖泊等水系进行梳理,修复遭到侵占和破坏的水系,提高其防洪排涝以及观赏功能。同时在对调蓄洪涝起到重要作用的水系沿岸设置具有雨洪滞留功能的大型调蓄绿地,在水位越过防洪水位警戒线时滞纳过量洪水。对于防洪排涝系统,应识别出内涝积水多发点,分析其原因并进行改造。划分不同地块类型,根据雨水在其中的汇流特征,合理布置低影响开发设施,以地块为单位处理雨水。

4)建立海绵城市实时监测管理系统

为解决海绵城市相关工作中对工程建设重视程度高于后期管理维护的问题,联合交通、电力、水务等其他相关专业及部门,实现各部门数据共享,消除其相互之间的"信息孤岛",可建设覆盖实时监测、运营调度和维护管理等多方面功能的海绵城市实时监测管理系统。

(1)在项目规划区域内需重点监控的地点安装雨量计、水位计、水质分析仪、水资源遥测终端机等智能传感器,对相关数据进行实时监测,为海绵城市暴雨内涝治理、雨水资源化利用等提供数据基础,同时能够给海绵城市建设成果提供评判依据。监测数据间需相互进行分析验证,确保其科学性和可靠性。长期不间断的检测数据可作为海绵城市规划阶段模型率定的重要基础,以及项目设计的合理依据,能够确保系统安全有效运行。

(2)建立一体化数据中心。基于大数据、云计算等技术,将传感器监测的动态数据进行整理、筛选、转换等处理,提取出有价值的信息,整合建设规划、水利、交通、电力多部门数据资源,通过信息共享、协同工作,利用可视化技术直观展示,为决策者提供参考依据,实现精确、高效、可视化、全时段、全方位覆盖的海绵城市建设管理模式。

5)提出海绵城市智慧化管理措施

根据最佳管理措施理论中的非工程性措施,即采取完善相关法律法规、提出统一的建设考评标准等措施,提升政府管理效率和公众参与的积极性,参考整体性治理理论和城市信息化理论的相关内容,结合国内外先进经验与不足,在重视海绵城市建设技术的同时,提出海绵城市的智慧化管理措施。结合目前海绵城市建设中存在的普遍问题,提出对应的智慧化管理措施。

(1)目前海绵城市建设过程中电力、水利、交通、气象等各相关部门没有形成跨部门、跨行业的综合信息数据库,导致信息隔离现象普遍存在,应成立信息共享的综合监控指挥中心,促进部门间的信息交换与沟通。

(2)目前建设中,项目申报与审批阶段仍大多采用线下方式,存在文件流转过程慢、效率低下、审批流程不透明等问题。针对这些问题,可采取建设项目线上申报与审批的方式处理。

(3)针对海绵城市相关事务处理不及时的现象,如设备故障维修速度慢、市民意见反馈响应不及时等,可利用手机 APP 实现事务移动管理,提高处理效率。

(4)目前多数海绵城市试点忽视竣工后的项目建设成果评估工作,或由于缺少数据、方法不当等导致评估结果不准确。针对这些问题,可通过传感器实时采集数据,并利用大数据、云计算等技术自动评估海绵城市建设成果。

(5)针对目前海绵城市建设资金筹集难度大、管理混乱等问题,可利用 SAP 财务模块进行规范化管理。

6)智慧化海绵城市建设体系结构图

根据上文内容,绘制出智慧化海绵城市建设体系结构图,如图 5.7 所示。从建设智慧化海绵工程、建立实时监测管理系统和提出智慧化管理措施三方面构建智慧化海绵城市建设体系。智慧化海绵工程为实时监测管理系统提供分析所需的基础数据,实时监测管理系统为智慧化管理措施提供技术支持,而智慧化管理措施在实施过程中为系统提供信息反馈。

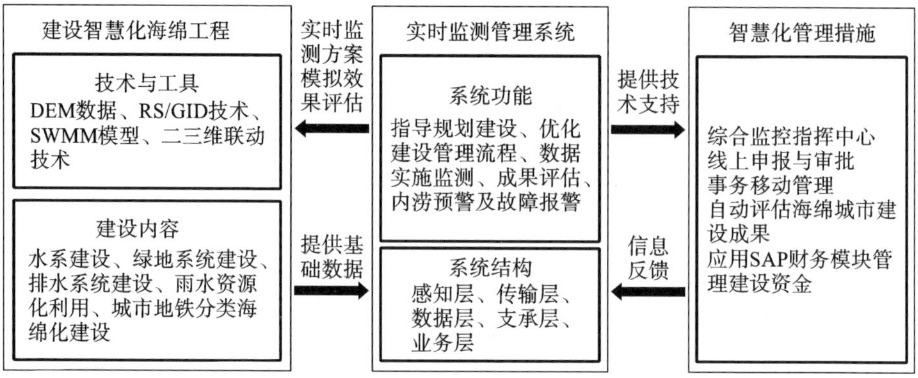

图 5.7　智慧化海绵城市建设体系结构图

2. 智慧化海绵工程专项建设方法

1)应用 DEM 数据的水系专项建设方法

河流、水渠、人工湖等径流排放通道共同组成了城市水系，应用数字高程模型(digital elevation model，DEM)数据能够对水系、子流域及其拓扑关系进行模拟和比较，构建数字流域水系，并能够通过相关软件实现可视化，对城市水系的建设工作提供准确、可靠的依据。应用 DEM 数据及相关软件的水系专项建设方法内容如下。

(1)收集城市水系资料，构建数字流域水系。应用 River Tools 软件从包含流域的栅格 DEM 数据中自动提取出水系、分水线，并生成各级水系及包括河段长度、直线坡度等信息的拓扑关系表。另外，利用 River Tools 软件的作图功能绘制包含地形、行政区划、河流名称、长度、深度、汇水面积等信息的水系图，为水系建设工作提供参考。

(2)保护并修复受损河道，打造生态型岸线。传统的城市规划建设中，河流、水渠仅用于夏季洪涝灾害多发时期的排放洪水，功能单一，因此为达到快速排放大量洪水、便于道路桥梁建设等目的，常采用将河渠变弯为直、盖板填埋、硬化护岸等手段。但这种建设方法会导致河道交汇处蓄洪空间内的水量超出其容纳能力，反而无法达到治理内涝灾害的效果。综合考虑周边地块雨水径流控制要求、城市排水防涝及景观功能，优先恢复建设城市地表径流主廊道上的水系，根据生态岸线率要求，结合城市水系现状与需求，对受破坏的岸线进行生态修复。对于生活生产区域周边的水系，通过查看软件绘制的水系图，了解河道长度、河堤坡度、硬化程度等信息，结合地块开发功能及建设形态，合理布局植被缓冲带，优先采用自然岸线，拆除河渠盖板、恢复填埋区域、降低硬化护岸率，在河流、水渠、湖泊周边设置绿地等缓冲区，降低河水流速，促进过量径流就地下渗，从而达到治理洪涝的目的。

(3)连接城市中心低影响设施与水系，构建完整水系调蓄网络。以 River Tools 绘制的叠加了地形信息的水系图为参考依据，在规模较大的水系与位于城市中心的低影响设施之间修建小型水渠、管道等末端排水通道，形成覆盖城市的水系网络，使城市海绵设施系统、市政排水系统、内涝防治系统与防洪排涝系统有效对接，减少各类涉水工程设施的布局矛盾。雨水经中心城区的低影响设施吸收、净化后进入末端排水通道，再排入河流湖泊，能够有效缓解暴雨对中心城区带来的内涝积水和污染隐患。

2)应用 RS 与 GIS 技术的绿地系统专项建设方法

绿地系统在海绵城市中发挥着重要作用，其功能包括吸收调节雨水、为生物提供栖息地、为市民提供休闲游憩场所等。应用 RS 与 GIS 技术的绿地系统专项建设方法内容如下。

(1)使用 RS 技术获取城市遥感影像图并进行几何校正、图像增强等处理，从中提取出城市现有建筑物、道路、水系、绿地等与海绵城市建设相关的各类数据，结合统计年鉴、实地考察所获取的相关信息建立城市绿地空间数据库与属性数据库，数据库包含现状绿地的布局、面积、功能、植物种类等信息。利用 GIS 技术将交通、水利、建筑等专题数据图层与绿地系统图层叠加，为绿地系统的规划建设和优化改造提供参考。

(2)根据绿地的不同类型，合理制定控制指标。城市中的绿地主要分为公园绿地、住宅区绿地、道路旁绿化带等类型，不同类型的绿地具有不同的规模、功能，应依据其不同的特点制定具有针对性的控制指标，例如下沉式绿地率及下沉深度、透水铺装率、悬浮物去除率等。径流污染较严重的地块旁的绿地，可采用初期雨水弃流设施等进行处理，在径流进入绿地前截留净化部分污染物。

(3)合理设定绿地的面积大小、形状、位置等，避免出现孤立的绿地。布局上，应考虑雨水由高到低汇流的特征，选择低洼处为调蓄绿地的建设地点，保证周边雨水顺利汇入绿地。另外，根据汇水面积的大小计算出汇入水量，确定绿地规模，同时考虑到未来周边地块的建设发展，应设计一定的预留空间。中心城区绿地应与城郊绿地互补，各个功能类型的绿地之间互相衔接。在建筑物密集区，优先选择绿地需求高的区域，将附近可利用的分散的小面积闲置用地改造为绿地供应设施。在保证交通安全与通行能力的前提下，充分利用道路绿化分隔带滞蓄和净化雨水径流。可运用 GIS、CAD 等软件将规划的绿地建设图与现状绿地图进行整合，分析规划方案的合理性。

(4)注重绿地建设的时序性。根据建设区域的基础条件与需求情况，划定先后顺序。优先建设中心城区内涝矛盾集中、绿地需求高的区域。其次，以郊区已有绿地为基础，建设大型湿地公园、自然保护区，改善城市生态的同时，为城市居民提供郊游休闲的场所。

(5)绿地植被选择。结合当地气候、土壤等条件，下沉绿地选取耐涝、有一定净化作用的本土植物，通过合理设置绿地下沉深度和溢流口高度，提高调蓄能力，发挥绿地最佳的生态功能和景观效果。可利用 GIS 技术的光线、气候、植物生长模拟功能对绿地的植被选择方案进行模拟预测以及优化改进。

3)应用 GIS 与 SWMM 的排水系统专项建设方法

在城市内涝治理系统建设时，应明确内涝治理的重点，构建完整的径流排放通道，制定雨水回收利用方案。应用 GIS 与 SWMM 的排水系统专项建设方法内容如下。

(1)划分汇水区，建立 SWMM 排水系统模型。首先以 DEM 数据为基础分析径流流向，使用 BASINS 工具获得自然汇水区，然后使用泰森多边形工具根据节点与汇水区一一对应的原则将自然汇水区进一步划分为子汇水区，最后使用 GIS 工具的删改、合并等功能将子汇水区调整后建立 SWMM 模型。另外，需要提取相关属性数据输入 SWMM 模型以支持相关计算和模拟等操作。对于管道对象，由管道图层提取管道长度、直径、起止点埋深等属性数据；对于管道与节点的拓扑关系，由管道和节点图层提取起点编号、止点编号和节点编号等属性数据；对于节点对象，由节点图层和 DEM 数据提取节点埋深和地面高程等属性数据；对于汇水区与节点拓扑关系，由节点图形和 DEM 数据提取节点编号、径流流向等属性数据；对于汇水区对象，由 DEM 数据和土地利用图提取坡度、不透水区域比例等属性数据。

(2)明确内涝治理的重点区域。根据 SWMM 模型对地表产流及汇流的模拟结果，结合对城市内涝多发区进行实地踏勘与调查结果，识别出内涝的关键节点并根据其严重程度进行等级划分，分析引发内涝的原因，并根据内涝严重程度以及形成原因确定改造顺序和方案。

(3)在现有水系的基础上建设排水通道。河流水系是城市中过量雨水、生活废水等的最终排入区，因此应围绕城市中已存在的水系，根据 SWMM 模拟的汇水区径流流向，建设泄洪通道网络，与河渠交叉的道路采用上跨处理，代替传统盖板、填埋的建设方式，以保证其具有足够的接收、排放雨水的能力。

(4)重视老城区排水系统的改造建设。老城区基础设施老化、内涝矛盾集中、改造难度较大。对于棚户区改造、旧房回迁等工程，可将 AutoCAD 管网图转换为 ArcGIS 文件，利用 ArcGIS 软件配置各相关属性数据，然后以 SWMM 模型文件的格式导出，通过 SWMM 模型中的输送模块和扩展输送模块模拟计算排水系统流量，对无法满足目前排水要求的雨水管道进行更换，在必要位置增设泵站，疏通恢复被堵塞、填埋的排水沟渠。进行道路改造、建设轨道交通时，应注意避免阻断排水通道的现象发生。

4)应用 SWMM 模型的雨水资源化利用专项建设方法

应用 SWMM 模型可以完整地模拟城市雨水径流的产生及流动过程，为雨水的资源化利用提供参考依据。SWMM 模型从整个降雨过程中扣除填洼损失，同时通过霍顿模型、格林-安普特模型或 SCS 模型计算出下渗损失并扣除，得到地表产流量，再通过联立求解曼宁公式和连续性方程计算出地表汇流量。根据地表产流量、汇流量及汇流路径，选取合适位置设置雨水罐等雨水存储回用设施，对超标雨水回收利用，用于补充地下水、养护花草、工地降尘等，解决过量雨水溢流导致城市内涝问题的同时，缓解城市供水压力。

合理的雨水汇流路径能够为海绵城市后续功能的发挥提供充足保障，本书针对城市中不同类型地块的特征对雨水在其中的汇流路径进行了设计。

(1)建筑地块。建筑地块在城市总面积中占比最多，大量无法被就地吸纳的雨水径流主要来源于此。可将由不透水材料建造的传统屋面改造为绿色屋顶，通过种植在屋面的植物截留雨水并初步过滤其中杂质，经建筑物外墙设置的雨水管进入地表及地下排水设施，最终进入雨水罐、下沉式绿地等终端雨水调蓄设施。另外，终端雨水调蓄设施还应当连接至河流、湖泊等调节能力较强的天然水体，将过量雨水排入其中，避免溢流现象发生。建筑地块主要雨水汇流路径如图 5.8 所示。

(2)城市道路。城市道路采用沥青、混凝土等材料进行硬化处理，雨水无法下渗，同时由于路面高度普遍低于周边地块，导致周边不透水地面的雨水汇集于路面形成径流。道路网络覆盖城市各处，可将其作为过量雨水排放的通道，连接各低影响设施。路面径流一部分经道路旁的边沟进入终端调蓄设施，另一部分通过路面排水口经管渠进入终端调蓄设施。

由于人流、车流量大，雨水流经路面后含有大量不可溶解的杂质及污染物，

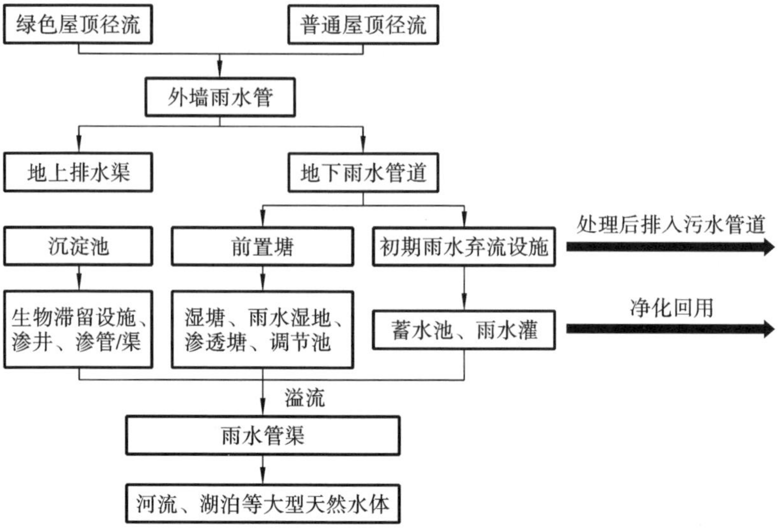

图 5.8　建筑地块主要雨水汇流路径

应在道路和绿化带之间、排水口前设置截污设施，对进入绿地的径流进行初步过滤处理。降雨初期污染物含量较高的雨水以及冬季含大量融雪剂的雪水应排入污水管网，污染物含量较低的径流经沉淀池、前置塘等净化处理后排入终端调蓄设施以及天然水体。城市道路主要雨水汇流路径如图 5.9 所示。

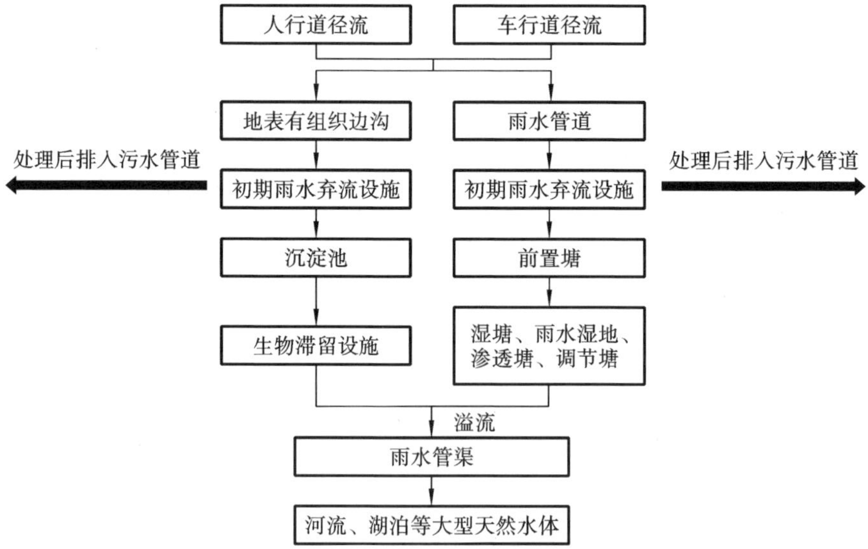

图 5.9　城市道路主要雨水汇流路径

(3)城市绿地。绿地自身具有良好的渗透能力，其内部通常不会形成大量积水，少量积水可通过地表有组织汇流进入调蓄设施。绿地作为不透水地面与调蓄设施之间的缓冲区，其中的径流主要来自周边地块。周边区域形成的径流一部分通过雨水管渠直接排入终端调蓄设施，另一部分进入绿地，再由植草沟等进入调蓄设施和天然水体。城市绿地主要雨水汇流路径如图 5.10 所示。

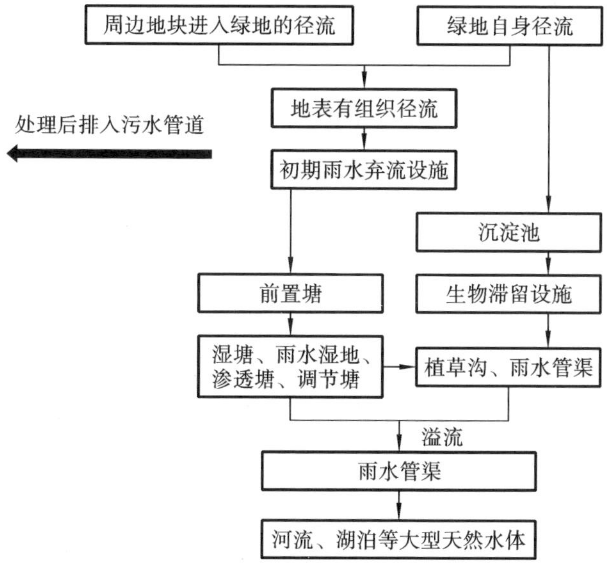

图 5.10　城市绿地主要雨水汇流路径

5)应用二三维联动技术的城市地块分类海绵化建设方法

二三维联动包括二维联动三维和三维联动二维。二维联动三维时，通过缩放操作定位二维地图中某一点位并将其视点高度赋予三维地图；三维联动二维时，通过计算三维地图中的显示比例从而确定某一点位在二维地图中的显示层级。应用二三维联动技术能够实现某一区域二维视图与三维视图同步显示。将以 shp 格式存储的海绵城市建设区域的道路、绿地、排水系统等相关业务数据转换格式并叠加至相应的三维实景模型上，使用相关软件实现建设区域各类信息的可视化显示。二三维联动显示综合了二维和三维地图的优势。二维地图数据量小，通过放大、缩小等操作能够快速定位目标区域，且能够宏观展示该区域内及其周边区域与海绵城市建设相关的信息，三维实景模型较好地还原目标区域的真实状况并对二维地图中无法展示的信息进行补充。

进行不同类型地块的海绵化建设时，可在二维地图中划分出不同地块的位置及区域范围，测量计算其中现状建筑物、绿地的面积，针对不同情况拟定初步的海绵化建设方案。之后使用关联的三维地图通过移动、缩放、旋转等操作全方位精细查看实景模型，对二维地图中无法展示的信息进行分析，如地面坡度、建筑物立面雨水管道设置方式、高架式及下穿式道路的建设状况等，进一步设计出详细的海绵化建设方案，包括海绵设施的类型、位置及径流的传输路线和雨水的最终处理方式。

3.海绵城市实时监测管理系统

1)系统主要功能

海绵城市实时监测管理系统应具备指导海绵城市规划建设、优化建设管理流程、实时监测各类数据、考核评估海绵城市建设成果、内涝预警及故障报警等功能。

(1)指导海绵城市规划建设。系统利用 GIS 技术，根据城市实体空间建立数字空间模型，搭建水文、水力、水质模型，对各重点区域的海绵城市建设进行科学指导。利用相关电脑软件的计算、模拟功能，对水系、绿地、防洪排涝系统等低影响开发设施的建设位置、规模等以及雨水的汇集、排放、积存情况进行模拟及可视化演示，评估其效果并进行优化。参考已建成、具有代表性并能够稳定运行的项目的在线监测数据，对新建项目进行模拟，制定并优化设计方案。选取试点区内典型的项目及低影响开发设施，对其运行效果进行长期监测、分析规律，结合人工检测的数据成果，为植物的净化效果、生长状态以及渗透铺装设施的衰减规律等提供实验基础，使方案设计单位得到适合本地的相关参数，用以制定海绵工程建造方案。另外，对海绵城市从立项到施工完成，最后到使用养护的全过程进行实时监测并收集使用者的反馈信息，反推其建设指标和目标的可达性，动态调整项目管控指标和建设计划，探索海绵城市建设的长效管理机制。

(2)优化海绵城市建设管理流程。系统应能够提供线上申报及审批功能，各相关方在系统中进行项目的申报、立项、审查及批准等工作，并上传相关资料，减少不必要的流程，缩短文件线下流转所耗费的时间，使审批工作透明化。系统应能够提供移动管理功能，通过手机 APP 等及时接收项目申请、系统故障等通知信息并进行相应处理，提高事务处理效率。系统还应提供信息发布与反馈功能，实时发布相关信息并接收各相关方的建议反馈，以便及时对海绵城市建设工作中出现的问题进行调整改进。

(3)实时监测各类数据。系统应能实时监测低影响雨水处理全过程和海绵设施的运行状态，通过在道路积水多发点、管网关键节点及排出口前端安装监测设备，对雨量、液位、流量、水质、海绵设施内植物生长状况等数据进行实时采集，从而实现对暴雨洪涝、雨污混接、污水溢流、夜间偷排和城市面源污染控制的监控管理。另外，对主要水体进行自动化水质监测的同时应辅以人工水质监测，以提高监测数据的准确性。部分情况下，远程监测无法完全替代现场监测，例如对绿色屋顶、生物滞留设施等以植物为主体的海绵设施进行监测时，仅依靠红外摄像机等可视化监控设备无法完全获取植物生长状况的真实信息，需要定期派专业工作人员进行现场巡查。针对不同的监控对象和监控条件，制定不同的监控方案，如分时段监控、感应监控等。智慧海绵城市监控管理系统需要针对不同情况，给出最合适的设备监控方案，在保证监控范围最广、数据最精准的前提下，使设备的安装运行成本和能耗降到最低，且当某一监控方案失效时，能启动备用方案继续运行，提高系统的可靠性。

(4)考核评估海绵城市建设成果。系统应能够对海量数据进行分类采集和统计分析，并参照《海绵城市建设绩效评价与考核办法(试行)》中的相关要求对海绵城市的建设成果进行评估。考核评估指标分为水生态、水环境、水资源、水安全等方面，同时对关键性指标，如年径流总量控制率、城市面源污染、城市热岛效应、水环境质量、城市暴雨内涝灾害等进行定量化考核，构建科学系统的考核评估指标体系。以排口、管道流量、液位数据，河道断面水质，雨水回收利用率等一系列数据为基础，对远距离监测点采用智能设备自动收集上传数据的方式，对设备采集效果不好的监测点辅以人工实地踏勘、记录数据并上传的方式，客观评估海绵城市实施效果。

(5)内涝预警及故障报警功能。针对目前城市暴雨内涝频发，严重危害市民生命财产安全这一状况，智慧化海绵城市应具备内涝预警功能。通过对降雨、排水系统数据进行长期不间断的监测，分析其中的规律，科学评估内涝可能发生的风险及具体位置，提出应对策略并构建模型进行模拟运行，最终得出最优解决方案。系统结合气象预报及实时监测数据，预测地面积水的情况并通过 GIS 等技术可视化展示在监控平台上，支持交通、防汛等相关部门提前进行暴雨的预防调度，并在重大气象灾害来临前，确定最优的应急处置方案，并对事件发展进行跟踪。同时，系统可通过微信、微博等第三方软件向市民推送基于位置服务的城市内涝预警，以降低灾害带来的损失。系统还应具备故障报警功能，在最短的时间内发现故障、分析故障原因，指导工作人员及时维修设备并使其恢复正常，将故障可能造成的影响降至最低。

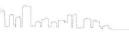

2)系统结构

智慧化海绵城市实时监控管理系统分为五个层次,包括感知层、传输层、数据层、支撑层和业务层,如图 5.11 所示。

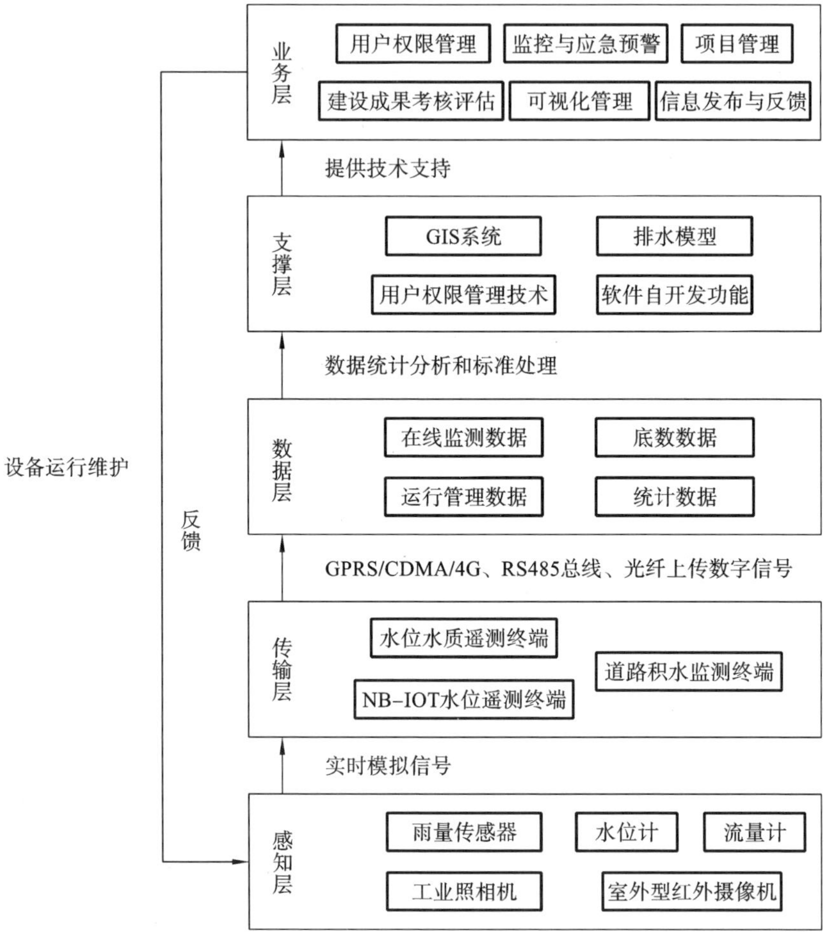

图 5.11　智慧化海绵城市监控管理系统结构图

感知层位于整个模型的最底层,是其他上级层次的基础,由分布在各个低影响设施中的传感设备组成,其主要承担的职责是采集实时信息。

传输层包括前端监测设备和通信网络两部分。前端设备采集到的相关数据通过网络进行传输和共享,常用的网络包括 GPRS 网络、Zigbee 网络等,主要由运营商提供,具有无须自行建网和维护的优点,降低建设成本的同时提高了网络运行维护的专业性。特定环境下使用行业局域网,如政府相关部门内部网络,避免了重要数据通过外部网络传输时发生泄露、被篡改等情况，保护信息安全。目前智慧城市的建设致力于无线传感网络和无线城市的发展，物联网技术、5 G 网络也可作为海绵设施监测管理系统中传输层的应用方式。

系统中的数据层是对项目建设所需的各类数据进行统一的存储、数据统计分析和标准化处理，为上层业务集成与应用提供完整的数据分析依据。针对数据充分共享的需要，数据层应具有的功能及特征包括：具备统一的数据共享发布平台入口，能够实现登录信息验证和数据加密；有标准的系统平台对接接口编码库，建立标准的空间数据共享存取方式；通过系统级别的对接，建立智慧海绵城市数据库与其他部门业务平台的对接接口，实现不同系统间的数据实时传输和更新；具有良好的开放性，可进一步将其他数据资源进行整合和共享；具有良好的扩展性，可针对多平台进行系统对接和数据共享传输。

支撑层为业务层的运行提供支持，主要包括 GIS 系统、排水模型系统、用户权限管理技术、软件自开发功能等。GIS 系统可对具备空间信息的复杂数据进行管理和可视化效果展示。排水模型系统可对海绵城市的建设效果进行评估，通过模型结合气象预报对内涝风险进行预警。用户权限管理系统实现对软件系统整体运行环境、初始化配置、角色权限等的统一管理，对不同部门、职责的用户分配不同权限，控制对资源的浏览和修改等，规范管理制度和各项流程，维护系统的安全性和稳定性。软件自开发功能能够为系统管理人员提供开发工具，针对系统运行过程中出现的问题，注入修改补丁以及开发新的功能。

业务层位于智慧化海绵城市监控管理系统的最上层，向用户提供相关业务功能。在支撑层的基础上，业务层与数据层之间直接进行数据交换。业务层支持多种用户设备的接入和访问，也提供系统开发 API(applicatioin programming interface，应用程序接口)库和系统管理工具，方便对该层中各子系统进行管理和维护。业务层支持第三方系统接入，第三方系统可以通过业务层从数据层获取系统数据，也可以向系统推送外部数据。业务层包括大屏幕监控显示、综合评价、监控维护、信息公开发布与反馈四个子系统，如图 5.12 所示。

4. 海绵城市智慧化管理措施

1)成立信息共享的综合监控指挥中心

海绵城市建设工作综合性极强，涉及部门众多，各部门均有面向内部的网络及专项数据库，且多数信息具有保密性，无法通过外部网络获取，加大了各部门之间信息及时交换的难度，进而影响海绵城市建设工作的顺利进行。为解决这

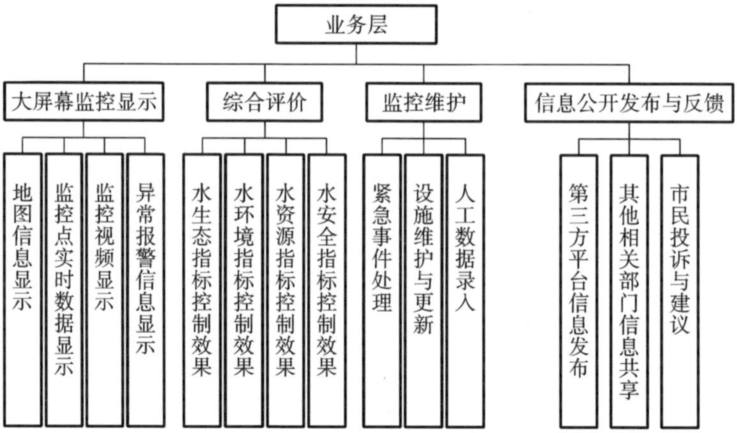

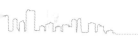

图 5.12　业务层结构图

一问题，可借助大数据、云平台等技术，成立信息共享的海绵城市综合监控指挥中心，连通各部门的内部网络及专项数据库，在保证信息安全的前提下实现数据共享。当出现某一问题需要多个部门协同解决时，指挥中心能够及时将问题反馈给各相关部门，各部门通过即时数据共享，获取所需要的信息，实现快速响应，联动办公。海绵城市综合监控指挥中心下设办公室，人员覆盖财政、规划、水利、交通、城管和建设等部门，保障海绵城市建设管理工作组织协调、项目验收、督查考核、数据监测、后期维护等工作专业高效地开展。应强化各主要部门的职责分工，其中财政部门的主要工作内容包括海绵城市建设资金的筹措与管理；建设部门主要工作内容包括监督各项要求在规划及具体建设项目中落实；水利部门主要工作内容包括试点区内水系保护、河道清淤和生态驳岸改造工程，增强城市防洪能力；发展改革部门主要对海绵城市项目立项工作进行审批；国土资源部门对项目建设用地进行规划和审批；气象部门主要负责气象预报工作并提供相关气象资料。

同时，成立综合监控指挥中心，实施统一管理，进一步完善相关的法规、规范和技术标准，适时进行管理体制调整，降低城市海绵改造的阻力。另外，可成立智慧化海绵城市专家委员会，为海绵城市建设管理过程中各个环节的开展提供专业技术支持，并定期开展相关人员专业技能培训，提升智慧化海绵城市建设管理技术水平。

2)采用线上申报与审批方式

在项目的审批阶段，采用线上申报与审批的方式代替传统的线下方式，相关单位根据要求将需要提供的资料上传至系统中，审批部门根据标准对所上传的资料进行逐一核查，返回未通过审批的项目申请单，对不符合要求的地方进行批注并说明原因，通过该项审批的申请单按流程转入下一步骤，直至审批结束。整个申请与审批过程均应标准化、透明化，系统应显示申请单的整个审批流程，包括申请单的流转状态、审批部门及审批人员、不合格原因等信息。

(1)用地选址阶段。海绵城市建设管理指导机构需要把项目与海绵城市建设总体规划对接的要求明确写入建设项目选址意见书。同时设计方需通过GIS、SWMM等软件对场地进行影响评价模拟，对相关指标数值在海绵城市建设总体规划指标要求范围内的项目予以签字，确认立项。

(2)土地出让阶段。海绵城市建设管理指导机构应将海绵城市建设相关要求明确写入建设用地划拨决定书及土地使用权出让合同，在建设管理要求中明确该地块应与海绵城市建设总体规划对接。海绵设施用地多占用城市总体规划中公园绿地、防护绿地、生态用地及附属绿地，但由于大多数城市现状用地与规划用地差距较大，需腾退部分建设用地以保障海绵设施及海绵系统的完整性。改造中需协调国土资源部门、城市规划部门、园林绿化部门、住建部门等，保证海绵城市规划区域海绵系统的落实。海绵城市建设要充分依托和利用现有设施，结合道路交通、农林水利、绿色长廊、环境整治、园林绿化等工程，最大限度利用现有绿地及现有建设用地内的附属绿地。鼓励调动民众的积极性，自下而上推动海绵城市建设。

(3)签发建设用地规划许可证阶段。海绵城市建设管理指导机构应将海绵城市建设相关指标作为设计要点明确写入建设用地规划许可签发标准，明确建设单位应完成的所在区域海绵城市建设指标体系。项目单位持项目批准文件和用地预审意见向规划部门提出建设用地规划许可申请。海绵城市建设小组相关部门依据控制性详细规划核定建设用地的位置、面积、允许建设的范围、海绵城市建设控制指标，核发建设用地规划许可证，提供规划条件。

(4)签发建设工程许可证阶段。该阶段海绵城市建设管理指导机构应根据设计报批文件，主要包括总平面图、目标或设施能力核算表等，审核海绵城市建设工程是否达标，达标后核发建设工程许可证，并将需做出修正的内容列入建设工程方案设计核查意见。

3)使用手机APP实现事务移动管理

建设智慧化海绵城市的目的之一就是实时获取可能发生的各类信息并对需要处理的事务进行及时响应，但是相关工作人员在出差期间、开会途中常常无法处理工作内容。利用手机APP实现办公事务的移动管理，能够充分利用差旅、会议途中的时间处理公务，同时，在下班时间或休假期间出现紧急情况时，相关人员也能及时收到通知并采取措施。针对决策人员与执行人员两个视角，APP应分为移动督办系统和移动处置系统。

移动督办系统是供决策者使用的专用移动办公工具，可通过无线通信网进行线上办公。海绵城市建设运行中发生的重大问题的相关信息可通过无线网络发送至移动监督终端，同时根据紧急程度按不同的优先级别进行推送，决策者可查看事件的基本信息、图像或视频资料、发生地点等，并根据权限发送事件处置指令以及对相关申请进行核查审批，批示内容通过网络直接进入系统进行储存备份，同时反馈给实际操作人员。另外，海绵城市建设运行中发生问题的统计信息也可通过无线网络实时传递到移动督办终端，决策者可全面了解各类问题的数量、解决情况、事件多发原因等宏观信息，为其决策提供参考基础。系统使用者包括监控指挥中心领导和委办局领导，不同级别决策者所拥有的查看权限不同，监控指挥中心领导可查看区域层面的急件、要件、督办件以及多角度统计信息，委办局领导可查看本部门业务范围内的急件、要件、督办件以及本部门负责内容的统计信息。

移动处置系统是供专业部门处置人员使用的移动办公应用系统。通过该系统，操作人员能够及时接收指令，在系统中能够查询事件的基本信息、指导意见、图像信息等资料，通过在线填写报表和拍照等方式记录事件的处理过程，现场问题处置完毕后，将处理结果反馈给指挥中心。

系统应基于Android及ios平台开发，支持目前国内主流智能手机机型，同时支持GSM、TD-SCDMA、WCDMA以及CMDA2000网络，具有良好的适应性和可移植性。系统设计应符合办公习惯，各项功能设计直观醒目，能够提供自然流畅的办公体验。

具体功能设计包括：①接收、处理系统中各类事件，包括上报、审批、流转、撤销等操作；②显示事件详细信息，包括位置、图像、产生原因、处理人员及流程等；③快捷信息显示、事件发生提醒、操作帮助、资料自动保存更新等其他功能。

4）结合多源数据自动评估海绵城市建设成果

基于数据层提供的实时监测数据，并以第三方平台数据为辅助，如城市红外遥感温度数据、饮用水水源地水质数据、污水处理厂再生水水质数据等，根据已录入系统的考核标准自动对相关指标进行评估，并通过图形化、表格化的形式直观地输出评估结果以及未达标的原因。

以《海绵城市建设绩效评价与考核办法(试行)》为依据,建立了包括水生态、水环境、水资源、水安全为主的 4 个一级指标和 11 个二级指标的综合评价指标体系,如图 5.13 所示。

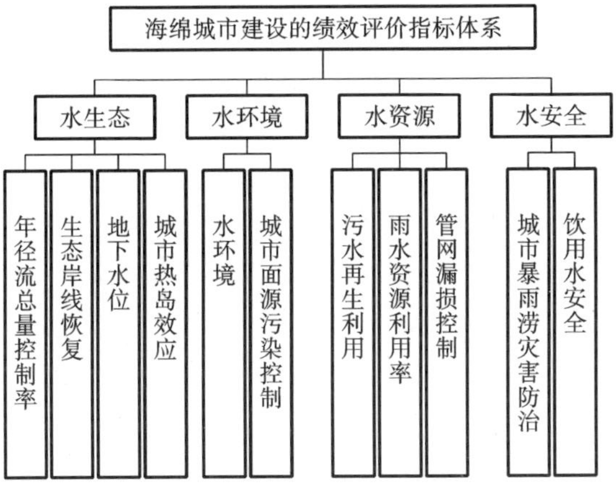

图 5.13　海绵城市建设绩效评价指标体系

监测考核主要分为径流控制考核、水质考核、内涝考核三部分。在各试点项目及排水关键性节点附近设置监测点,若在上位指标控制的年径流总量控制率对应设计降雨量下,各地块理论上无径流产生,即出流量不大于 0.1 m^3/s,视为通过径流控制考核。在重要排水节点处设计监测断面,对监测断面主要水质指标(COD/TP/DO/NH_3-N)进行监测,若主要水质指标应达到或优于地表Ⅳ类水质,且全年达标天数不少于 300 天,视为通过水质考核。对关键路面节点及以往内涝点附近积水进行监测,排涝考核的通过标准为在 30 年一遇 24 h 降雨下,积水深度不超过 15 cm,且积水时间不超过 30 min。

对于无法通过感应器、摄像机等实时监测设备进行自动监控并评估的指标,可通过人工抽查考评方式进行评估。检查点由系统随机抽选,保证考评结果的真实性、公平性,并制定以月、年为节点的定期总结制度,建立抽查、评估、汇总、反馈、改进的闭环流程。抽查方式包括样本检查、随机抽查和专项检查。

(1)样本检查。根据考核的内容,选择具有代表性的样本库,经过计算确定所需抽取的样本大小,由系统生成样本及相关指标的调查表,核对无误后,将考核任务发送给执行人员。

(2)随机抽查。根据检查内容,由计算机随机抽取检查点及数量,自动生成考核列表,确认无误后下发给考评人员。

(3)专项检查。该方式用于对海绵城市中某些专项内容的检查,如某区域雨水花园植物生长状况调查,确定检查内容及范围,由系统生成样本及相关指标的调查表,核对无误后,将考核任务发送给执行人员。

5)应用 SAP 财务模块管理建设资金

目前许多企业使用 SAP 系统进行财务工作的管理,海绵城市建设也可参考相关经验,使用 SAP 系统中的财务模块对相关事务进行管理,确保海绵城市的资金管理工作有序进行。

使用 SAP 财务模块整合、归并专项资金,对市财政现有"涉水"资金——水环境整治专项资金、地方水利建设资金、环境保护专项资金、排污权交易资金等进行有效整合,用于海绵城市建设工作。同时将海绵城市建设项目所涉及的信息通过统驭科目和财务科目集成在一套系统中,包括项目物料及人力费用、物料使用情况、可使用资金等信息,当其中一个信息发生变化时,其他所有相关信息将根据设定好的程序发生相应变化,如新的项目审批通过并进入建设阶段后,导入所有需要的物料及人力信息,系统将自动查询可使用库存并扣除相应数量库存,若库存不足,将产生新的订单并计算所需资金,扣除相应数目的存量资金。这一过程能够有效减少数据输入的工作量,同时提高了信息的实时性,有效保证项目建设、资源消耗与财务的成本平衡。

当出现异常情况时,可使用系统根据物料成本报告、财务凭证、发票及采购单对异常状况进行跟踪分析,有效保障资金安全。

使用 SAP 财务模块进行项目应付账款管理时,对于政府采购的设施,可采取发票、到货及订单三方校验的方式进行支付,对于工程款的结算,可根据工期、质量等标准进行支付,如与要求不符,将自动冻结付款。系统还能够根据历史案例自动生成城市规划付款建议书。

海绵城市建设中涉及对固定资产的管理,使用 SAP 财务模块进行完整的固定资产生命周期管理,自动按不同的成本中心计提折旧,真实反映固定资产折旧成本,另外还可使用固定资产自动折旧和模拟折旧功能。

海绵城市建设中有许多部门参与,各部门的费用管理是一项庞杂的工作。使用 SAP 财务模块将各部门设置为不同的成本中心并按层次结构管理,在管理期初制定费用计划,期中收集信息并控制成本,期末使用系统的标准报表对成本中心的成本按历史同期、月份、季度和年度进行比较分析,并将计划的费用与实际的费用进行比较,从而优化存量资金结构,清理和压缩一般性支出,如政府部门人员因公出国(境)经费、公务车购置及运行费、公务招待费,将清理和压缩的财政资金用于海绵城市建设。

SAP 财务模块还可进行建设项目成本的核算和分析，对已经竣工交付项目的工程量，人、材、机费用，工期等进行差异分析，模拟新建项目的成本。

5.4　海绵城市项目管理

5.4.1　海绵城市项目的特点分析

海绵城市建设方式重在低影响开发，因而与传统城市建设有很大不同，主要表现在以下几个方面。

(1)政策的导向性。“海绵城市”概念一经提出，即受到有关部门的高度重视，国务院办公厅、住房和城乡建设部等单位先后发布相关政策和技术指导。从传统的粗放式经济增长方式向绿色经济增长方式转变，各级政府选择相关基础设施建设的方式也会随之发生相应调整，适应基础设施建设的新的管理模式也会随着相关政策导向而产生变化。

(2)项目参与方的复杂性。海绵城市建设过程长，参与方多，如建设业主、政府、规划设计方、施工方、材料设备供应商、物业管理、民众、媒体等，都在有形或无形之中参与海绵城市的建设。在城市建设新区规划设计阶段，海绵城市的用地范围、空间边界会产生各利益方博弈的情况，这是因为在征集有关部门和利益相关者意见的过程中必然产生意见分歧；同时在城市老城区的海绵城市改造过程中，涉及对原有管网(灰色排水设施)功能提标，以及“海绵体”与“灰色体”的结合施工，这是否会影响到民众的正常生产和生活、民众支持程度的高低，都对海绵城市建设带来了复杂性。

(3)技术的革新性。海绵城市建设包括雨洪管理、生态防洪、水质净化、地下水补充、棕地修复等，从水安全格局到水生态基础设施，它不仅维护了城市雨涝调蓄、水源保护和涵养、雨污净化、土壤净化等重要的水生态过程，而且它是可以在空间上被科学辨识并落地操作的。在这一尺度对应的则是一系列的水生态基础设施建设技术的集成，包括保护自然的最小干预技术、生态系统服务仿生修复技术等，这些技术的研究重点在于如何改变传统的市政、园林景观设计方法，采用新的设计理念让水生态的系统功能发挥出来。这些技术涉及面广，从设计院、施工单位、物业管理的角度都需要用到很多以往没用过的方法、技术，甚至颠覆传统工艺技术,技术的复杂程度显著提高。

(4)市场规模大,初始成本高。海绵城市建设在我国尚处于起步阶段,市场前景广,政府激励程度大,鼓励性、政策性资金投资大,因此未来一段时间必然有大量相关项目及企业涌入,市场规模将会逐渐扩大。同时在海绵城市的全生命周期建设中,初始投资成本高,但在运营维护阶段成本大幅下降,从国外已经建成的海绵城市项目来看,道路透水铺装、生物滞留设施需要更多的植物、土壤和微生物系统滞蓄,附加项目多,前期投资大,但在场地准备、土方工程、临时防腐等方面由于对生态环境的影响低,开发力度小,这些成本会随之下降。

5.4.2 海绵城市全生命周期项目管理模式

针对海绵城市特点,从项目概念阶段到规划设计、建造阶段,到运维、拆除回收阶段,应当充分考虑各方利益,实现全过程管理。但建设业主对于非自建自用海绵城市项目的全寿命周期项目管理意识不足,加之基础设施项目投资回收期长、运维效率低,使得业主几乎不可能参与项目全寿命周期的管理;同时,在进行基础设施建设时民众参与程度不高,使用者感受及需求未能全部或者及时传达到有关各方,相互之间的意见的传导速度慢且不易协调。因此,要实现多方参与、全过程的项目管理模式,政府的参与、引导和监督必不可少。又由于海绵城市分为城市建筑与小区、道路、绿地与广场、水系低影响开发雨水系统建设项目,建筑与小区类项目建设业主多为有相关管理经验的开发商,在建设全寿命周期中具备相关建设管理能力,因此除此类项目外,需要专业的海绵城市管理方在一个管理平台上来协调各方,在项目全寿命周期内全程参与和管理海绵城市的建设;同时,应加强媒体舆论监督机制,约束监督各方行为。这一管理模式可以概括为"一平台,两物联,五阶段,多参与",指围绕海绵城市项目建立云平台,将有关各方纳入云平台中,由海绵城市管理方来设计各方数据接口及数据可见范围,选择部分或全部信息供利益相关方查看,建设工作各参与方可在云平台上直接管理和协调,利用物联网技术在各类海绵城市建设项目上安装数据传导装置(传感器),将其与平台管理数据库连接起来,实现高效的建设及运维管理,在项目概念阶段、规划设计阶段、施工阶段、运维阶段、拆除回收阶段实现有关各方全程参与,数据叠合、共享的项目管理模式,如图 5.14 所示。在这个过程中,政府重在引导和提供政策支持,而海绵城市管理方负责协调有关各方,履行项目监督职能,建立长久有效的海绵城市平台数据库以及绩效评价机制。

根据海绵城市建设全寿命周期项目管理模式,结合其建设全寿命周期的 5

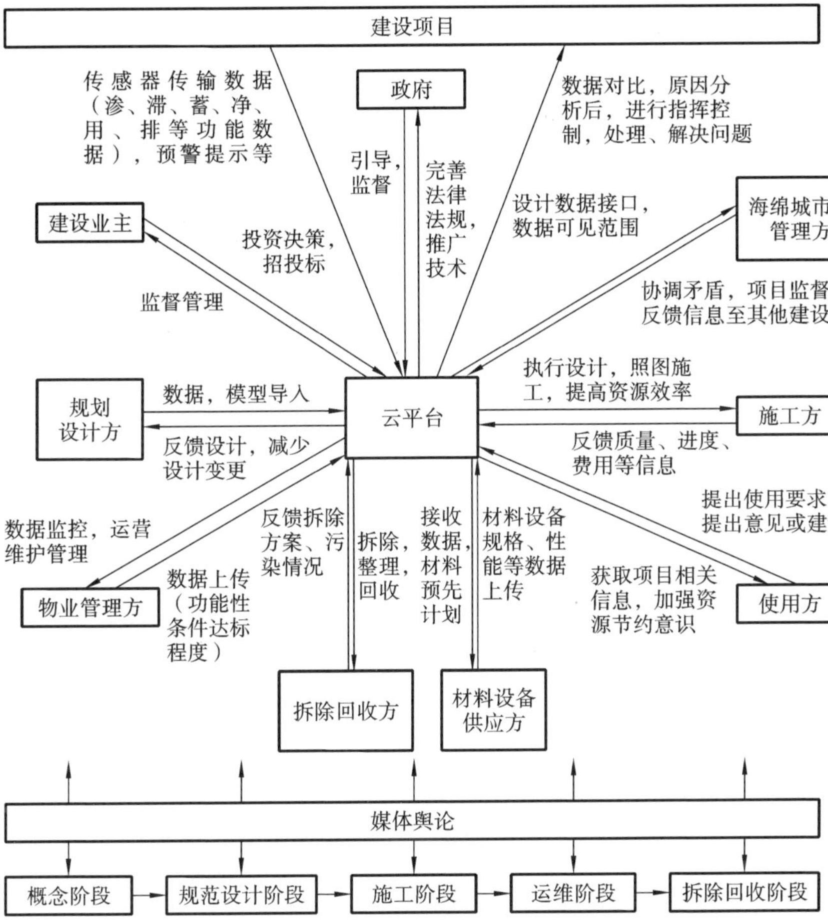

图 5.14　海绵城市建设全寿命周期项目管理模式

个阶段，每个阶段涉及的主要参与方不同，其相互作用机理不同，涉及的因素也有差异，因此对各个阶段进行系统分析，借助 Vensim 软件分析建立项目利益相关方因果关系图。

1. 项目概念阶段

在建设项目前期，政府和相关部门、企业要转变传统粗放式经济增长模式，政府引导并提供政策支持；建设单位提出项目目标，广泛征集民众（使用方）对海绵城市建设的意见及建议，由海绵城市管理方进行项目可行性调研，从技术、经济、管理、社会影响等多方面对海绵城市建设项目进行综合评价，确立项目目标管理体系及基础数据库。此阶段各相关方的因果动态关系如图 5.15 所示。

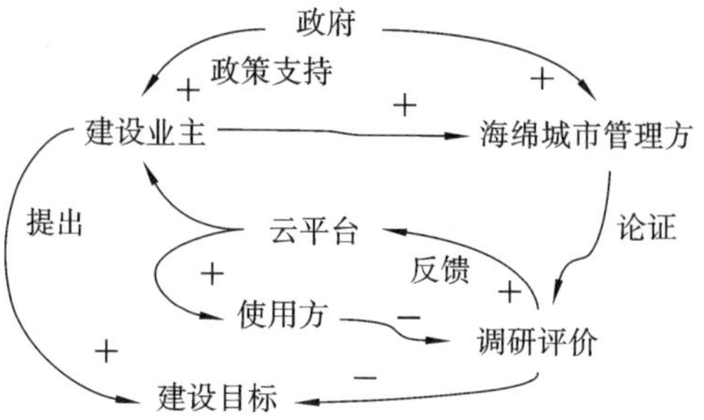

图 5.15　海绵城市建设概念阶段相关方因果动态关系

2. 项目规划设计阶段

海绵城市建设在城市总体规划、控制性详细规划、专项规划、修建性详细规划等方面应结合当地水文及地理环境，达到渗、滞、蓄、净、用、排的要求，从资源利用、防灾减灾、生态保护等方面进行综合考虑。首先，在规划目标上，从径流总量、径流峰值、径流污染、雨水资源化利用几个指标中合理选择一个或多个指标作为规划控制目标。如透水路面，不能仅仅停留在面层，而要综合考虑基层、底基层的透水功能，结合国家标准及各省、区、市颁布的相应标准和规范，真正将海绵城市建设设计落到实处。其次，对新建设的项目与原有基础设施的相互配合、衔接进行严格把控，并将相关模型及数据上传到云平台供各方参考，不断完善和修正，避免后期设计变更造成不必要的损失和浪费，力求在规划设计阶段对各方提出的要求进行综合分析，实现在建设前期的主动控制。这是一个动态反馈、不断修正的过程，各相关方的因果动态关系如图 5.16 所示。

3. 项目施工阶段

项目施工阶段是海绵城市建设项目转变成实体的阶段，应严格按照设计图纸、施工合同进行施工，实时实地将海绵城市建设情况通过数据传输上传到云平台，方便建设业主、管理方对项目建设情况进行把控，同时也有助于规划设计方了解建设项目与原有设计的异同，材料设备供应商可以对施工所需原料设备进行预判，制订有效的供应计划。此阶段各相关方的因果动态关系如图 5.17 所示。

4. 项目运维阶段

项目运维阶段是检验海绵城市建设实施效果的重要阶段，在前期设计、施工

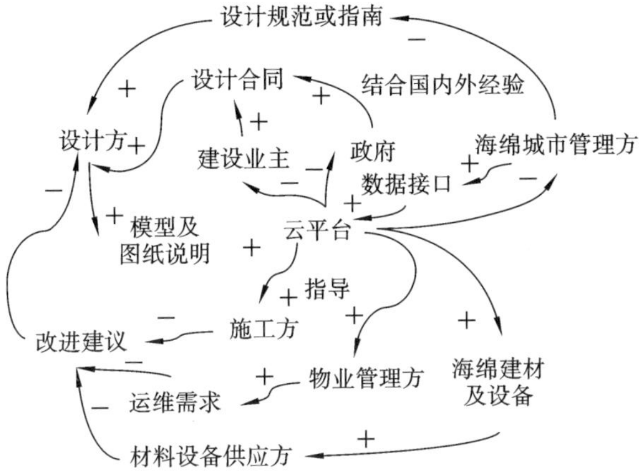

图 5.16　海绵城市建设规划设计阶段相关方因果动态关系

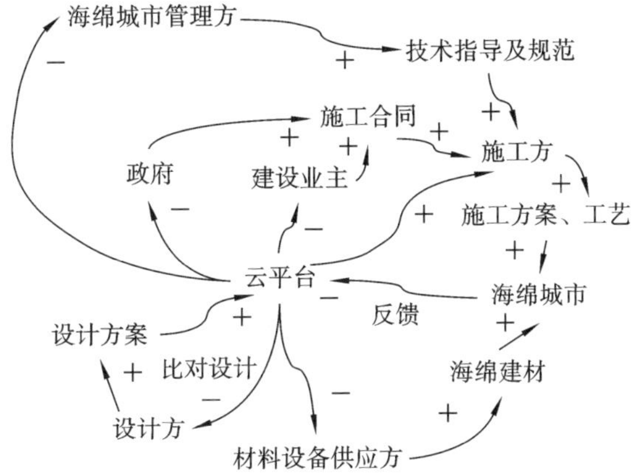

图 5.17　海绵城市建设施工阶段相关方因果动态关系

阶段建立的前期数据之下，由政府引导，物业管理方进行数据收集整理，对海绵城市建设运营实施全方位监控及监督，将数据定期传导至云平台，确保项目正常运行。此时的海绵城市管理方在实际管理中起主导作用，对项目数据库进行系统管理，并及时反馈到其他海绵城市项目建设中，指导其建设。此阶段各相关方的因果动态关系如图 5.18 所示。

5. 项目拆除回收阶段

当建筑物或构筑物使用年限届满，或建筑构件、材料设备报废时，建筑物或构筑物便整体或部分进入拆除回收期。项目业主应在综合考虑经济、环境等影

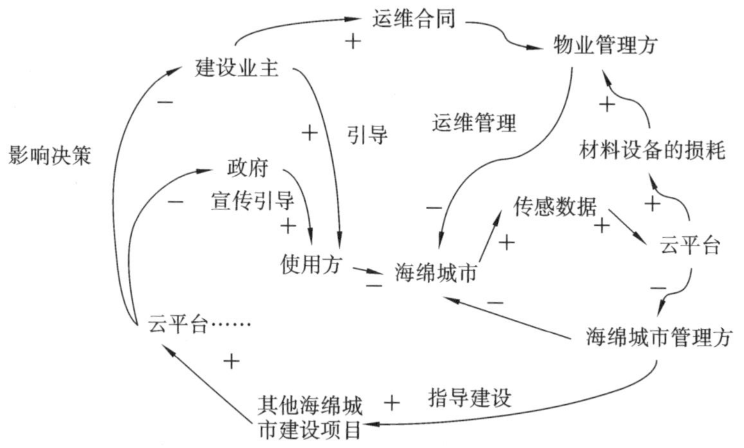

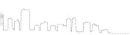

图 5.18　海绵城市建设运维阶段相关方因果动态关系

响的情况下选择专业的拆除机构开展拆除工作；海绵城市管理方将整个建设项目全生命周期中项目数据的变化进行统计分析，进一步加强相关数据库的完整性，完善项目后评价工作，并将信息及时反馈至政府或有关管理部门，促进相关政策、法律法规的完善。此阶段各相关方的因果动态关系如图 5.19 所示。

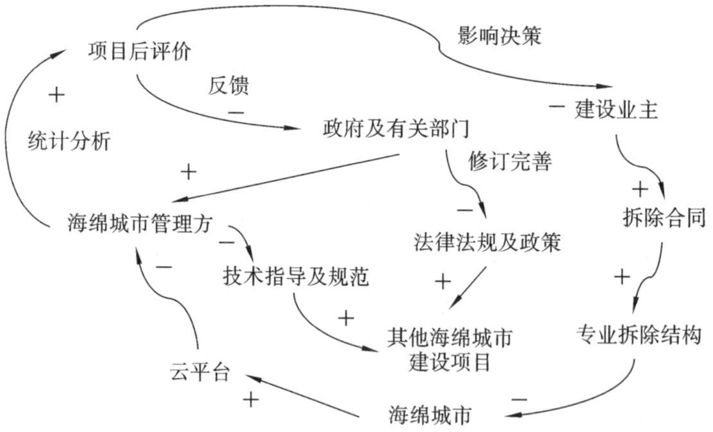

图 5.19　海绵城市建设拆除回收阶段相关方因果动态关系

第6章 城市水利现代化管理

6.1 水利现代化

6.1.1 中国式水利现代化内涵

现代化是世界性潮流，实现现代化是各国人民的共同向往。《中共中央关于党的百年奋斗重大成就和历史经验的决议》明确提出了“中国式现代化道路”的重大战略命题，这是一条不同于传统意义上即西方资本主义现代化的发展道路，是在汲取西方现代化的发展经验和中华文化优秀成果基础上形成的、具有中国精神和时代特色的现代化道路。中国式现代化道路需要各个领域、各个行业现代化的支撑和保障。水利现代化是中国式现代化的重要组成部分，是全面建设社会主义现代化国家的基础、命脉和保障。对于具有几千年治水史的中华民族而言，实现中国式水利现代化对于中国式现代化的意义尤为重大。虽然关于水利现代化的理论和实践探索在21世纪初已有相关进展，在水利现代化的概念内涵、基本特征、指标体系等方面形成一定成果，但当时的研究主要参照和借鉴了西方的水利现代化模式和经验来摹画中国的水利现代化，西方特点体现较多，中国特色体现不足。进入新时代，中国的水利发展取得了举世瞩目的巨大成就，给进一步探索中国式水利现代化道路提供了充足的现实条件和经验借鉴。站在开启全面建设社会主义现代化国家新征程的历史起点上，需要与时俱进准确把握中国式水利现代化内涵特征。

1. 中国式水利现代化的历史逻辑、现实逻辑、理论逻辑和国际逻辑

中国式水利现代化需要从多维视角来综合认识和把握。关键在于抓住“中国”“水利”等关键词，基于悠久历史形成的特有治水文化、基于当今时代展现的特定治水历程、基于国情水情带来的特殊人水矛盾、基于他国实践总结的宝贵经验教训4个维度的逻辑，即从历史逻辑、现实逻辑、理论逻辑、国际逻辑4个维度

来把握中国式水利现代化的丰富、独特、深厚的内涵要义。

1)从中华悠久治水史的历史逻辑视角来看

中华民族五千年文明史积淀和形成的治水理念和工程遗产,为中国式水利现代化建设提供了深厚的历史经验。中国式现代化,不同于西方国家在“批判”和“否定”中世纪愚昧基础上开创,而是从数千年中华优秀传统文化积淀的基础上革故鼎新发展起来的,这种发展模式必然带来对于历史的传承和发扬。水利更为显著地表现出这一特点,一部中华文明史,某种意义上就是一部治水史。中华民族有着善于治水的优良传统,管仲有言“善治国者,必先除其五害,五害之属,水为最大”,兴水利、除水害历来是治国安邦的大事。在几千年治水实践中积累沉淀了丰富的经验和智慧,形成了一系列广为流传的人水理念,甚至于把人水理念融入政治、社会、文化等方方面面,“上善若水”“水能载舟亦能覆舟”内化于中华民族重和谐、重民本的核心价值理念之中。此外,历代治水大师带领百姓,创造性地建设了至今仍在发挥作用的水利工程。都江堰、京杭大运河等工程所蕴含的对于水文规律的认识、对于治水理念的理解,至今仍熠熠生辉。所以说,中国式水利现代化,是在中华民族悠久灿烂的治水历史基础上的现代化,是丰厚历史积淀在新时代的继承发展而形成的现代化,是传承至今、历久弥新的治水文化和治水理念涵养下的现代化,这些是不同于西方水利现代化、甚至不同于中国式现代化在其他领域的显著特点之一。

2)从水利发展重大成就的现实逻辑视角来看

中华人民共和国成立以来,党团结和带领全国人民开展了波澜壮阔的水利建设,水利面貌发生了翻天覆地的变化。大体来看,水利现代化发展历经了四个阶段。

第一阶段,20 世纪 50 年代到 60 年代。这一阶段主要是工程水利阶段,在主要的大江大河修建了一批重要的水利水电工程,取得了明显的除害兴利效益,有力促进了经济社会发展。

第二阶段,20 世纪 80 年代到 90 年代初。这一阶段主要是资源水利阶段,逐步从以工程为主转向资源配置为主,以江河流域为单元开展了较为系统的治理和开发,江河防洪、调蓄、供水能力显著提高。

第三阶段,20 世纪 90 年代初至 21 世纪初。这一阶段主要是民生水利阶段,更加重视水利对于民生保障的作用,把水资源开发、防洪调蓄、水生态保护等内容更多地与保障和改善民生相结合。

第四阶段，党的十八大召开之后。这一阶段水利改革发展进入新时代，以习近平为核心的党中央更加重视水安全保障工作，提出了“节水优先、空间均衡、系统治理、两手发力”的治水思路，形成了以水安全保障为核心，坚持工程建设和制度建设相配套的水利现代化建设道路。

水利现代化建设取得了重大成就：我们建立了世界上规模最为宏大的水利基础设施体系，三峡水库高峡出平湖，南水北调纵贯 4 大江河，一个个“大国重器”拔地而起，各类水库从 70 年前的 1200 多座增加到近 10 万座，总库容从 200 多亿立方米增加到近 9000 亿立方米；5 级以上江河堤防超过 30 万千米，是中华人民共和国成立之初的 7 倍多；农田有效灌溉面积由 2.4 亿亩增长到近 11 亿亩，灌溉面积位居世界第一；累计解决了 5.2 亿农村居民和 4700 多万农村学校师生的饮水安全问题，提升了 2 亿多农村人口的供水保障水平。这些措施有力保障了大江大河安全，把人民群众从饱受水灾之苦蹂躏的日子中彻底解放出来；数亿亩农田从“靠天吃饭”变成“旱涝保收”，让中国人的饭碗能够牢牢端在自己手上。水利现代化建设越来越体现在保障民生、保障共同富裕等方面。70 多年来水利建设历程所取得的伟大成就，为中国式水利现代化建设奠定了重要的现实基础。

3)从特殊水情特点的理论逻辑视角来看

中国特殊的水情特点以及复杂多变的水文情势，是中国式水利现代化必须遵循的客观规律。“善治水者，因势利导”，治水不同于其他要素的治理，其具有特殊性。这种特殊性一方面表现为水文循环的复杂性、随机性、关联性，来水过程的不确定性，难以采用一种固定的、确定的治理手段和标准；作为陆生生态系统最为重要的基础性、支撑性的生态要素，水与土、林、草等生态要素相互结合，所以治水必然要与治山、治林等相互联系。这种特殊性另一方面在于我国特殊的水情，地处欧亚大陆东端，特殊的气候模式和独特的地形地貌，使得我国的水情远比世界其他国家复杂。人多水少、水资源时空分布不均是我国的基本水情，水资源总量列世界第 5 位，但人均水资源量约 2100 m^3，仅为世界平均水平的 28%。受季风气候和地形的影响，我国降水空间分布十分不均匀，南北方、东西部、山丘平原差别很大；同时我国不同地区的降水年内年际分配极不均匀，南北方大部分地区多年平均连续最大 4 个月降水多出现在 6—9 月，北方河流年径流量极值比可达 10 以上；而英国、法国、西班牙等西方发达国家受温带海洋性气候影响，全年降水较多，降水量季节分配较均匀。这些特殊复杂性结合在一起，给我国的治水带来的先天挑战，是中国推进水利现代化不得不面对的客观情况。

推进中国式水利现代化，必须要遵循治水的客观规律和中国的实际水情，坚持科学治水、系统治水，始终把治水摆在系统的视角，才能探索出一条符合中国的水利现代化道路。

4)从西方国家水利现代化正反经验的国际逻辑视角来看

西方国家的水利现代化探索的成功经验和失败教训，为中国式水利现代化提供了经验借鉴和反思案例。类似于中国现代化建设以西方现代化为借鉴，中国式水利现代化的探索，一开始也是以西方国家的水利现代化作为模板和蓝图来参考的。西方国家的水利现代化伴随着资本主义现代化的全过程，肇始于19世纪，基本完成于20世纪中后叶，大致历经4个阶段：第一阶段是以单目标开发为主的水利建设时期，到20世纪初基本结束；第二阶段是以多目标开发为主的大规模水利建设时期，开始于20世纪初到20世纪50年代；第三阶段是以现代水管理为中心的综合治理时期，集中在20世纪60—70年代；第四阶段是可持续发展时期。通过总结西方国家的水利现代化探索，可以看到，水利始终作为西方国家国民经济的重要组成部分发挥着重要的支撑与保障作用，它不断吸收最新的科学技术成果进行提升改造，随着经济社会的不断发展而发展。水利现代化的主要特点是治水思路现代化、基础设施与装备现代化、科学技术现代化、水管理现代化。在借鉴西方国家水利现代化的经验中也要看到，西方文明中的主客对立的哲学观，以及资本主义发展中固有的对资源无限掠夺的特点，也给西方水利现代化带来不少问题。例如苏联在中亚过度发展灌溉导致的咸海生态危机、美国加州调水导致的旧金山湾水质恶化和海水入侵问题、澳大利亚雪山工程因对生态影响估计不足而导致水源区斯诺伊河出现严重生态危机、“20世纪十大环境公害事件”中的水污染事件等。这些反面教材也给中国提供了重要的反思案例，提醒我们不能一味照搬西方水利现代化的模式，必须结合中国发展阶段和禀赋条件，走出一条中国式水利现代化的道路。

2. 中国式水利现代化的内涵要义

综合历史逻辑、现实逻辑、理论逻辑和国际逻辑来看，中国式水利现代化是具有以下丰富内涵的现代化。

(1)文化层面，中国式水利现代化是传承悠久治水历史的现代化。几千年中华文明的治水史，是我们在新时代推进中国式水利现代化的重要基础。一方面，悠久的治水史给水利现代化提供了丰富的正面和反面教材，都江堰、郑国渠、京杭大运河等水利工程无不体现古人天人合一、遵循规律的治水智慧，而古时延安、唐时关中的治水教训也殷鉴不远。另一方面，治国必治水，作为世界四大古老文明唯一延绵未断的中华文明，悠久的治水史给水利现代化打下深深的中国烙印。

(2)理念层面，中国式水利现代化是秉持人水和谐理念下的现代化。在天人合一理念下，人水和谐的理念早已内化于水利建设的方方面面，在工程建设上，处理好开源和节流、存量和增量、时间和空间的关系，平衡好经济社会发展和生态环境保护对于水的不同需求；在制度建设上，从水资源开发利用为主向节水优先转变，更加强调洪水风险管理、强化防汛调度与洪水资源化，注重发挥大自然的自我修复能力，更加强调水生态制度建设、水生态红线约束、空间管控、休养生息。以此原则为指导，走出一条不同于西方国家人与自然对立，而是以改造自然、征服自然为理念的现代化道路。

(3)现实层面，中国式水利现代化是应对特殊水情社情下的现代化。特殊的水情、巨大的人口、发展需求、保护的压力，加之气候变化带来的不确定性增加，这些外部条件交织下给水利现代化提出了历史性的挑战。破解水利变革发展中的不平衡、不协调、不可持续问题，充分保障经济社会发展对于水安全的需求，充分做好应对水风险带来的灾害影响，不追求所谓的绝对安全的现代化，走出一条发展与安全相协调的水利现代化道路。

(4)方法层面，中国式水利现代化是坚持系统治水要求下的现代化。中国式水利现代化，不是“头疼医头、脚疼医脚”的技术主义现代化，而是坚持“山水林田湖草沙”系统治理下的现代化。随着科技快速发展和社会不断进步，我国水利建设具有越来越强的综合性、动态性和系统性，突出表现在空间范围越来越大、涉及要素越来越多、层次结构越来越复杂、结果和影响越来越广泛和深远。始终把治水和其他要素治理、把治水和经济社会发展及生态文明建设统筹起来，以水安全为统领，走系统治水、综合治水的现代化道路。

(5)目标层面，中国式水利现代化是有力保障共同富裕下的现代化。共同富裕是中国式现代化重要标志，作为重要的组成部分，中国式水利现代化必然要有力保障共同富裕。这种保障，体现在水利基本公共服务的均等化，流域间、区域间享受防洪安全、供水安全和生态安全的公平性与合理性，经济社会发展的公平性基本得到保障，城市农村、东部西部不同人群享受同等水利公共服务。始终把人民群众最关心、最直接、最现实的水问题作为水利现代化发展出发点和落脚点。

(6)措施层面，中国式水利现代化是水工程制度文化融合的现代化。水利工程的现代化是水利现代化的基础。水利工程的数量、规模、布局和运行均满足现代化发展要求，全方位提供防洪安全、供水安全、粮食安全、水生态安全保障，强有力支撑中国式现代化建设。在工程现代化的基础上，需要有治水制度的现代化和水文化的现代化相互补充。治水制度可以有效规范人的涉水行为，水文化可以潜移默化人的爱水意识，只有工程、制度、文化三位一体的现代化，才是完善的水利现代化。

中国式水利现代化逻辑层次如图 6.1 所示。

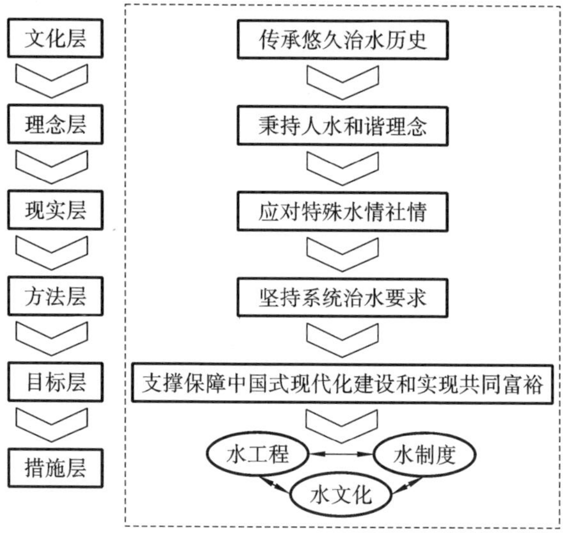

图 6.1　中国式水利现代化逻辑层次

因此可以认为，中国式水利现代化，就是根植于数千年中国治水历史基础上，针对中国特有的水情条件，以人水和谐为理念，以系统治水为主线，以水安全保障为目标，水工程、水制度、水文化等多元一体的，为中国式现代化建设和实现共同富裕提供坚强有力支撑保障的水利发展模式和过程。

中国式水利现代化建设具有其他国家没有的巨大优势和重要基础：习近平总书记关于治水的重要指示和党中央、国务院作出的重要决策部署，为推动中国式水利现代化提供了根本政治保障；国家经济实力和综合国力日益增强，为推动中国式水利现代化提供了重要物质基础；中华民族有着善于治水的优良传统，积淀了丰富经验和文化底蕴，现代治水技术总体步入世界先进行列，为推动中国式水利现代化提供了扎实支撑；全社会对水利发展高度关注，水安全风险意识不断增强，为推动中国式水利现代化提供了良好社会氛围。

6.1.2　新时代推进中国式水利现代化战略思路

中国式水利现代化将伴随着中国式现代化建设的全过程，是一个水利高质量发展和国家现代化建设相互融合、共同促进的交互过程，是一个理论问题，更是一个实践问题。新时代全面推进中国式水利现代化建设，必须强化“五个坚持”的战略思路，努力实现理念、工程、制度、文化等多维协同发展的水利现代化。

1. 坚持党对治水工作的领导，始终发挥集中力量办大事的政治优势，确保中国式水利现代化行稳致远

党的十九届六中全会指出，党和人民百年奋斗，书写了中华民族几千年历史上最恢宏的史诗。新中国水利发展史是百年党史的重要组成部分，坚持党对一切工作的领导，包括对水利现代化工作的领导，这是党的百年奋斗历史经验的第一条。中华人民共和国成立以来，党领导人民开展了波澜壮阔的水利建设，建成三峡等各类水库近 10 万座，总库容 9300 多亿立方米，5 级及以上堤防超过 32 万千米，各类引调水工程 120 多项，建成了世界上数量最多、规模最大、受益人口最广的水利基础设施体系。历史已经无数次证明，在中国这样一个地广人众、水情复杂的国家搞水利建设，必须集中力量。三峡工程、南水北调等中国式水利现代化的标志性工程，都是在党中央的决策下，发挥集中力量办大事的政治优势才得以建成并发挥重大效益的。要坚持党的集中统一领导，始终发挥集中力量办大事的政治优势，持续推进国家水网等新时代决定水利现代化的重大战略性工程建设，确保中国式水利现代化行稳致远。

2. 坚持以人民为中心，始终把解决人民群众最关心、最直接、最现实的水问题，作为推进水利现代化的出发点和落脚点

治水历来关涉民生。党的十八大以来，以习近平同志为核心的党中央提出以人民为中心的发展思想，坚持一切为了人民、一切依靠人民。2019 年 9 月 18 日，习近平总书记在黄河流域生态保护和高质量发展座谈会发出了“让黄河成为造福人民的幸福河”的伟大号召，充分体现了习近平总书记始终把人民放在心中最重要的位置、把人民对美好生活向往的需求作为奋斗目标的核心价值理念。

坚持以人民为中心，要把人民群众最关心、最直接、最现实的水安全问题，始终作为水利现代化建设的出发点和落脚点，实现好、维护好、发展好最广大人民的根本利益，把以人民为中心的理念贯穿水利现代化建设的全过程，着力解决水灾害、水资源、水生态、水环境等水安全问题，把持续供给更加优质、更加丰富、更可持续的水生态环境产品作为新时代水利现代化建设的重要目标，始终不忘水利现代化的“人民本色”。

3. 坚持守正创新，把传承好悠久治水历史形成的治水经验和开创好新时代治水格局统筹起来

中国悠久的治水历史和中华民族数千年的治水文化，是新时代推进水利现代化的重要历史经验和文化积淀。从春秋战国时期的淮河流域的芍陂、岷江的都江堰工程、沟通江淮和黄淮地区的邗沟和鸿沟运河工程、黄河堤防工程以及后来的京杭大运河等都是中华民族治水史上的杰作。随着经济社会发展，对于治水的要求虽然不断提高，但是水的本质规律和治水的基本策略，不会随着人的主观意志而变化。这就要坚持守正创新，在传承悠久治水历史形成的治水经验基础上，处理好治水基本规律的相对不变和人民群众对于水安全保障要求的与时俱进之间的关系，坚持守正创新，系统总结我国的水情特点和治水经验，科学地分析新时代治水矛盾和要求的新变化，科学吸收、借鉴国内外一切优秀的治水经验，开创新时代水利现代化新格局。

4. 坚持用系统思维解决水问题，始终站在山水林田湖草沙生命共同体角度统筹推进水利现代化建设

水的循环流动性、功能多样性，决定了山水林田湖草沙各个要素之间是普遍联系、不可分割的统一整体。当前我国新老水问题复杂交织，一些地区江河治理系统性考虑不足、各要素统筹不够，“就水论水”现象依然存在，治理措施单一割裂，导致难以标本兼治，治理效果不佳。全国水土流失量大面广、局部地区严重的状况没有改变，水土流失面积仍超过国土面积的 1/4；北方部分地区水土资源长期开发利用过度，导致河流断流、湖泊萎缩、地下水超采等一系列问题，2000 年以来超过 110 条河流出现不同程度的断流现象；全国地下水超采区面积约 29 万平方千米，年均超采量约 160 亿立方米。必须坚持系统观念治水兴水，以流域为单元，统筹山水林田湖草沙各要素治理，围绕水源涵养能力提升、水土流失防治、河湖生态廊道建设、河口生态保护修复等方面进行系统治理。坚持从系统视角治水兴水，要更加注重水文化发展，把水文化提高到中国式水利现代化的重要组成的高度来看待，在传承传统水文化的基础上，不断与时俱进，发扬建设新时代水文化。

5. 坚持底线思维和风险意识，统筹好发展和安全，把防范化解水风险作为水利现代化的重要任务

当前我国约 60%的国土面积受到洪涝灾害威胁，防洪体系存在突出短板和薄弱环节，全国近 70%的城市群、90%以上的能源基地、65%的粮食主产区面临水资源短缺的问题，673 座建制市还有 30%左右城市缺少应急备用水源，遇特殊干旱缺乏有效应对措施，加之全球气候变化的持续影响，水安全风险进一步加剧。必须要坚持底线思维和风险意识，防范水灾害风险，按照“两个坚持”“三个转变”的原则，把防范供水安全风险、水生态安全风险、工程安全风险等作为水利现代化建设的重要任务。在防范供水安全风险方面，要针对特大干旱以及水污染、大面积停水等事件，进一步提高应对能力；在防范水生态安全风险方面，要重点加强对水域萎缩、地下水超采、水体污染、水土流失等水生态安全问题的分析应对；在防范工程安全风险方面，要加强工程安全监测监控和隐患排查，对溃坝溃堤、恐怖袭击、战争等突发事件完善处置预案。“五个坚持”战略思路中，坚持党对治水工作的领导是核心，是确保中国式水利现代化的最大优势；坚持以人民为中心是主线，是确保中国式水利现代化永远造福于人民的根本保障；坚持守正创新是原则，是把握中国式水利现代化正确方向的科学指引；坚持系统治水兴水是法，是统筹推进中国式水利现代化建设的根本遵循；坚持底线思维和风险意识是保障，是确保中国式水利现代化稳步推进的红线底线。“五个坚持”是相互联系、相互促进、辩证统一的整体，对于新时代中国式水利现代化的探索实践具有重要指导意义。

6.1.3　新时代推进中国式水利现代化战略路径

在“五个坚持”战略思路的指导下，针对新时代、新要求、新任务，推进中国式水利现代化建设必须从理念层面、工程体系、制度体系、文化建设等不同方面，重点推动以下六大任务。

1. 加快完善流域防洪工程体系，走出一条江河安澜、人民安居的水利现代化道路

党的十九届五中全会提出要“统筹发展和安全，树立底线思维，推进防洪减灾重大项目建设，提升水旱灾害防御能力”。江河安澜、人民安居的流域防洪工程体系是水利现代化的重要标志和底线。

当前，我国主要江河流域防洪工程体系仍存在薄弱环节和短板，要统筹发展和安全，以流域为单元，准确把握洪水发生演进规律，针对突出薄弱环节和风险隐患，以全面提升水旱灾害防御能力为目标，流域区域相协调，工程措施与非工程措施相结合，加快完善流域防洪工程体系，强化防洪管理，不断提升洪水灾害防御和风险防控水平，走出一条江河安澜、人民安居的水利现代化道路。

2. 全方位贯彻“四水四定”的原则，走出一条水资源集约节约利用的水利现代化道路

我国人均水资源不足、水土资源严重失衡、水资源供需矛盾突出。中国式水利现代化道路，必然是水资源节约集约利用的道路。要坚持节水优先、量水而行，从观念、意识、措施等各方面全过程把节水放在优先位置，把节约用水作为水资源开发、利用、保护、配置的前提条件，坚持以水定城、以水定地、以水定人、以水定产，深入实施国家节水行动方案，建立健全水资源刚性约束制度，大力推进农业、工业、城镇等重点领域节水，深入推动华北、西北等缺水地区深度节水控水，提升水资源利用效率，推动水资源利用方式进一步由粗放向节约集约转变，形成全社会节水的良好风尚，以水资源的可持续利用支撑经济社会持续健康发展，走出一条节约集约高效利用的水利现代化道路。

3. 加快推进国家水网重大工程和智慧水利建设，走出一条网络化、智慧化、协同化的水利现代化道路

水利是重要的基础设施，党的十九大报告将水利摆在加快基础设施网络建设的首要位置，党的十九届五中全会公报明确提出要推进国家水网重大工程建设。经过中华人民共和国成立 70 多年来的水利建设，水利基础设施体系初步建成，进入新时代，贯彻新发展理念，坚持以人民为中心，突出问题导向，强化风险防控，需要更可持续、更加公平的水网来服务人民群众；构建新发展格局，拓展我国发展空间，实现空间均衡，提高水利智慧化水平，拉动有效投资，需要建设更具韧性、更为安全的智慧化水网。推动高质量发展，需要建设更有效率、更高质量、更加现代的水网。中国式水利现代化，要加快推进国家水网重大工程和智慧水利建设，以完善防洪排涝减灾体系、优化水资源配置格局、推动智能化升级为重点，统筹存量和增量，加强互联互通，走出一条网络化、智慧化、协同化的水利现代化道路。

4. 加快提升水利基本公共服务均等化水平，走出一条保障共同富裕、造福全体人民的水利现代化道路

水利基本公共服务水平的高低，集中体现了水利造福人民的根本目的。提升水利基本公共服务均等化水平，是促进乡村振兴的重要举措，是实现共同富裕的应有之义。当前水利基本公共服务的主要短板在农业、薄弱环节在农村、保障差距在农民，要围绕全面推进乡村振兴和加快农业农村现代化建设的要求，坚持农村和城市水利现代化统一规划、统一设计、统一建设、统一管理，以农业供给侧结构性改革为导向，以提高农村供水保障水平，改善农业生产能力和维护农村水系健康为重点，通过推进农村供水工程建设、加强灌区现代化建设和改造、推动水美乡村建设等手段，在有效保障粮食安全基础上，实现巩固拓展脱贫攻坚成果同乡村振兴有效衔接，走出一条保障共同富裕、造福全体人民的水利现代化道路。

5. 系统复苏河湖生态环境，走出一条人水和谐共生的水利现代化道路

良好的生态环境是最普惠的民生福祉，水利要充分展现作为“河湖代言人”的作用，把开展河湖生态保护修复、复苏河湖生态环境作为水利现代化的重要任务之一，以满足人民群众对健康水生态、宜居水环境的新期盼为目标，以提升水生态系统质量和稳定性为核心，依托和发挥河长制、湖长制作用，坚持系统治理、综合治理、源头治理，坚持上下游、左右岸、干支流、水陆域等统筹，加强江河源头区水源涵养保护，强化重点区域水土流失综合治理，加大重点河湖保护修复力度，持续推进地下水超采综合治理，复苏河湖生态环境，维护河湖健康生命，实现河湖功能永续利用，构建完整、稳定、健康的水生态系统，扩大优质生态产品供给，走出一条人水和谐共生的水利现代化道路。

6. 强化水治理体制机制法治和水文化建设，走出一条制度管水、全民爱水的水利现代化道路

水治理体制机制法治建设是实现水利现代化重要保障，是支撑国家治理体系和治理能力现代化的必要条件。水文化是中华文化的重要组成部分，加强水文化建设是满足人民群众对美好生活新期待的重要举措。目前水治理体制机制法治体系不完善和水文化保护、传承、弘扬不足是水利现代化的突出短板，要通过完善制度体系，推动文化建设，实现硬约束和软引导相结合，推动全社会形成节水、爱水、护水的良好氛围。在水治理体制机制法治方面，要以河、湖长制为抓手，加强流域统一治理管理，坚持政府作用和市场机制协同发力，加快破解制约水利现代化建设的体制机制障碍，构建系统完备、科学规范、运行有效的水治理制度体系。在水文化建设方面，要以保护好、传承好、弘扬好、利用好水文化为主线，加强水文化遗产保护和挖掘研究建设，推进受损水利遗产修复，积极开展先进水文化宣传，引导社会公众增强节水、爱水、护水的思想意识和行动自觉，为实现中国式水利现代化提供强有力的精神动力。

6.1.4 以十九大精神为指导加快推进水利工程运行管理现代化

党的十九大报告明确指出，新时代中国特色社会主义的总任务是实现社会主义现代化和中华民族伟大复兴，在全面建成小康社会的基础上，分两步走在本世纪中叶建成富强民主文明和谐美丽的社会主义现代化强国。加快推进水利工程运行管理现代化，既面临着良好的历史机遇，也面对着艰巨的困难挑战，我们要以“节水优先、空间均衡、系统治理、两手发力”新时代治水方针为指导，按照“水利工程补短板、水利行业强监管”的要求，以问题为导向、从实际出发，切实提升水利工程运行管理现代化水平。

1. 加快水利工程划界工作

通过划界明确工程管理和保护范围，确立水利工程的法律地位，是依法管好水利工程的重要基础。水利工程划界工作面广量大、情况复杂、政策性强，当前，国有大中型水利工程确权划界工作相对较好，但不少地区水利工程划界工作进展缓慢，存在一些需要认真解决的问题。一是历史遗留问题较多。水利工程划界的许多问题是在特定的环境和历史条件下形成的，比较复杂，牵涉面广，解决难度大，如库区移民迁占赔偿问题，区划调整遗留问题，当时采取“两权”（所有权、使用权）分离的办法暂时解决但管理范围内土地使用权并未真正到位问题。二是许多新建工程也未进行确权划界。随着形势的发展和土地经营的市场化，水利工程土地划拨越来越困难，占用补偿费用日渐提高，而水利工程建设概预算中许多地方配套投资难以足额到位，征地费用更是不足，因此确权划界难以完成。三是小型国有水利工程确权划界有特殊性。小型国有水利工程确权划界一般由县(市、区)负责,由于上述原因加之财力等所限,小型水利工程确权划界工作难度更大。

划界工作作为水利工程规范化管理的重点内容,应加快推进。应积极争取各方支持,不仅应组织做好水利部门所管工程的划界工作,而且应组织指导其他行业管理以及集体所有、民营等的水利工程做好划界工作。划界范围应严格遵循有关水利工程管理的法律法规,既要满足水利工程运行管理的需要,又不损害相关利益方特别是农村集体的利益。对于新建、改建和扩建的水利工程,需在工程可行性研究、设计中明确工程管理和保护范围,工程竣工验收前由县级以上人民政府划定管理和保护范围,工程竣工验收后尽快完成征用土地的确权工作。已经完成确权划界工作的应及时埋设界桩,及时到有关行政管理部门进行备案并向社会公告。

要适应社会经济的快速发展,加快水利工程确权划界相关法规政策的修订完善,加强划定后水利工程管理和保护范围的管理工作。确保各类开发建设活动符合法律法规的规定,保障水利工程安全运行和合法权益不受侵害。

2. 提升大中型水利工程管理信息化水平

当今时代,信息化技术日新月异,大数据、云计算、物联网、移动互联、人工智能等新兴信息技术正在深刻影响社会各行业的发展,深刻改变人们生产生活,对水利工程管理也带来巨大、深远的影响。提升信息化水平是加快水利工程运行管理现代化建设的重要抓手,应高度重视,加快推进。从全国来看,水利工程运行管理信息化水平明显落后于经济社会发展步伐。自动化、智能化水平与其他行业相比也总体落后,特别是中西部地区、经济欠发达地区,水利工程老化失修、管理手段延续多年传统并不鲜见,不少水管单位信息化管理还处于起步阶段,硬件、软件条件较弱,建设电子政务、办公自动化等任务尚未完成。推进水利工程管理信息网络化、控制自动化、决策智能化,虽然在局地或局部可能有所进展甚至有所突破,但全局离现代化要求还有很大差距。

因此,可以大中型水利工程为重点,以点带面,加大投入,积极引进新技术、新方法,全面提升工程管理自动化、智能化水平,大力建设先进实用、决策科学、稳定可靠的运行管理信息化系统。

一是提升水利工程运行管理信息化水平。加快工程运行控制自动化、决策智能化建设，逐步推动水利工程硬件设备更新换代与管理手段升级。建立水利工程运行管理应用系统，推动工程运行管理资源共享、优化运行。健全水利工程自动监控系统，提升水利工程的远程视频监视功能和协调管理能力。二是加快建设江河湖库管理信息系统。充分利用遥感监测技术，实现骨干河道、重点堤防、湖泊及重点水利工程等实时动态监测、监视管理。三是加快完善工程管理信息系统。加强互联互通的水利信息骨干网络建设，健全具有水利工程基础信息在线查询、统计分析等功能的工程信息数据库；注重基层管理单位和管理前站的网络布设，完善各级水管单位管理考核、达标创建、维修养护、日常管理等子系统，不断扩大信息网络覆盖率。

3. 完善工程运行安全监测体系

与世界发达国家相比，我国水利工程安全监测技术虽然起步较晚，但发展很快。国内专家通过大量卓有成效的工作，在工程安全监测设计原理、布置方案、量测方法、仪器设备、数据传输、分析评价、安全决策等方面做了很多有益的探索，取得了丰富的经验和创新性成果。目前，全国大型和重要中型水利工程自动化监测已经超过 70%，但在数量众多的中小型水利工程中，由于资金投入少、技术能力弱，不少还在沿用过时落后的观测方法，有的甚至缺乏有效的安全监测设施，存在着明显的安全隐患。

我国水坝数量众多，大坝安全检测是了解和掌握水利工程运行形态及安全状况的重要且有效的手段，一直受到高度重视。大坝安全监测过去长期沿用人工观测方法，直到 20 世纪八九十年代才开始在少数大型水库引进自动化监测方法。随着我国科技实力的快速提升，国内大坝安全监测技术取得了长足的进步，进入了一个快速发展时期。目前，自动化监测系统发展日趋成熟，监测手段更加先进；安全监测数据在线实时监控和处理技术取得突破，监控分析的传统模型不断改进；大坝安全性态的评价研究继续深入，从单测点分析向多测点、多项目、多物理量的综合分析和评价发展，专家系统和人工智能技术为决策提供更加准确及时的依据。

应充分利用科技进步的良好机遇，进一步强化以大坝、堤防安全为重点的水利工程安全监管工作。加快研发和推广应用先进实用的监测技术，加强大坝、堤防运行全过程安全管理。拓宽资金渠道、加大资金投入，建立健全工程安全监测系统，充分发挥先进技术在安全管理中的保障作用；加大安全监测从业人员的职业培训力度，增强从业人员的专业素质；健全和落实水库大坝安全鉴定、安全评价、注册登记、降等与报废制度。推行大坝安全管理年度报告制度与大坝实时安全监控系统建设；加快完善水库以及水闸、堤防等安全监测技术规程和规范；积极创新技术服务方式，鼓励开展水利工程安全监测托管服务。实现安全监测集约化、专业化管理。降低管理成本，提高管理效率。

4. 加快水利工程供水价格改革

水利工程供水价格改革具有重要的现实意义，直接关系到水利工程的良性运行和持续发展，有利于促进水资源优化配置和节约用水，可以缓解政府因水价补贴带来的财政支出压力。当然，水利工程水价改革牵涉面广，在一定程度上会影响到生活成本和生产成本，可谓牵一发而动全身。

水利工程供水是生活、生产、生态用水的主要来源。农业一直是水利工程的供水大户，而城镇、工业用水特别是自来水厂水源也越来越多地依靠周边的水库或河湖提供优质水源。我国水利工程供水收费较长时期属事业性收费，向经营性收费有一个转变的过程。中华人民共和国成立后水利工程水费一直实行低标准收费甚至是免费使用的政策。1985 年，国务院发布《水利工程水费核订、计收和管理办法》，水利工程水费计收开始走上正轨。该办法明确：农业水费按供水成本核定水费标准，经济作物可略高于供水成本；由水利工程提供的工业用水水费以及城镇自来水厂水源水费，一般按供水成本或略加盈余核定。2004 年，国家发展和改革委员会与水利部联合制定并开始实施《水利工程供水价格管理办法》，标志着水利工程供水价格形成机制及其经营性收费性质的确立。按该管理办法，水利工程供水价格采取“统一政策、分级管理”方式，除政府鼓励发展的民办民营水利工程供水价格实行政府指导价外，其他水利工程供水价格实行政府定价。水价制定原则为“补偿成本、合理收益、优质优价、公平负担”。价格标准由供水生产成本、费用、利润和税金构成，其中农业用水价格仅按补偿供水生产成本、费用的原则核定，并规定水价应适时调整。

由于种种原因，水利工程供水价格改革工作明显滞后，农业水价长期低于标准。有关研究表明，当前全国农业水价平均不到 0.1 元/m^3，不足供水成本的 40%，且征收率不足 80%，农业水价达到维修养护成本的县仅为 43.8%。不少地区经济社会快速发展，而水利工程供水价格多年保持不变。水利工程供水运行普遍亏损，工程日常管理、维修养护、大修折旧等难以正常进行，依靠政府补贴勉强维持的日趋增多。水利工程供水价格改革可以激发水利事业自身发展活力，是推进工程运行管理现代化的重要环节，应下大力气推动。首先，应充分认识水利工程供水价格改革的重要性和紧迫性。水利工程水价改革的方向和目标是明确的，难度也是明显的，关键在于下定改革决心、激发改革动力。各级政府应高位推动、部门协作。加快落实主体责任，推动水价改革任务落到实处。其次，关注民生。坚持公开、公平、公正原则，在调整水利工程水价时，可以改变过去工程水价财政暗补的方式，对受到影响的城乡低收入群体、困难群体进行透明的财政补贴。再次，统筹考虑，把握好水利工程水价改革的时机和力度。应高度关注水利工程水价改革的策略性，稳步有序推进，充分考虑社会承受能力。近年来，不少地区正大力推进农业综合水价改革工作。取得了明显成效。从农业水价改革实践看，关键是领导重视、协调推进，加快制定实用的农业用水定额标准，完善农田取水计量配套设施，建立健全具有可操作性的"精准奖补"机制。

5. 鼓励和引导社会资本参与重大水利工程建设运营

总体上看，水利工程公益性较强。政府主导、准市场特征明显。水利工程运行管理必然要求政府作用与市场机制两手协同发力。政府强化指导、监督作用，该管的一定要管严、管好，该投入的要合理投入，同时应充分发挥市场作用，把政府不该管的交给市场。利用好市场机制增强水利工程管理活力、提高管理效率和效益。

我国正在包括水利工程在内的基础设施建设领域推广 PPP 模式。PPP 模式改变了公共服务供给以前政府包办、关系相对简单的单向线性模式，而变为一个目标、多个支点的多向立体模式。一个目标就是满足公众不断提高的公共产品和服务需求，多个支点不仅包括政府部门和社会资本这两个基本支撑点，而且包括相关政策法制体系以及参与的其他咨询、金融机构等。推动 PPP 模式的关键是找到合适的项目、合适的方式，难在具体，难在细节。一方面，"没有梧桐树，引不来金凤凰"，政府应加强服务与监管，开诚布公地向市场推出优质水利投资项目，鼓励社会资本进入并能取得合理的投资回报；另一方面，参与进来的社会资本应确实具有较强的市场竞争能力和先进的技术水平，有意愿、有能力为广大公众提供优质高效服务。不仅新建水利工程可采用 PPP 模式吸引社会资本参与建设与运营，已建成的水利工程同样可探索采取股权产权转让、委托管理、集约化管理、专业化服务等方式，引入各类拥有较强管理能力、技术水平的市场主体，共同提高水利工程的运营效率和公共服务质量。

6.2　城市水利工程现代化管理

6.2.1　现代化城市水利的基础理论

1. 现代化城市水利应遵循的原则

(1)可持续发展的原则。水利科技必须以水资源可持续利用和水利可持续发展为目标,通过科技创新,科学治水、科学管理,研究和探索水资源可持续利用的途径和方法,以水资源可持续利用来保障经济社会可持续发展。

(2)以经济建设为中心的原则。水利科技必须面向经济建设、面向现代化,既要重视宏观性、战略性、前瞻性的基础研究,更要重视现实工作中亟待解决的热点、难点问题,坚持理论联系实际,坚持水利科技的针对性、实用性和有效性。

(3)人水和谐原则。坚持人与自然和谐相处,人口、资源、环境与经济社会协调发展,注重水资源的合理开发、优化配置、高效利用、有效保护,坚持在保护中开发、在开发中保护,最大限度地减轻人类活动对水生态环境的负面影响,把生态保护和修复作为水利科技发展的一个重要领域。

(4)长期目标与近期目标相结合的原则。水利科技的发展需要统筹规划,突出重点,分期实施,既要加强战略性高新技术研究和重大社会公益性项目的研究,又要遵循市场需求大,综合效益显著且水利发展亟待解决的重大课题,集中力量,协同攻关、重点突破,为水利科技的推广应用和持续创新提供源泉。

(5)开拓创新的原则。水利科技要坚持开拓创新,增强自主创新能力,积极探索新理论、新方法、新技术、新工艺、新材料,充分利用计算机技术、微电子技术、现代通信技术、自动化技术、"3S"技术等高科技手段,不断为水利科技注入新的活力,提高科技含量和研究水平。

(6)自主研究开发与国际交流合作相结合的原则。在坚持自主研究开发为主的同时,水利科技要坚持引进来、走出去,加速技术引进、吸收与消化,加强国际交流与合作,增强自主创新能力,巩固和提高优势领域,提高薄弱环节,把中国水利科技全面提升到世界一流水平。

2. 现代化城市水利的主要任务

(1)制定水利科技发展规划。根据水利科技面临的形势和任务,通过编制水利科技发展规划，明确今后水利科技的发展方向、主要目标和重点领域，深化科技体制改革，加强科技队伍建设，优化科技资源配置，创造良好的科技创新环境，以规划为依据，以市场为向导，努力开创水利科技加快发展的新局面。

(2)坚持体制和机制创新。进一步深化水利科技体制改革，建立与社会主义市场经济体制相适应、以政府为主导、以专门机构为骨干，全社会广泛参与的新型水利科技体制，“开放、流动、竞争、协作”的新型水利科技运行机制。

(3)为缓解中国主要水问题构建技术支撑。继续在水中游开发利用，水环境保护，防洪减灾，水土保持、生态修复，节水型社会建设，水权、水价、水市场，水利基础设施建设与管理，水利信息化、现代化等领域开展科学研究和技术开发，为尽快缓解主要水问题构建技术支撑框架。

(4)加强科技推广工作。建立健全科技推广机构，完善科技推广体系，加速科技成果转化。围绕科技成果的推广、管理，科技奖励，知识产权，技术市场等问题，制定政策，完善机构，不断提高科技成果的转化率，充分发挥科技成果的经济效益、社会效益和生态效益。

(5)加强基础研究和宏观战略问题研究。水利科技要跟踪现代科技前沿，勇于开拓创新，争创世界一流。已处于国际领先水平的领域要再接再厉，更上一层楼。事关水利可持续发展的关键技术要达到并保持世界先进水平。要高度重视前瞻性、战略性的应用基础研究，也要重视事关水利发展的全局性、方向性问题的研究，为水利发展和政府决策提供技术支持。

(6)加快高新技术的开发应用。加大科技投入，提高现代化装备水平，用高新科技改造传统水利行业，大力推进水利信息化、电子政务与节水工程，加快水资源实时监控调度系统，洪水与旱情预报预警系统，防汛、抗旱指挥支持系统，水利设施计算机自动监控系统、水利信息网和办公自动化系统的建设，全面提升水利现代化水平，大力推进可持续发展。

3. 现代化城市水利的重点领域

1)水资源合理开发与优化配置

(1)水资源形成与演化规律。深入开展全球尺度、全国尺度、区域尺度和流域尺度上的水资源形成、演化、循环、再生规律，特别是流域尺度上“自然—人工”二元循环模式与流域水循环模拟理论及方法的研究，从理论上和实践上为科学评价水资源、预测水资源情势变化奠定基础。

(2)水资源可持续利用。重点以流域和区域为单元，研究水资源与经济社会相互适应，提高水资源承载能力，维持水资源良性循环，以水资源可持续利用保障经济社会可持续发展的模式、途径和对策措施，为流域和区域的经济社会发展规划和水资源中长期规划提供决策支持。

(3)水资源合理配置。分别从宏观、中观、微观层次上深入研究水资源合理配置的基本理论和科学方法，研究不同水资源条件下调解水资源时空分布格局与调整经济结构和生产力布局之间的相互关系和基本准则，在综合比较经济、社会、生态环境效益和成本的基础上，提出最佳的水资源合理配置资源。同时，拓宽传统的水资源定义与概念，研究和开发人工增雨、雨水积蓄利用、洪水资源利用、土壤水利用、微咸水利用、海水利用、再生水利用等多种水源的开发利用技术。

(4)水权、水价与水市场。在认真总结部分地区初始水权分配试点工作经验的基础上，加快研究水权分配、水权交易、水权管理等方面的制度和实施方案，通过明晰水权促进水资源的优化配置，强化水资源统一管理。研究水资源费征收管理办法和深化水价改革的措施与方案，用经济手段促进水资源的高效利用。

2)节约社会建设与保护水资源

(1)节水型社会建设。在全面总结节水型社会建设和循环经济试点经验的基础上，进一步深入研究节水型社会建设的法律、行政、经济、技术措施，重点研究宏观层次上的用水总量控制指标和微观层次上的定额管理指标体系，以及配套的经济管理手段，促进全社会节约用水和高效用水。同时，也要深入研究节水与调水、抑制需求与扩大供给之间的相互关系、边际成本、边际效应及临界控制准则，在有条件扩大供给或实施跨流跨区域调水且节水成本已经很高的情况下，应适当考虑把一部分节水建设留给子孙后代。

(2)水资源保护。大力开展保护水资源，维持江河湖泊健康生命和各项服务功能的研究，特别是地下水资源保护的制度和对策措施，提高地下水勘测和评价的技术水平，研究和开发建设地下水库，利用雨洪资源回补地下水的技术等。

(3)水环境保护。继续开展防治水污染的法律、行政、经济、技术措施的研究和改革管理体制及机制的研究，研究开发低成本、高效益的污水处理技术、污水生物净化技术和再生水循环利用技术，研究水功能区保护和管理的制度与对策措施，深入开展生态自我修复机理的研究，水土保持新技术、新方法的研究，水生态环境监测体系建设，以及水生态环境保护与建设的投入机制与补偿机制的研究。

3)江河治理与防洪减灾

(1)大江大河治理。坚持人水和谐和维持江河健康生命的理念,深入研究维持江河健康生命的内涵、目标、准则、定量指标与对策措施,以黄河、长江为重点,加强水沙关系、河湖关系及维持河势稳定与利用水沙资源等关键技术的研究,特别要在总结黄河连续几次调水调沙经验的基础上,深入控制三峡、小浪底等控制性枢纽建成后引起的下游水沙关系变化、河床冲淤规律与河口三角洲稳定等问题的研究,研究探索出一条通过水利工程的科学调度来改善河流健康状况的新途径。

(2)防洪减灾。继续加强对建立防洪工程体系与非工程措施相结合的防洪减灾安全保障体系的研究,重点加强对非工程措施的研究,包括蓄滞洪区安全建设、运用管理与补偿机制,洪水风险管理制度、洪水风险区人口资产密度与土地开发和固定资产投资等方面的管理制度,强制性洪水保险制度,洪水预警预报与洪水调度,防汛指挥决策支持系统建设,防汛抢险与灾后重建,防洪效益转移规律与补偿机制研究等。同时,要深入研究防洪与治涝、防洪与抗旱、防洪安全与洪水资源化之间的关系,特别是北方水资源短缺地区,要进一步总结和研究洪水资源化的经验和技术,通过准确预报和科学调度,充分利用水库、湖泊、湿地和河网水系拦蓄洪水,补给生态用水或回灌地下水,提高水资源可利用率。

4)水利设施建设与管理

(1)水利基础设施建设。结合水网络体系与国民经济布局和生态系统之间耦合关系等重大项目,开展关键技术和重大问题研究,继续在高超坝建设,高边坝稳定,长距离大流量输水工程,复杂地质条件下的基础处理,大型地下洞室群,深埋长隧洞,高水头闸门及启闭设备,高速水流与防空蚀、防震动问题,新型建筑材料与结构形式,大型和特型施工机械研制等领域加大技术创新力度,争创世界一流水平。与此同时,要转变传统的规划设计思想,确立人水和谐和生态友好工程的目标,使水利工程的建设既有利于促进经济社会的发展,又有利于保护和改善河流的健康状况,最大限度地减少对生态环境的不利影响。继续深化水利工程投融资体制和建设管理体制改革创新,建立和完善社会主义市场经济体制下公益性项目、准公益性项目、经营性项目的投资、建设、运营、管理模式。

(2)水利工程运行管理。研究开发电排站、大坝和其他各类水利工程的自动观测和安全监测技术,病险隐患诊治技术和改建、扩建及加固技术,水工程安全评估技术,水利工程综合效益后评估技术和水库水电站群联合优化调度技术。

对一些生态环境负面效应比较突出的早期工程，积极研究和探索改进方案或改变运行调度方式，实现兴利除弊的目标。深入开展深化水管单位体制改革的研究，促进水管单位良性循环和可持续发展。

(3)水利信息化建设。水利信息化是国家信息化建设的重要组成部分，是实现水利现代化的关键，也是水利科技发展的主攻方向。要充分开发利用计算机技术、网络技术、自动化技术、遥感技术、地理信息技术、全球定位系统等现代化信息技术，实现水利信息采集、传输、处理和服务的网络化与智能化，全面提升水利行业各部门的服务功能和工作效率。重点研究开发以数字测站、数字流域为基础，集水情、雨情、工情、旱情、灾情于一体的国家防汛抗旱信息系统与决策指挥系统，水资源实时检测调度系统，水质实时动态监控系统，水土流失与水土保持效果自动检测与跟踪系统，水利办公自动化与电子政务系统等。在加强水利信息化硬件配置的同时，大力培养和造就大批高素质的信息化专业人才，大力加强信息化软件系统的研发，通过水利信息化推进水利现代化。

6.2.2　城市水利工程现代化管理的重要性、内涵及目标

1. 城市水利工程现代化管理的重要性

1)满足现代治水理念的需求

现代治水理念主要包括资源水利、安全水利、民生水利、生态水利四个方面，其不仅是社会对水利行业的要求，更是城市水利工程进行现代化管理的重要方向。在完成城市水利工程现代化管理要求之后，才能真正实现水资源保护、适应民生、改善生态环境的效果，所以，加强城市水利工程的现代化管理是促进现代化治水理念得以贯彻的必然手段。

2)适应水利工程管理测评的需求

水利行业实施测评的标准是衡量水利工程管理监督与管理水平的主要条件之一。测评标准由水库、水闸、河道和泵站等工程上的标准构成，实行千分制，测评内容包括安全观、组织管理、运行管理等方面。而制定城市水利工程管理现代化发展目标是和水利工程管理测评标准相对应的。

3)促进我国水利行业发展的重要因素

我国城市水利工程管理涉及的种类和数量非常多，只按照固定的模式把信息管理和自动监控作为现代化管理规范，很容易造成一些单位过度重视监控方

法和工程设备的先进化，而不重视管理机制与人员素质的现代化，国家也没有投入过多的资金来进行这方面的建设。因此，建立城市水利工程管理现代化体系来促进水利工程的实际发展，在实现水利工程最佳功能的同时，也能保证水利行业的安全稳定发展。

2. 城市水利工程现代化管理的内涵

城市水利工程现代化管理的主要就是指城市水利工程的管理部门，依照我国的相关法律和工程施工领域的行业规则标准，结合国家的经济发展趋势和发展政策，以安全、经济、实用的理念展开城市水利工程管理，在工程施工技术领域上侧重于施工工艺与施工技术的优化，通过引进新工艺和新技术优化工程施工质量。在管理范畴内，通过数字化、信息化技术以及大数据的融合实现信息数据的整合归纳，深度了解城市水利工程管理工作中存在的问题，进行查漏补缺。在施工人员方面主张施工安全意识的强化、施工成本的控制以及施工技术水平的提升。现代化的管理是施工技术、管理工作以及施工人员三方面的优化，其主要的目的就是适应国内社会的发展趋势，为城市化建设和社会的稳定发展奠定良好的基础，保证城市水利工程领域在新时期下的可持续发展以及工程管理工作开展的有序化。

此外，城市水利工程管理现代化还涉及我国现有水资源的保护与合理利用，改善国内水资源污染的情况，并在此基础上借助城市水利工程的管理优化为人们的生产和生活创造更大的效益。我国的人口众多、地域辽阔，在生产生活中水资源是人们必不可少的一项资源，所以水资源的合理利用以及水资源的保护成为当前我国实现可持续发展战略的关键内容之一，建设现代化理念的城市水利工程是保证国民生产生活的重要措施。

城市水利工程的现代化管理的人文基础是规范化、制度化和科学化，而城市水利的设备设施是其物质基础。城市水利工程现代化涉及安全水利、资源水利、生态水利、民生水利等多方面，现对其内涵具体分析如下。

1)城市水利工程的设计标准

城市水利工程的设计要以安全可靠、经济耐久为标准。无论工程规模如何，都要具备一定的经济寿命和拥有一定的文化品位。在建设城市水利工程现代化管理的进程中，要切忌浮躁。在引进先进的设备和材料时，不能因为贪图先进而忽略了设计标准，对城市水利工程的质量造成影响。

2)城市水利工程的设备性能

各类城市水利工程的设备要保持良好的性能,运作时要具有安全和高效性。城市水利工程管理人员要对各项设备定期检测,维护修养,按照规范安全管理,保证城市水利工程设备能发挥正常的功能,这是城市水利工程现代化管理的重要目标。

3.城市水利工程现代化管理的目标

1)管理模式的创新

随着我国社会经济的不断提升,国内的城市水利工程管理已经有所改进,但是在改进的过程中还存在部分问题亟待解决。传统的城市水利工程存在着很多的弊端,不能够满足当代人们的生产生活所需,而且对于水资源的保护、合理利用未予以重视。现代化的城市水利工程管理模式应将可持续发展战略作为主导,更新现代化管理理念,在制定城市水利工程管理模式的环节中应重视水资源的保护以及合理利用,重视管理模式与当代城市水利工程发展目标相契合,还需结合不同项目的建设特点和施工要点开展城市水利工程的管理,明确城市水利工程项目本身的差异性,坚决抵制"一刀切"的管理模式。此外,城市水利工程管理模式还应顺应当代信息技术的发展积极创新,利用大数据和信息技术分析项目方案的可行性,分析城市水利工程建设常见的施工问题,在特定的平台上实现项目招投标流程的公正公开。

2)生产技术的引进

城市水利工程管理的现代化发展中先进生产技术的引进发挥着重要作用,为了实现与当代社会发展趋势相契合,城市水利工程需要利用先进的工艺、设备优化管理水平。

3)安全运行的保证

城市水利工程现代化发展的基础条件就是工程的安全运行,所以城市水利工程的现代化管理应将保障生命财产安全作为管理目标。在城市水利工程运维管理中,相应的管理人员应结合先进的技术不断优化机械设备的运行效果,并按照规定的运维要求对设备进行定期的维修与检查,促使机械设备在安全运行的基础上开展相应项目的建设施工,继而保证城市水利工程建设的安全性。

6.2.3 城市水利工程现代化管理的内容、方向及措施

1. 城市水利工程现代化管理的主要内容

1)城市水利工程管理理念的现代化

为适应社会发展的现代化需求,城市水利工程的现代化管理首先要遵循以人为本的原则,从广大人民群众的根本利益与实际需求出发,在防洪和供水工作上为人民建设安全的壁垒,最大限度保证生产人员的人身安全,确保城市水利工程的开发工作不会影响到周围区域的公共环境与利益。其次,要增强公共安全保护意识,重视发挥城市水利工程的公共功能,把保证人民群众的生命安全作为核心内容,严格把控与人民生命安全密切联系的工程建设质量及运行过程。同时,还要在城市水利工程管理上真正做到公平公正,在市场监管、招标投标、稽查测评、行政执法等方面都要保证公平公正原则得到全面落实。最后,要树立良好的环境保护意识,注重城市水利建设与生态环境的协调统一,最大限制实现经济效益、社会效益和生态效益的统一配置。

2)城市水利工程管理体制的现代化

要建立完备的城市水利工程管理体制。第一,要对城市水利工程各分管部门进行明确的职责划分,做到各司其职,各尽其责,此外,还要保障资金投入的合理分配,使各项水利工程能够有序进行。第二,要制定科学、全面的水管单位运行制度,重点推进水管单位的管理体系改革。通过实施高效合理的管理模式,保证管理经费的有效投入,实行竞聘上岗模式。第三,形成融合市场化、专业化和社会化为一体的城市水利工程维护体系。

3)城市水利工程管理方法的现代化

在制定科学、系统的城市水利工程管理现代化发展计划的基础上,结合一些新型的管理技术与先进的管理设备,来提高管理的现代化水平。一方面,通过在信息采集与工程监控、通信与网络、数据库存储与服务等技术设施上加大投入力度,从整体上提高城市水利工程管理的性能。此外,可以利用现代信息技术构建适用于大型水利枢纽的信息智能获取与分析系统,及时对雨水、施工、干旱与洪涝灾害等情况进行监控,从而适应水利监测管理的实际需求。另一方面,着手建设一个基于信息通信与网络技术的信息收集与反馈系统,为城市水利工程的管理提供包括雨水情、历史水文数据、社会经济数据、水资源空间数据等信息。

2. 城市水利工程现代化管理的方向

城市水利工程的管理是提高城市水利工程现代化水平的重要推动力，因此，只有提高其建设和革新速度，通过现代化的治水理念、全面的技术设备、合理的管理体制等多方面的充分配合来逐步推动传统水利向现代水利转型，最后才能实现城市水利工程管理的现代化、科学化，确保城市水利工程全面发挥其功能，进而长久稳定地运行。

一是建设和创新城市水利工程管理体系，针对市场经济体制的发展形势和实际需求，制定出一系列适应经济发展和社会需求的现代化管理制度来保证城市水利工程管理的高效运作。

二是实现规范化、细致化管理，全面执行城市水利工程现代化管理测评制度，对各级水利工程管理单位进行严格、充分的考查，保证各项管理规范和技术标准能够落到实处，对城市水利工程的运行、经营、组织和安全等多方面进行管理，提高标准化管理质量。

三是通过引进高新技术，创新城市水利工程管理方法，在整体上改变城市水利工程的管理模式，真正意义上体现其现代化。

四是保证城市水利工程的稳定运行，最大限度发挥工程的功能，增强工程运转功能，协调工程多方面功能，形成一个多元化均衡发展水利服务体系，成为社会水安全、水资源、水环境的重要保障，促进经济社会的健康、稳定、长久发展。

五是增强城市水利工程的公共服务与社会管理功能，注重河湖工程的建设与资源管理。对工程管理内容中的涉水环节进行重点整治，着重提高和保持河湖水系的引排调蓄能力，使河湖水系的水安全、水资源、水环境功能得到全面利用。通过先进的技术把河湖水系引入水生态修复工作中，发挥其有利作用。

3. 城市水利工程现代化管理的措施

1）工程管理

工程项目的管理是管理工作最核心的环节，具有很高的相关技术要求，城市水利工程管理大致上包括工程应用、工程养护、工程维修、工程观测和工程防洪。

水利工程作为河川径流的调节器，与河川径流联系紧密，并且两者具有复杂多变性。然而，由于季节和地形等多方面因素的影响，河川径流变化具有一定的规律性，这就决定了水利工程也会在相应的范围内变化。工作人员就可以根据水利工程的变化规律，对工程进行合理的应用，保障水利工程的安全性和稳定性。

水利工程的检测是工程管理的重要部分，是最基本的工作类型。水利工程建筑物的变化具有不稳定性，有时会呈现一定的规律，有时则会变化无常，这就要求工作人员定期对建筑物进行多角度、全方位、多层次的检测，及早地发现问题，有计划、有步骤、有目标地制定行之有效的解决措施。

2)计划用水

水利工程是蓄水系统，为生产建设储备水源和调度水源。相关部门在用水前，应依照水源的情况、水利工程情况、生产用水情况，制定合理的用水计划，做好输水、引水和调水工作。编制的用水计划，要因地制宜，形式简单，操作方便。

渠系测水是灌溉地区实行计划用水的重要手段，它可以在很大程度上减少水源的浪费，提高水源的利用效率。测水工作能够验证用水计划的可操作性和实用性，有效地调控水量，提高水资源利用效率，同时可以改进用水计划，使用水计划更加科学合理。

水源从水利工程引向灌溉区的时候，在渠道中不可避免地发生一部分损失。因此，减少渠道水量损失、提高灌溉水的利用效率是一项非常重要的工作。相关工作人员要积极探索解决这一问题的措施，最大限度地减少不必要的消耗，比如实施轮灌、改善灌水技术、严格控制水量、增设渠道防渗措施等。

为了确保用水计划的合理性，技术人员在进行城市水利工程规划和设计时，应采用先进的科学技术，因地制宜，根据灌溉区的特点进行灌、排和盐碱地的改良工作。

3)组织管理

城市水利工程管理组织为了协调用水单位的利益关系，要构建专业的管理机构，并实行群众性管理，合理使用水利设施，满足不同层次的用水需求。相关部门要依据上级的指示，健全、完善水利工程的组织机构，打造一个专业技术强、管理效率高、道德素质高的管理团队，做好各项城市水利工程相关工作的管理。

4)加强对新技术的利用

科学技术日新月异，各种水利方面的新技术层出不穷。尤其是随着信息技术的发展，以“互联网＋”为代表的新技术已越来越广泛地应用到生产和现代企业的管理中，城市水利工程企业要加大对这一新技术的应用力度，从而实现管理上的现代化和精细化。如某些管理软件可以借助网络、监控软件和智能化处理，实现对管理过程每一步的跟踪监测，同时实现危险区域 24 小时的全方位监测，一旦出现问题，自动启动报警装置，从而避免城市水利工程管理过程中因人为或技术原因可能导致的问题，确保城市水利工程的安全。

5)明确城市水利工程现代化管理目标

城市水利工程现代化管理首要目标是在确保水利工程正常运作的前提下，最大限度发挥水利工程的效益，实现长久安全可靠运作。应创新改革城市水利工程管理模式，使其适应社会主义市场经济的需求，利用科学化的管理确保城市水利工程的正常运作；同时确保城市水利工程的安全，为社会经济的可持续化发展提供长期可靠的水利保障，延长城市水利工程的使用寿命。

6)加强城市水利工程的信息化建设

城市水利工程的信息化能够带动城市水利工程的现代化建设，信息技术的应用能极大方便工作人员，使其不受空间的限制，及时可靠地获得基础信息、水资源优化配置、供水工程调度、水环境保护和行政决策等工作信息。

6.2.4　城市水利工程现代化管理的精细化建设

1.城市水利工程管理发展现状

1)现代化管理意识不强

目前，我国一部分城市水利工程依旧使用人工管理模式，虽然这种以人为本的方式能实现对工程运行情况的实时监控，也能进行分析和跟踪管理，但从管理效果上来说，人工管理模式容易受到主观因素的干扰，不能保证管理的科学性，并且消耗了大量资源。因此，现代化管理体系的建设至关重要。城市水利工程部分管理人员对现代化管理认知不足，仅仅将其看作是利用计算机等先进设备汇总、分析工程监控信息，而没有真正意识到现代化管理建设的重要性，致使他们依旧被传统思维方式所禁锢，减缓了城市水利工程现代化发展的步伐。

2)管理工作流程不细化

从城市水利工程管理现状分析，对管理工作流程的细化程度不足。比如，城市水利工程管理工作人员均为管理人员，其工作内容和岗位职责未进行明确细化及分工，导致出现部分工作重复管理而另一部分工作又无人负责的现象，既造成严重的资源浪费，还不利于发挥城市水利工程的管理效益。因此，实行城市水利工程精细化管理模式，完善人员管理制度，细化工作流程，合理划分部门及岗位职责，才能保障水利工程的长效稳定运行。

3)缺少专业技术力量支持

专业的管理队伍是城市水利工程的脊梁，但我国城市水利工程管理人员的专业能力还有待提升，通常还会由于岗位的空缺急于安排人员工作，让部分管理者未经过专业培训就直接上岗，由于他们缺乏对专业知识的理解与应用能力，致使管理队伍水平差异较大，缺少解决管理问题的能力与魄力，极易出现因个人失误而影响整个管理团队正常运行的现象。

2. 城市水利工程现代化管理精细化建设的必要性

随着我国城市水利现代化建设步伐的加快，传统的管理模式已经无法满足工程的建设需要，落后的管理观念急需完善与更新。同时，制度、人员等方面的问题层出不穷，严重阻碍了城市水利工程正常效益的发挥。因此，明确管理模式，落实管理办法，是城市水利工程现代化与精细化管理的必然要求，对推动城市水利事业发展具有极大的积极作用。

国内外相关水利工程通过多年的研究与实践证明，现代化与精细化管理是一种适应社会经济发展需求的先进管理方法，对城市水利工程管理工作具有实际应用价值。其主要体现在以下几个方面：①面对新时代治水新策略，现代化与精细化管理有利于推进城市水利工程的高效运行；②在当前水利现代化建设的大背景下，已将建立规范精细的管理流程列入新型管理体系建设内容中；③对照我国城市水利工程高质量发展的目标和要求，目前仍存在管理人员意识薄弱、管理方法落后、考核机制不完善等情况，需要利用先进的现代化与精细化管理模式进行改进；④现代化与精细化管理和“智慧水利”的建设理念相符，能达到信息化、智能化的建设要求，能充分利用先进技术手段，及时更新城市水利工程软、硬件设施，实时掌握工程建设情况，以便优化资源，提升城市水利工程管理服务质量和工程运行效益。

3. 城市水利工程现代化管理精细化建设的内涵

城市水利工程现代化，主要是指应用先进的管理理念与完善的管理制度，依托现代化的管理设施与高素质的工作团队，保障城市水利工程各环节工作的有序开展。

城市水利工程现代化管理的精细化建设，主要是指对水利工程各个环节的工作都进行严格的监管与落实，强化细节处理，提升整体管理工作的有效性与精准性。城市水利工程现代化管理的精细化建设，不仅仅是一种理念与态度，更是城市水利工程管理工作的文化支撑。

4. 城市水利工程现代化管理精细化建设的基本思路与主要目标

1）基本思路

科学发展观与可持续发展理念是城市水利工程现代化管理精细化建设的主要指导思想，保障城市水利工程各环节工作安全稳定的运转是现代化与精细化管理的重心与关键。在充分结合城市水利工程项目具体现状与发展需求的基础上，对各项管理机制进行不断的优化与完善，提升城市水利工程管理标准与办法的针对性与实用性。此外，通过对城市水利工程各项信息进行整合的管理目标，在先进完善的管理体系的作用下，确保城市水利工程管理工作中的各类问题与不足能得到及时发现与科学处理，提升城市水利工程的综合效益，保障社会的稳定发展。

2）主要目标

明确的目标是城市水利工程现代化管理精细化建设的基本前提，由此才能确保城市水利工程现代化与精细化管理工作的作用得到充分的发挥。首先，管理部门要摒弃传统的思想与理念，结合城市水利工程项目的具体特点开展管理工作主要目标的梳理与明确，强化自身管理工作，完善数据资源的收集与整理。其次，积极建立科学可行的数字模拟系统，确保现代化与精细化的管理理论得到逐步的落实，重视并落实对先进管理理论与管理技术的引进与借鉴，建立科学完善的信息采集与远程监控系统，实现各项数据的实时在线传输，为城市水利工程实际运行状态的管控提供精准的数据支持。

5. 城市水利工程现代化管理精细化建设的策略

1）改变传统思维模式，树立现代化和精细化管理意识

相比于发达国家，我国城市水利工程管理模式较为落后，还存在严重的重建轻管思想，因此需要转变传统思维，树立现代化管理意识。虽然国家及政府部门正在大力推进水利行业的改革，但由于大部分管理人员思想意识落后，制约了城市水利工程管理方式的转变。为了实现我国城市水利工程向现代化和精细化方向发展，就必须要求工作人员树立可持续发展理念，结合现代化发展背景，实现水资源节约利用。除此之外，应贯彻落实以人为本的基本要求，发挥工程的社会

服务功能，将各项工作与社会实际需求紧密衔接，落实岗位责任，提高现代化与精细化管理意识及管理水平。

2）构建配套制度体系，加强管理考核工作

深化制度改革，制定科学、合理的配套制度，才能够推动实现城市水利工程现代化与精细化管理的目标。首先，应从考核、人事、后勤等方面进行制度改革与创新，使城市水利部门内部形成有效的制度体系。其次，要注意在城市水利工程建设时，采取履行合同与程序的手段进行制约，以保证在缩减工程施工成本的前提条件下，提升工程建设与管理质量。在招投标环节中，也要注重结合市场需求，构建合理的准入制度，建设以民生为基础的高质量水利工程。除此之外，为了调动工作人员的积极主动性，应不断加强与完善管理考核工作，制定奖罚分明的激励机制，强化城市水利现代化与精细化建设的意识，落实监管工作，明确项目考核指标与任务，最大限度保障考核工作的公正性。对于管理考核结果未达标的人员，需按照管理办法进行严格处理，以免影响管理工作的有序开展。

3）融入信息化管理技术，提高工程管理水平

先进的管理技术是城市水利工程现代化与精细化发展的必要手段。为此，在工程规划中，要重视信息化平台的建设，做好数据资源的收集与整理工作。利用计算机技术完善监测机制、实现自动化运行及信息预测，并根据工程实际发展情况，设置高清监控系统，主要包含对施工现场的监控、远程信息的采集与处理等，最后将这些数据、图像等信息进行分类和整合，以通过现代化管理模式提高工程管理质量与效率，真正发挥出工程的经济社会效益。

4）引进与培养高素质人才，提高管理队伍整体素质

优秀的人力资源是建设高质量城市水利工程的基本保障，基于此，应加大对高素质、综合性人才的引进，建立人才引进政策，运用先进管理理念，加强现代化技术的应用，推动城市水利工程向高新技术方向发展。同时，相关水利部门应加大对工作人员的培训力度，培训内容可以涉及质量、安全、法律等多个方面，以提高人才管理队伍的整体素质，为水利工程的顺利实施提供储备力量。

5）采取联合管理模式，细化工作任务

城市水利工程建设内容所涉及的范围较广，需要人事、规划等多个部门的配合，所以在项目建设管理过程中，应采取联合管理模式，加强不同领域与行业间的技术交流。在前期规划时，应要求相关部门学习现代化管理理念，完善管理体系及制度，调整以往无序的工作方式，使各项工作有章可循。其主要可以从以下

几个方面进行细化：①根据工程施工内容的作用和价值，按顺序安排施工时间和地点，使各项事务能无缝衔接，并要建立标准化体系流程，强化对事务的监督与管控；②严格落实管理岗位职责，按照因事设岗的管理原则，设置管理岗位及职能，发挥聘用制员工的工作价值，提升其综合素质及业务能力；③建立完善的薪酬管理体系，在管理制度中明确岗位内容与绩效等指标，营造和谐公正的良性竞争氛围。总而言之，城市水利工程管理必须要细化工作职责，注重工作细节，以充分发挥出现代化与精细化管理的作用。

6）加强安全评估体系建设，注重安全生产管理

城市水利工程建设与管理涉及多个行业领域的基础数据资料，通常这些数据资源较为零散，需要进行结构框架的搭建，并建立成为系统的数据资源库，才能发挥安全评估体系的重要作用，为城市水利工程信息化管理提供技术支持。同时，要以安全生产为准则，加强安全文明生产工作，制定安全生产制度和日常行为规范，并落实到工程的各个环节中，让职工切身感受到安全生产工作的重要性和紧迫性，从而积极主动遵守相关规章制度。

6.3　城市水利工程信息化管理

6.3.1　我国水利信息化建设历程

直到 20 世纪 70 年代，我国才开始实施水利信息化的规划和建设工作。最初的水利信息化相关工作主要是对水情信息进行汇总和处理。到了 20 世纪 70 年代末，对于信息源的处理才算正式拉开帷幕。1990 年左右，水利信息化建设转型升级，开始以计算机和互联网等现代信息工具和信息技术为平台着手建设工作。自我国 1998 年发生特大洪水后，国家防汛指挥系统工程的规划和建设工作被提上日程。水利部在 21 世纪初提出“以水利信息化带动水利现代化”的发展思路，将水利信息化建设定名为“金水工程”，并于 2003 年印发《全国水利信息化规划》一书，指导我国水利信息化建设工作的开展。

从 2005 年开始，水利部信息化工作领导小组办公室依据我国水利信息化建设的基本情况来编撰中国水利信息化发展年度报告。“十一五”期间，我国水利信息化建设日新月异，取得重大突破，通过覆盖水利相关工作的信息化自动采集和信息网络，逐步实现计算机化办公，线上数据量和应用系统数量实现快速增

长,这意味着我国水利信息化建设综合体系基本形成。我国水利信息化建设的工作重心从推进基础设施和基本业务应用建设转移到信息化的多维度建设上来,进入“推进资源整合、夯实基础设施,坚持需求牵引、提升应用水平,注重运行维护、确保安全应用,强化行业管理、促进平衡发展”的全方位、多层次协同推进的新阶段。2015 年,在国家推动网络强国、大数据战略、“互联网+”行动计划的宏观引领下,在全面深化水利改革、加快治水兴水新跨越、切实提高水安全保障能力的发展需求驱动下,全国水利信息化推进速度得到进一步提高。在深化信息化与水利业务深度融合、实施资源整合共享、强化网络安全等方面,取得了一系列的突破性成果。水利部于 2015 年 12 月成立了水利部网络安全与信息化领导小组办公室,同时撤销了水利部信息化工作领导小组办公室。由水利部网络安全与信息化领导小组办公室组织水利部直属单位、7 家流域机构、31 家省级水行政主管部门、5 家计划单列市水行政主管部门、新疆生产建设兵团水利局及填报软件开发单位共同完成了 2015 年度全国水利信息化发展调查工作。

“十五”和“十一五”期间,我国在水利信息化建设方面取得了重大进展,主要体现在以下几个方面。

1)信息化保障环境建设

信息化保障环境建设是水利信息化综合体系的重要组成部分,也是水利信息化工作顺利开展的基础。其建设内容主要包括水利信息化的相关政策法规、安全规范体系、从业人员数量以及组织管理等水利信息化建设。相关部门从 2003 年开始,在信息化保障环境的建设上做了很多基础性工作,先后发布了与水利信息化建设标准、建设管理、规章制度等有关的报告或书籍。水利信息化保障环境建设集中了国内外比较先进的信息技术和信息化建设专业性技术及管理人才,为水利信息化保障环境建设工作提供了有力保障,使得信息化建设工作可以顺利开展。

2)信息基础设施建设

基于现代信息技术,合理开发利用水利信息资源,形成综合全面的水利信息采集系统,从而为水利信息骨干广域网络和水利数据中心的建设奠定基础,在水利信息基础设施建设中是不可替代的核心工作。目前,国内各流域机构及各省、市、区之间的实时水情信息传输广域网早已建设成功并实现连接,建成了数百个用于水利通信的卫星通信站,这些基础设施的建造为水利信息的快速稳定传输提供了便利条件。在水利信息资源开发方面,已基本建成各流域及各省、市、区之间的水文数据库和水利政策法规数据库，并实现相关水利信息可以在数据库中直接检索的功能。同时，全国农田灌溉发展规划、水土保持、水利空间等水利信息数据库也相继建立，信息基础设施建设工作取得初步成果。

3）业务应用系统建设

业务应用系统建设是水利化信息建设的基本任务，其主要建设全国水利工程管理信息、水利电子政务信息、水利信息公众服务、国家防汛抗旱指挥、水土保持监测与管理信息、全国农村水利水电及电气化管理信息、水资源管理决策支持、全国水利规划设计管理信息、水质监测与评价信息和水利数字化图书馆在内的十大系统。其中十大业务应用系统在 2003 年至 2005 年的目标是以满足水利业务应用的初步需求为建设重点；2006 年至 2010 年的建设重点是在进一步完善已建系统的基础上，全面展开水利业务系统的建设工作；2010 年以后以全面实现水利业务应用信息化为建设任务，达到全面提升水利业务综合服务能力的目的。

“十二五”期间，我国各级水利系统以党中央“四化同步”的战略部署和水利部提出的“水利信息化带动水利现代化”的总体要求为计划导向，秉承“规划引领、协同推进、需求驱动、资源共享、建管并重、确保安全”的基本原则，全面推进水利事业改革和水利信息化建设，初步形成了由水利信息化保障环境和基础设施以及水利业务应用组成的水利信息化综合体系，为各项水利工作提供有力的支撑，在传统水利改革、民生水利发展、水利相关部门职能的转变及水利事业服务水平和管理能力的提高中发挥了开天辟地般的作用。水利信息化的实施建设是我国实现水利现代化的基本依据和重要标识。“十二五”期间，我国水利信息化建设的特点有“项目投资力度显著加大、专业人才队伍持续充实、项目前期工作逐年加强、系统运行环境稳步完善、运维保障条件不断改善、业务应用效益连年递增、信息采集能力快速提高、资源共享服务持续推进”等。

近年来，围绕水利中心工作，水利部组织实施了一大批水利信息系统建设项目，支撑了相关水利业务应用。但是分建专用的传统水利信息化建设模式导致“数据资源分散、信息共享不足、业务协同困难”等问题日益突出。水利事业相关工作中涉及包括水库、水闸、堤防、泵站、水电站、河流、湖泊等管理对象均具有较为明显的空间特征，水土保持、水利工程、水资源及河湖管理等业务对水利信息电子地图的需求迫在眉睫，各级水利业务信息系统也陆续开始基于水利信息和电子地图展开研究开发和应用，水利信息化对于地理信息服务的需求决定了地理信息系统在各项水利工作中的应用越来越普遍，水利工作对地理信息系统应用的可靠性、安全性和合法性等提出了更高要求。

为此，研制水利数据模型以实现水利基础数据和水利专业数据的一体化管理，通过整合遥感影像数据、基础地理数据和社会发展数据等多类数据资源，以统一地理信息系统服务为目的，我国开始开发服务于各类水利业务应用的基础信息平台，实现全国水利一张图的应用目标，包括对水利业务的变化过程、发展现状和管理行为等信息进行全程记录，持续推进水利业务和信息技术深度融合，助力实现业务应用驱动的数据动态更新，便于业务应用协同、水利信息共享和数据资源整合，不断提升对水利各业务域的信息服务水平与应用支撑能力。

全国水利一张图依托 2009 年开始的第一次全国水利普查前期工作同步启动，通过统筹多个水利信息化建设项目，从支撑环境、空间数据、地图服务、业务应用、安全体系和标准规范等多方面进行统一，实现了水利业务和地理信息技术之间的深度融合。全国水利一张图在 2015 年 9 月召开的全国水利信息化工作会议上正式发布，之后便在全国各级水利相关部门的各类水利业务中得到广泛应用。水利信息化工作相关部门从水利事业改革发展的总体要求出发，围绕水利一张图 2015 版系统存在的地图展示效果不良、信息内容单一、数据更新不及时、定制化服务能力欠缺等问题，从强化功能、深化应用、丰富数据、优化展现等方面将其升级成为 2019 版全国水利一张图，并由水利部于 2019 年 12 月正式发布。2019 版全国水利一张图的发布为推进水利业务协同、智能应用以及信息资源整合共享提供了有力保障。

6.3.2 城市水利信息化的内涵及信息化技术应用

1. 城市水利信息化的内涵

水利信息化是在一定的水利信息化技术、信息产业规模、信息基础设施，以及一定的信息基础环境约束下，水利信息活动不断丰富、信息活动量不断增加、信息活动效果不断提高的过程。水利信息化技术包括水利信息生产、信息交换、信息传输、信息处理等技术。广义的水利信息活动包括信息的生产、传输、处理等直接的信息活动。水利信息化为高新技术在水利上的应用与发展提供了动力。数字水利是以 RS(remote sensing，遥感技术)、GIS(geographic information system，地理信息系统)、GPS(global position system，全球定位系统)为基础，将这三种独立技术领域中的有关部分与其他高技术领域(如网络技术、通信技术等)有机地构成一个整体而形成的一项新的综合技术。以 3S 为基础，利用先进科学技术获取大量的相关数据，对其进行处理后，能够在应用时快速提供依据。如今对水利工程建设管理信息化的理解为水利运用 3S 技术＋网络（数据库技术）的过程等同于水利信息化，它突出表现在信息获取与处理的高速、实时与应用的高精度、可定量化面。通过这些技术的综合集成应用，可以实现水利资源信息的快速采集和处理，为水利决策提供有力的基础信息资料和决策支持。

城市水利信息化是以现代信息化技术为依据，通过对城市水资源信息的探索和管理，达到提高城市水资源的调度配置效率和管理决策能力，增强城市水资源保护与治理措施，以及全面提高城市水利工程科学管理水平的目的。城市水利信息化建设将有助于促进城市经济的可持续发展，提高服务能力和水平。总的来说，城市水利信息化是城市水利系统和城市水资源管理制度不断完善的必要前提和有力手段。

2. 信息化技术应用

1）信息化技术应用的意义

（1）促使先进管理模式的形成。

结合城市水利工程建设的特征，将信息化技术合理地应用到水利工程建设中，针对区域、城镇或流域之类的各类水利项目进行系统的调查和研究。信息化技术的快速发展以及应用，并且在城市水利工程建设管理中的积极引入和应用，促进了先进管理模式的构建，提高了工程管理以及人员管理的水平，使得各项工程能够得到统一的管理。

（2）促进建设管理效率的提升。

城市水利工程建设的专业程度高、系统性强，对于施工建设管理水平以及工程目标的实现有着直接的影响。城市水利工程建设管理通过对各项工程信息进行搜集、传输、储存、整理以及发布，促进各个组织之间的工作得到有效的统筹，并且保障交接工作顺利展开，与工程建设最初的目标相契合。

2）常用的信息化技术

（1）遥感技术。

现阶段遥感技术在城市水利工程的应用十分普遍，主要涉及防洪、水利执法以及工程管理等领域，已经成为水利工程中必不可少的信息化技术之一。首先，在实际运用中遥感技术体现出的集成化有利于工程数据的整合，并借助数据信息制作成图像展开分析，以便及时发现工程中的漏洞，并为管理层提供有效的决策依据。其次，遥感技术具有标准化的优点，集数据收集、分析及共享于一体，并展开更为科学的预测，促使城市水利工程朝着智能化方向发展，并借助先进的信息化技术提高数据处理效率与质量，为城市水利工程建设管理提供重要支撑。

(2)地理信息技术。

城市水利工程量巨大，其中会涉及一定的信息数据。比如，在前期审查环节中、图纸设计、施工进度等，想要实现系统化、规范化管理，地理信息技术必不可少，它可以将整个流程变得更加顺畅，并把每个阶段中涉及的数据信息进行记录，对城市水利工程展开动态监督，发现问题时可以及时上报处理。另外，地理信息技术可以和其他信息化技术联合使用，比如与3D可视化技术的结合，就能打造出完整的城市水利工程3D模型。该模型能够对工程建设进行模拟预测，甚至为后续的城市水利规划、防汛减灾提供重要依据。在模型中通过地理信息技术的优势，能够将所有位置一一对应，因此该技术在城市水利工程建设管理中能够发挥出重要作用，有利于建设质量的提高。

(3)全球定位系统技术。

全球定位系统技术大多会应用在地形测绘中，主要为工程前期开发与规划提供帮助，由于整个工程建设都要基于前期的测绘数据来开展，所以必须要保证测绘准确，而全球定位系统技术的应用，无疑大大增加了数据信息的精准度。城市水利工程地形测绘往往会受到天气变化、地形地势等因素的影响，同时需要投入大量人力与物力。使用全球定位系统展开测绘，不仅改善了测量误差的问题，还能借助全球定位系统信号直接获取经纬度、海拔高度等重要信息，并联合CAD制图软件自动测绘，大大增强了城市水利工程前期勘察效率。另外，该技术在城市水利工程的安全系统中同样可以起到重要作用，能够及时发现并处理质量隐患。

3)信息化技术在城市水利工程管理中的应用

(1)建设城市水利工程信息数字化档案。

在信息化技术不断发展的时代，计算机多媒体设备得到广泛普及和应用，借助计算机存储城市水利工程数据信息不再困难，关键在于如何融入工程建设管理中，同时保证数字化档案信息内容的安全性。传统城市水利工程中大多采用纸质档案记录，毕竟以往的摄像技术、设备不发达，不仅造价较高，使用也过于复杂、笨重，且需要后期加工制作。但是在信息化技术的全面发展下，借助智能手机就可以完成录像操作，对施工过程中的重要环节展开记录，并转化为多媒体资料，后续通过分析资料中的关键部位、隐蔽工程，能够降低施工过程中的安全风险，避免存在疏漏、投机取巧的现象，全面提高城市水利工程建设管理质量。

(2)完善城市水利工程信息化建设机制。

在我国城市水利工程建设管理中，建设信息化机制非常关键，这是推动信息化进程的有效保障，因此，要明确各部门对信息化技术运用的责任，落实城市水利工程信息化建设工作，若某部门没有履行职责，应进行追究处理，确保每个部门、岗位都能严格遵循规范要求，发挥出信息化技术的最大化作用。例如，在城市水利工程的开发阶段可以充分借助 GIS、RS 等信息化技术，对工程进行更加科学合理的信息采集，并形成综合自动采集体系，大大减少了人工采集信息误差，为城市水利工程建设增加更多保障。另外，在城市水利工程建设管理过程中，需要提高工作人员对于信息化技术运用的积极性，主动应用信息化技术完成建设工作，保证信息化技术在每个环节均能得到落实。

(3)加强城市水利工程信息化监督管理。

管理工作决定着城市水利工程的建设效率与质量，因此更不能缺少信息化技术的支持，可以将信息化技术融入城市水利工程施工进度管理、质量管理及成本管理中，从这三个方面入手将会为城市水利工程提供更多帮助。首先，在管理工作中通过加强信息化技术的应用，建设数字智能化管理信息系统，分别设置多个不同子系统，确保做到协调配合，营造出现代化城市水利工程管理氛围。其次，信息系统支持施工进度管理、质量管理及资金管理，通过数据信息的收集与整理，对工程进行全方位控制，包括涉及的施工技术、生产要素等及时调整，大大提高城市水利工程建设效率与水平。最后，智能化信息管理系统还有很多用途，包括施工前期的计划、组织及招投标，都可以借助信息化技术来完成，有助于推动我国城市水利工程建设发展。

(4)提高各类信息化技术的运用效率。

信息化技术的作用显著，在城市水利工程中不仅减轻了人员操作内容，随时随地都能传输工程需要的数据信息，并能在第一时间发现工程问题，采取适当的解决方案，避免对工程进度造成严重影响。由此可见，合理运用信息化技术将会为城市水利工程建设带来更多的经济利益。因此，当下必须提高各类信息化技术的使用效率。例如，地理信息技术的应用，通过该技术进行工程建设模型分析，在施工开始前完成动态化图形模拟，对工程建设方案不断优化完善，从而有效保障水利工程建设管理质量。除此之外，还可以通过 CAD 等制图技术对施工图纸进行设计，并且存储在计算机中，随时随地都能调取，这样就大大避免了纸质设计图丢失的问题，有效提高工程建设效率。

6.3.3 基于 BIM 的城市水利工程项目信息化

1. BIM 技术的优势系统分析

随着国内施工建设技术不断成熟，BIM 技术也逐渐被引入工程建设中。BIM 技术具备的优点特别多，主要体现在工程建设中的协调性、对工程建设全面系统地进行模拟、优化施工过程中的不合理之处、改进图纸等。系统平台的搭建能够更好地实现信息传递以及信息的共享功能，能够对工程设计、费用支出、工程建设以及工程竣工全方位数据更好地进行管理，保证管理者所需要的内容及时展示出来。BIM 技术涵盖了工程建设的所有阶段，施工企业的管理人员能够对不同的建设方案进行系统的比较，作出可行性分析，然后依据分析结果做出正确的决策。此外，在工程设计阶段将数字模拟运用到各个环节中，对于工程管理和建设意义重大。

国内的城市水利工程建设水平整体处于偏低的状态，在城市水利工程建设的过程中，工程量偏大，施工建设的条件比较复杂，施工项目中的技术难点比较多，BIM 技术与城市水利工程结合，能够充分模拟施工建设的前期数据，建立项目设计阶段的模型，细化建设过程中的数据，形成完整的信息数据管理库。BIM 模型运用到工程项目设计阶段以及项目的施工过程中，能够充分提供数据上的支持。BIM 技术能够对施工建设作出可视化的系统模拟，有利于项目的前期投资准备。

2. BIM 技术信息管理模式构建

1）系统结构以及功能模块

BIM 技术使用的基础是网络技术的支持，如果没有网络技术支持，这项技术便无法正常使用。技术人员可以使用 BIM 技术开发出一个适用的平台，由平台管理员对施工建设的参与方进行授权。建设项目负责人能够对工程建设的不同信息进行查询，按照规定传输信息，全面提高工作效率，避免人为操作过程中出现信息传递错误的情况。此外，在浏览器/服务器这样的模式中，工程项目建设过程中所产生的各项建筑数据是独立存在的，各个模块能够很好地分离。这样能够保证数据的真实准确，避免相关管理人员私自改动数据。同时 BIM 数据模型选用专门的传输设备对工程建设过程中的信息数据进行全面传输，相关部门收到信息以后，能够及时将信息反馈到传输者面前，这样能够满足使用要求，确保数据真实准确。

2)全面对工程项目中的数据整理作出深入分析

通过 BIM 技术所创建的信息化共享平台，工程建设中的参与方获取相对应的权限以后，能够及时地查找工程建设数据，对已完成的数据进行深入交流，能够保证工程项目建设顺利进行，并且很好地控制成本。平台的管理者根据参与方所负责的区域充分划分权限，例如，作为施工建设的监理部门能够对于建设完成情况的数据进行审核，审核产生的意见能够及时地上传到平台上，管理人员认真观看审核完成的数据后，能够了解项目实际进度以及工程质量等。

3)数据存储和优化

对于已经建设完成的城市水利工程项目，项目管理人员可以对工程建设中的各个数据进行全面梳理，确认数据真实准确无误以后对数据进行仔细划分，整理并存储数据。在城市水利工程建设的过程中，会产生大量的基础数据，这些数据随着建设周期推进，数据量也在不断地增加，按照传统工程建设的管理模式，人工操作过程中难免会出现错误，对后续的整理造成一定的困难。因此选用 BIM 技术能够全面整理、归集、合并数据，对数据进行全面优化，同时结合工程项目建设的要求对数据进行表格设计，让管理人员能够直观地对数据进行检查验收，同时可以利用数据集成的功能，将工程建设过程中的数据集中上传，管理效果更加明显，工作效率更高。

3. BIM 技术在城市水利工程中的相关应用

1)BIM 模型在土方量计算中的应用

土方项目是城市水利项目工程施工中的难点工程，时常会产生土方量计算不精准而影响城市水利项目施工进展的现象，甚至直接影响城市水利项目工程施工的品质。由于受到地质条件、施工难度的影响，土方量的计算比较烦琐，极难对其进行精准把控。应用 BIM 技术，能够较好地处理该情况。待城市水利项目 3D 立体模型建立后，可利用 BIM 模型对项目土方量进行直接运算，工作者需明确目标量，软件则可自动计算出土方量，操作较为便捷。BIM 模型在计算项目土方量过程中，还可按照项目的施工进展对土方量实行动态跟踪，保障项目最终土方开挖、填筑量的可靠性。

2)BIM 模型在构建水工建筑物体中的应用

首先,在开展城市水利项目工程部署水工建筑物枢纽期间,需明确建筑物体的高程及水平位置,各水工建筑物的场地部署对后续设备的运送、建设等带来重要的影响。为此,在明确水工建筑物位置过程中,需按照项目所处位置的地形,运用 BIM 技术模型宏观上形成工程的综合沙盘,设计者借助 BIM 技术模型,可直观发现各建筑物间的关联性,并且在模型中,各建筑物可进行自由移动,当某个水工建筑物位置产生改变时,所造成的变化均可形成各种形式的决策沙盘,给选择最佳的水工建筑物位置提供支持。其次,应用 BIM 技术模型,可把和水力学项目施工相关的各类信息进行整理,建立一个新型集成化管理平台,保障各施工环节信息可进行追根溯源,提高建设信息的精准性。BIM 技术可用于城市水利项目施工的应急管理工作,设立集预警、定位及维护于一体的应急管理系统。城市水利项目工程施工具有施工规模大、参与部门多、施工周期长、施工难度大等特征,因此其对信息化程度要求较为严格。BIM 技术的本质是对建筑物功能进行描述,对于城市水利项目施工来说,BIM 技术的应用不仅是一种简易的建筑物 3 D 立体模型的体现,而且是对城市水利项目各建设阶段的呈现,BIM 技术模型所包括的建筑物信息和相应建设信息对初期的投资、后续的养护均可提供帮助。BIM 模型越精细、层级越多,则对城市水利项目建设的成本把控越有利。

4. 各阶段中的 BIM 技术相关应用

1)BIM 技术应用于项目决策层面

城市水利项目工程决策阶段的主要工作内容包含项目初期拟定、项目可行性分析等,在这些工作中,BIM 技术可发挥关键的作用。从城市水利项目工程的初期拟定角度来说,业主需对项目工程的功能定位、投入定位等做出确认,且指导项目单位、工程单位、设计单位、财务单位之间应进行充分交流。在此过程中,每个部门的数据调整,均会直接影响其他部门工作的进行,因此,一个顺畅的交流平台是全面做好项目决策工作的核心。BIM 技术应用于该阶段,可让项目信息处于共享状态,这对高效处理各部门间信息不一致的问题、保证各部门可迅速掌握项目一手资源做出决策起到至关重要的作用。在开展城市水利项目可行性分析工作过程中,需对城市水利项目可以获得的社会效益做出分析。不过,该阶段没有精准图纸作参考,大大提高了预算与核算等工作的难度。BIM 技术应用于该阶段时,可通过渲染方法对城市水利项目周围环境、项目原材料等进行全面了解。

2)BIM 技术应用于项目设计层面

城市水利项目工程设计规划是城市水利项目中尤为重要的环节,且对城市水利项目成本投入、周期把控、品质管理等起到至关重要的作用。以往的城市水利项目设计以 CAD 为主,在进行城市水利项目设计过程中,主要工作人员包括设计和施工的专业技术人才,项目设计方案关键形式以二维 CAD 工程图为主。BIM 技术应用于城市水利项目设计规划层面,首先,可迅速对城市水利项目进行建模,继而使得业主可全面掌握城市水利项目设计环节的实际情况,其对城市水利项目设计规划的科学完善及精准定位起到至关重要的作用。其次,BIM 技术应用于建立城市水利项目模型,城市水利项目工程的设计可让 PKPM 等软件对项目成本进行较为精准的评估,有效防止传统计算模式中的人为操作失误,有效提高城市水利项目设计规划环节成本把控的工作效率。

3)BIM 技术应用于项目施工阶段

城市水利项目工程施工过程需以施工图纸为基础进行施工操作。为此,城市水利项目工程施工部门需全面掌握设计图纸及设计意图等,继而给城市水利项目工程提供较好的指导。BIM 技术的运用要点主要体现于施工模拟以及对施工更改问题的应对方面。施工模拟有助于对城市水利项目进展做出较好的把控,虽然二维图纸技术已较为成熟,不过该技术也存在施工进展安排和实际状况不一致的风险。在应用 BIM 技术的条件下,城市水利项目工程施工部门可对施工中各施工环节实行模拟,且可应用 3D 模型对施工规划做直观展示,施工部门对各种影响施工进展的诸多因素能够进行较好的把控。施工变更会约束施工进展把控目标、施工成本把控目标的完成,且施工变更问题是一种极难规避的情况,科学应对该情况是提高施工管理质量的关键。通过应用 BIM 技术,施工部门可使用 3D 可视化模型来全面掌握施工期间存在的问题,及时发现设计存在的问题,提前改善施工图纸,继而尽可能防止设计变更情况的产生。

4)BIM 技术应用于项目运营维护层面

待城市水利项目工程步入运营养护环节后,竣工图纸是进行项目养护的关键依据。为此,项目运营养护工作人员需全面掌握竣工图纸内容,而项目运营养护部门则需尽可能防止人员流失等变动而造成资金拖欠及索赔等现象。在应用 BIM 技术的条件下,不论是城市水利项目工程中的竣工图纸信息还是工作人员管理信息等,均可完成实时查询操作,这就给城市水利项目工程运营管理部门和运营管理工作者提供了信息支持，且可在此基础上对城市水利项目工程运营养护质量、效率及管理等进行掌握，有助于促进城市水利项目工程运营养护工作往精细化方向发展，且可在城市水利项目工程运营维护水准的基础上提高城市水利项目主体的使用年限。

5. BIM 技术的发展前景和趋势

现阶段，协同设计可以给人们的设计工作带来便捷，但 BIM 技术的产生给人们带来了便利。协同技术和 BIM 技术相辅相成，是互相依靠的整体。协同是 BIM 技术中的一个关键理念，且 BIM 技术给协同设计提供了诸多的便捷，协同不仅是过去的简单文件的参照，更是设计手法的一种，其协助 BIM 技术使得更多的主体参与，从城市水利项目工程立项至结束，更多的信息数据被应用，且信息数据一次输入则可终身应用，其具有更为广泛的价值，大幅提升了城市水利项目工程施工的效率与质量。过去国内建筑领域应用的图纸大部分均是二维的，全部的生产建设几乎都是依靠二维图纸进行，但二维图纸无法精准地阐述客观实体，其对 BIM 技术的运用有一定的阻碍。后续三维图纸则会被各行各业认可与接受，其既可以精准地阐述出建筑体的相关特点，还可以进一步地把整体的信息数据融入图纸中。所有的专业项目均可以应用三维图纸，借助其分析项目工程架构、施工建设原材料和水利项目工程整体信息数据。

6.4 城市水利工程的智慧管理

水利工程管理是城市公共管理的一部分，基于智慧城市的建设背景，水利工程管理可以顺利纳入智慧城市建设的一个模块。将水利工程管理纳入智慧城市后，就可以实时、高效地管理水利工程，给水利工程管理带来革命性的变革。

6.4.1 智慧水利工程管理框架

智慧城市模式下的智慧水利工程管理就是依托智慧城市模式来实现公共管理的目标——公平和效率高的新的管理模式。该模式实现的关键就是要基于智慧管理平台构建“三个三”框架。“三个三”的第一个“三”是指三个建设内容——体制建设、基础建设、平台建设；第二个“三”是指三个参与主体——政府职能部门、咨询服务公司（招投标代理）、工程运维单位；第三个“三”指三个建设机制——组织机制、建设管理机制、运维机制，如图 6.2 所示。

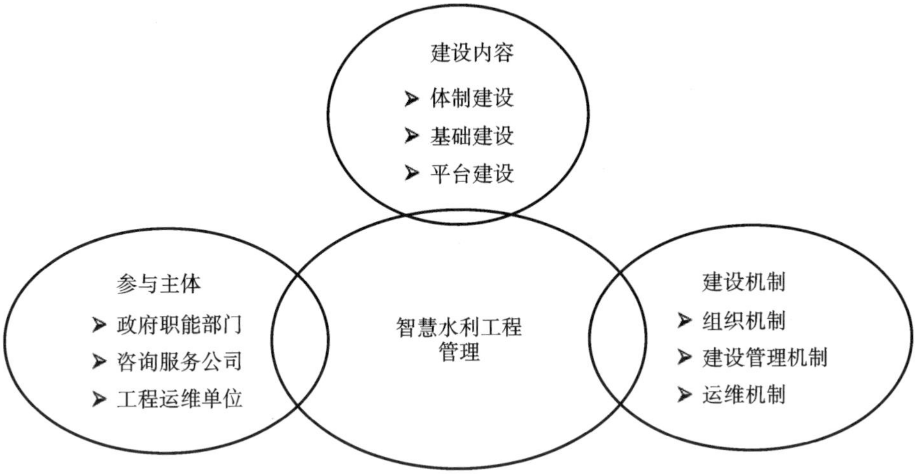

图 6.2　智慧模式下水利工程管理建设理论框架

1. 三类建设内容

智慧城市公共管理下的水利工程管理可分为顶层的管理体制建设、底层的基础设施建设和中间层的基于大数据、云计算等的智慧平台建设三大部分。

1)管理体制建设

管理体制包含管理系统的结构及组成方式两部分，其实质就是研究应采用怎样的组织形式，组织形式如何构成高效的系统，以怎样的规则、方法来达到管理的目的和效果。具体如何执行就是探讨管理的体制建设。它通过具体划分来规定部门、企业等主体各自的管理范围、权责、相互关系和利益分配。其核心是管理机构的设置、确定各管理机构职权的分配以及在管理过程中各机构进行相互协调。它的好坏直接关系到管理效率、效能，所以在部门、企业等主体的管理中起着决定性作用。

2)底层基础设施建设

智慧水利工程管理的实现主要在于底层的基础设施建设，是智慧水利工程管理的技术基础。如果智慧城市是一个“神经网络”系统，那么底层的基础设施建设就是智慧水利工程管理的“神经末梢”。一般智慧水利工程管理需要数据采集感知设备、实时数据传输设备、存储数据的数据库等，而且这些设备需要随着科技发展不断升级和更新。

3)智慧平台建设

智慧平台主要是依托最新的信息化技术——大数据、云计算对采集到的数据进行智能分析、存储和应用,作为各种决策的数据支撑和辅助。它具体可以分为针对数据的数据收集、存储系统,针对数据处理的数据分析系统,针对管理决策部门的应用系统,以及针对群众的公开查询系统。

2. 三个参与主体

智慧水利工程管理参与主体包括政府职能部门、咨询服务公司和工程运维单位。政府职能部门是水利工程的管理主体和资金来源;咨询服务公司如招投标代理有利于体现管理的公平性;工程运维单位确保水利工程建设正常运行。

3. 三个建设机制

智慧水利工程管理是一个在智慧城市公共管理模块下的子块,它是复杂系统的一部分,包括组织机制、建设管理机制和运维机制三方面。

1)组织机制

管理体制最终体现到组织机制上来。在水利工程的管理过程中,需要建立适用于水利工程管理的组织机构,明确划分机构内部各部门具体职权,减少因部门权责重叠而导致的重复管理现象,使工程管理高效顺利进行。

2)建设管理机制

依托智慧平台,实现对工程的智慧化管理。具体应该体现在设计过程智慧化、施工过程智慧化、质量监管智慧化、资金管理智慧化。

3)运维机制

水利工程的运行和维护是水利工程的一大特点。基于智慧平台,建立完善的养护资金来源的确定、养护单位的确定、养护效果评价等机制,确保养护工作有效进行。

4. 智慧水利管理平台

基于以上“三个三”,构建智慧水利管理平台系统,从而实现智慧水利工程管理(见图 6.3)。

整体管理平台框架设计分为五层,合理的分层可以更好地对系统进行建设。

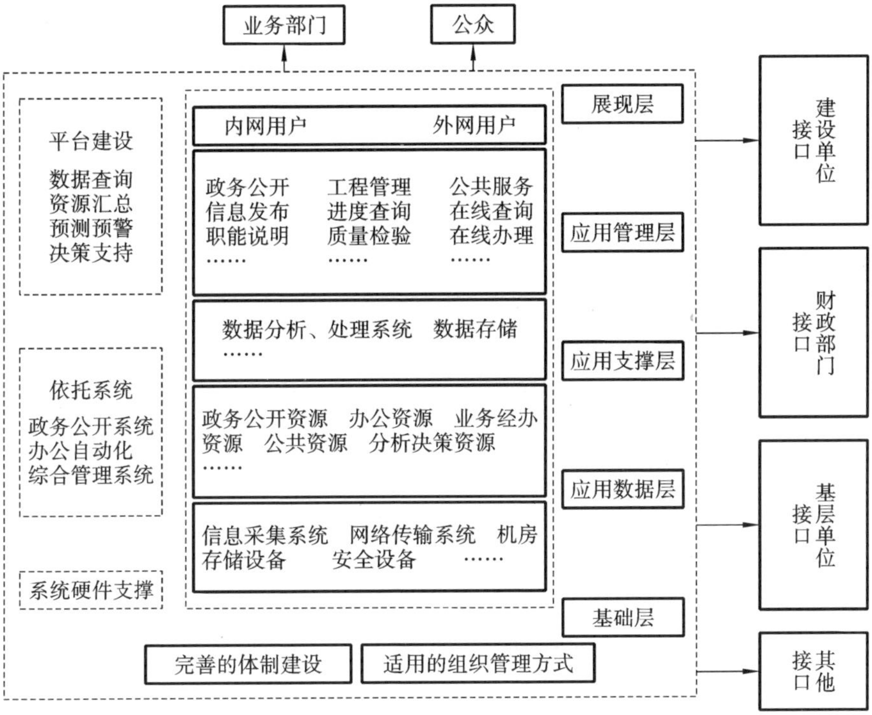

图 6.3　智慧水利管理平台框架

1)基础层

各种硬件设备构成了基础层,它是系统的基本保障,按作用可分为信息采集、传输、存储、安全维护系统等。

2)应用数据层

应用数据层是平台对各部分数据资源的综合分析应用,它保障了平台对数据的分析处理、资源共享和各层之间的无缝衔接。故有效的规划和设计是应用数据层最重要的一个环节。

3)应用支撑层

应用支撑层是整体管理平台的核心“大脑”,实现对数据的处理、分析、管理、存储应用。根据智慧模式下水利工程的管理要求,它主要是由最新的信息技术物联网、大数据和云计算,通过数学建模方法实现对数据的处理计算,最终实现对决策的数据支撑。由此可见,应用支撑层决定了优化资源的效率和管理的科学性。

4)应用管理层

针对水利工程管理整个流程，将实际应用系统分成三大块、若干个子块，以满足不同部门和不同对象的不同需求，同时也能实现信息的交互传递，实时数据为各部门对工程的无缝管理提供保证。应用管理层是管理平台实际应用的后台支撑，通过管理对分析出的数据、资源和信息进行整合，良好的整合效果能提高系统管理效率、服务质量。

5)展现层

展现层是整个管理平台的应用展现，针对需求，可以设计内网门户和外网门户，使得不同的应用人员拥有不同的登录权限，实现对相关信息和资源的浏览查询、修改操作。

6.4.2 智慧水利工程管理案例——以新余市渝水区为例

1.新余市渝水区水利工程管理的现状

1)水利现状

在新中国党和政府的领导下，渝水区水利工程建设情况发展良好，水利工程建设体系得到了很好的完善，包括防洪、水土保持、发电、治涝、供水、灌溉等各部分。

到 2016 年底，新余市已建成不同类型的水保工程、水利水电工程约 0.81 万处(座)，渝水区有中型水库 2 座，小(一)型水库 17 座，小(二)型水库 118 座，山塘在册 1199 座，共计 1336 座，水力发电站共 8 处，引水工程共 540 处，机电排灌站共 3286 处。修筑城防堤(墙)7.87 km。

2)存在的主要问题

由于资金投入不足，新余市在水利工程质量、管理制度、水利服务等方面还存在许多问题，偏重于工程建设，而对工程管理、工程养护等不够重视，水利建设不太均衡，部分地区建设力度还需大力加强。

(1)对防洪治涝的工程选用标准较低。

渝水区现有堤防如袁河南堤、孔目江圩堤，采用的是 10～20 年一遇的防洪标准，而国家强制规定的至少是 20 年一遇的标准；部分堤防存在隐患，防洪的保障不够；排涝站建设标准采用的是 10 年一遇，基本都是 20 世纪六七十年代建的，由于长期缺乏维护，实际排涝能力不足标准的一半。

(2)水利设施老化失修，存在安全隐患。

渝水区现有的水利设施基本都是在1950年至1970年间建设的，由于当时的许多客观因素的制约，工程建设质量较差，加上近五十年缺少合理维修，工程隐患较多，存在很多风险，水利工程设施的效益越来越低。

2009年开始渝水区已陆续对部分病险水库进行了除险加固，减少了病险水库可能带来的危险，不过因为资金限制，改造还没能完成，这些在防汛抢险时都是潜在风险。

(3)水环境问题日益突出，居民饮水安全受到威胁。

(4)水土流失依然存在。

2.新余市渝水区公共水利工程管理存在的问题

1)产权不清晰、责任不明确

通过调查，有近80%的人认为，产权关系是水利工程中首先要确定的，然后就是非公益和公益的界定问题，只有这两个问题解决了才能让水利工程项目有效地开展。目前的制约情况主要是政府部门、专业水管机构、水利站三种机构都垂直管理，多方管理方式造成权责交叉、产权不清、责任不明，最后形成了“三个和尚没水喝”的现状，使得效益衰减，工程老化，发展缓慢。

另外一种情况就是渝水区未能严格分级管理所有的水利工程，该上级管理的却实际由下级单位管理，而下级管理单位没有协调统筹的能力，造成水资源优化配置能力不足；同时，不少管理部门缺少对水利工程管理单位的人事管理权，造成只管业务不管人，造成管理的低效；还有无法落实体制外的水利单位的责任也是一个很大的问题。

渝水区的大部分水利工程都是综合工程，是属于公益性兼经营性的，资金来源是财政拨款和经营性收入。此种情况导致工程性质不明，管理单位也就无法界定性质，造成单位内部职能定位困难，管理模式也就不能确定和规范，给水利工程管理工作和养护带来严重影响，水利工程管理单位的经济效益也无法实现。

2)组织机构臃肿、人浮于事

水利工程管理单位主要工作应该是集中精力，管理好水利工程，让水利工程为民服务，而不是内耗似地“管理自己”。新余市渝水区水利工程管理单位存在因事设岗、盲目增设下属机构等现象，也有因人设职的情况存在，最后造成了岗位一堆，人员一帮，看似忙碌，实无用处，官本位制，对基层情况漠不关心。

人员结构不合理、人员超编是水利工程管理单位的另外一个常见现象。据统计，2015 年渝水区水利工程管理单位在职人员已达到当初批准编制的 2 倍多。为什么人员会超编呢？主要原因在于：一是政府的管理方式是只进不出，水利工程管理单位不能合理调配人员；二是政府对转业军人的安置，对干部的人事政策。这些客观因素使得基层水利管理人员越来越多，远远多于批准编制。人员超编不利于工程的管理，造成单位内部工作效率低、单位负担重，也使部门内部缺乏竞争和活力。

3)水利工程管理认识不足

在调查中发现新余市渝水区水利工程管理单位“重建轻管”，每年抓投入、建设，但对现有工程的改造再用和优化管理上不够重视。在观念上，各级干部均认为工程项目建设好了就可以了，对运行管理不重视；在投入上，对运行维护投入的资金少，基础设施建设投入的资金多，运行管理资金只能靠少量的财政拨款，远远达不到正常的维护要求；在管理上，虽然已经有了项目法人责任制、监理制、招投标制等市场经济管理模式，但对已建好的工程未能做到科学规范地管理。“重建轻管”使水利工程管理单位未能充分发挥科学管理的优势，没有达到在已有条件下的最优化。

4)资金缺乏、经费落实不到位

据查，渝水区水利工程管理单位收支不平衡、管理资金短缺。2016 年渝水区水利工程管理单位总收入为 1.2 亿元，总支出为 1.5 亿元，资金超支 0.3 亿元。各水利工程管理单位都存在不同程度的超支现象。经费不足是水利工程管理都面临的问题。这一问题的原因是资金来源单一，主要是来自各级财政拨款，导致其他水利项目如水利工程运行管理、维修养护等没有稳定的资金获取渠道。而财政拨款与项目实际需求经费有很大的差距，特别是财政困难地区拨款还很难到位。在经费的使用过程中，存在经费使用性质不清、无法有效利用经费等问题，专项经费也存在截留、浪费、挪作他用的情况。经费缺乏导致工程运行、维修养护没有保障，最后工程逐渐失修、老化，或者“带病”运行，使得水利工程运行存在安全隐患，也发挥不了水利工程的效益。

5)社会保障体系尚未建立，职工医疗、养老问题日趋突出

调查显示，78%的水利工程管理单位基层职工认为工资、福利落实不到位。

社会保障制度还未能在所有地区推行，国家事业单位社会保障制度也未完善建立，水利工程管理单位人员的医疗、养老保险等还需要单位负担。部分经济比较落后的地方，按目前这些水利工程管理单位的经济状况，即使推行了社会保障制度，单位人员估计仍难以正常完成社保费的缴纳。这就使得离退休职工社保问题无法得到解决，职工的分流转岗受到制约，限制了水利工程管理单位的改革进程。

3. 新余市渝水区智慧水利工程管理模式的构建和创新

1）树立智慧水利工程管理理念

（1）智慧型管理理念。

智慧型管理理念的树立是建立智慧管理的意识基础，只有人人都有了智慧理念，才能充分实现智慧化管理。

要树立智慧型管理理念就是要在水利工程管理中体现出智慧城市公共管理的六大特征："以公众为中心性"（citizen-centric）、"普惠民众性"（for all）、"透明性"（transparent government）、"无缝性"（seamless）、"快速回应性"（fast responsive government）、"一体性"（integrated government）。

快速回应性在水利工程管理上可以理解为对居民用水需求的快速回应，从而对解决居民用水问题的工程快速立项，也体现在对工程管理中出现的问题和突发事件能够快速响应、积极应对，将问题予以及时解决，将事故损失降到最低等。

以公众为中心性和普惠民众性在水利工程管理上是一体的。水利工程管理的根本目的是服务大众，所以在管理过程总以人民为中心，根据广大人民的需求，设立水利项目。水利工程在建设的过程中，核心是要关注并协调多方关系，通过及时合理地调配资源来确保水利工程顺利进行，为了实现这一目标，就需要加强实时监督、质量检验，确保质量。另一方面，水利工程管理的透明性可以让工程得到更好的监督以及及时发现问题予以改正，更好地确保工程顺利进行。

（2）完善水利工程管理的组织机构建设。

根据智慧城市公共管理的特征，智慧水利工程管理在组织机构建立上的核心思想是资源优化配置。它的具体表现是彻底实现公开透明原则，明确人、财、物和信息等资源的使用情况以及实现对工程建设、管理和养护等过程的优化管理、信息公开、社会监督等。

所以建立智慧水利工程管理体系，首先需要划定权责，需要明确水利工程管理各方面的管理部门、建设单位等机构的权利，并对它们的工作责任进行明确划分，做到互不影响又互相协调。水利工程管理的智慧化实际上就是通过信息的高度共享和资源的充分调配，降低和消除以往不同管理主体在处理常态和突发管理事件中的迟滞和片面化情况，保证主体间对管理进度能协调统一、快速响应，实现对资源调配的高效整合和统一配置，提升管理者的行动能力；通过制定跨部门、跨行业的信息共享平台，建立新的水利工程管理制度。

在组织架设方面，建立智慧平台下的新标准工作流程，为新模式下的运作提供了新方法。在这一组织方式下，智慧水利工程管理组织的特征就是无障碍高效沟通，常规（标准化服务）和突发（个性化服务）工作在需求下的迅速切换。在智慧水利工程管理组织机构完善过程中，日常管理组织系统与突发事件的管理系统相结合，这样就使得水利工程管理既具有前瞻性和主动性，又具有工程韧性、生态韧性等。水利工程管理的前瞻性、主动性是基于通过大数据、移动互联网、物联网、各种社交平台形成的数据，对水利工程本身、外在环境、服务供给等形成数据预测，从而能够提前提供公共服务，达到“治未病”的功效。工程韧性使得水利工程能够更好地应对气候灾害。生态韧性使得当地农业在水利工程的保护下更好地实现生态平衡和可持续发展。

应建立科学有效的水利工程管理分级制度。在设立新余市渝水区水利工程管理机构的基础上，各下级辖区政府应该设立相对应的机构，负责下级辖区水利工程管理事务，而且这一机构应该只隶属于上级水利工程管理机构。新余市渝水区和下级辖区形成“纵向到底、横向到边”的水利工程管理机构，使工程信息共享能力、上下级沟通能力、协调运作能力和突发情况处理能力得到切实的加强。

2)渝水区水利工程管理系统开发

渝水区水利工程管理的具体事务性工作如下。

(1)袁河、孔目江(渝水地段)等重要河道的综合治理和开发。

(2)渝水区防汛抗旱指挥部的日常工作。

(3)组织重点水土防治和指导，综合协调防治工作。

(4)渝水区供水、人畜饮水工作、水利灌溉。

(5)对渝水区水工程建设进行行业管理。

为此，将这些工作按信息监控、信息收集、信息处理、信息反馈、信息管理等进行模块化分类，具体分法见表 6.1。

表 6.1　渝水区水务局事务工作分块

项目	模块	项目
1	信息监控	防汛抗旱、水土保持、城乡供水
2	信息收集	防汛抗旱、水土保持、河道开发
3	信息处理	防汛抗旱、水土保持、河道治理
4	信息反馈	防汛抗旱、水经济行业管理、城乡供水
5	信息管理	防汛抗旱、河道开发、河道治理、城乡供水、水工程建设

信息监控模块负责对动态数据进行测量和报告，如在防汛中，实时监控各河道、水库的水位情况，能对汛情进行实时报警，实时的水位信息也能及时帮助了解供水、饮水是否短缺，为水资源的合理调配提供实时决策依据；信息收集模块的作用是汇总存储短期、长期的数据，为信息处理模块提供分析数据；信息处理模块是在信息收集的基础上，通过各种数学方法，如数学建模、神经网络方法、统计方法等分析并预测未来形势变化及走向，进行灾情预警或预防各类问题出现，达到"治未病"的效果；信息反馈模块是将监控信息或信息处理模块分析处理结果通过一定手段反馈出来，如图形界面显示、预测数据、预测报告等，为决策者提供决策的量化依据；信息管理模块是一个综合模块，既能查看信息监控模块获得的信息，也能调用信息收集模块收集的信息，同时也可以对信息处理方法、机制进行修改和干预，使得各个模块能够有效、正确地运行，并实现多方（本机构、上级管理机构、平行相关部门）共享数据的目的，从而达到信息共享、协调工作的效果。

3）渝水区水利工程管理系统的优势

渝水区水利工程管理系统给整个水利工程管理带来的具体好处如下。

（1）水务局及相关管理员可以对自动采集和接收的水利工程信息、水文信息进行实时查看，并对客服端进行数据更新或选择性开放权限给数据需要人员。

（2）采集与传输无时延、准确性高、可靠性强，建立了准确合理的信息分析预测系统，能为政府指挥防汛抗旱提供有力支撑，而且有比较强的预见性，能够更为主动地对灾害和问题进行防治。

（3）减少了水务局人工成本，降低了通信成本，提高了水务局工作效率。

（4）实时信息的传输，让相关人员及时了解情况并做出相应的决策。比如各种信息，相关人员能及时通过手机就能及时查看，相关指令也可以及时发送到相关人员的手机上。

(5)奠定了防汛抗洪工作的基础,将防汛工作从被动转为主动,从而提高了城市的“韧性”。

(6)节省人力物力,提高了人民的生活水平。比如预见性地调配水资源,不会出现水资源分配不均的问题等,也能够更好地保证人民群众的生命财产安全。

参考文献

[1] 艾水平.浅析城市防洪工程施工的现场管理[J].江西建材,2015(4):116+118.

[2] 敖双奇.生态理念下城市水利景观规划设计研究[D].武汉:湖北工业大学,2019.

[3] 陈春光.城市给水排水工程[M].成都:西南交通大学出版社,2017.

[4] 陈婉.城市河道生态修复初探[D].北京:北京林业大学,2008.

[5] 丁民,匡少涛,史宏伟,等.以十九大精神为指导加快推进水利工程运行管理现代化[J].水利发展研究,2019,19(2):29-34.

[6] 段树金,向中富.土木工程概论[M].重庆:重庆大学出版社,2012.

[7] 房斌,张松,江月.黑臭河道治理工程中增氧方式的研究进展[J].科学技术创新,2019(21):136-138.

[8] 高常飞.人工强化生态滤床处理技术研究[D].沈阳:辽宁大学,2011.

[9] 韩记.水利工程管理现代化与精细化建设的思考[J].海河水利,2021(6):68-69+76.

[10] 郝洪喜.浅谈城市水利工程特点及设计理念[J].中国水利,2015,774(12):43-44+54.

[11] 黄青.水生植物净化水质机理及其在城市河道生态治理中的应用[J].住宅与房地产,2019(18):268+270.

[12] 柯龙,刘成,黄丽平.土木工程概论[M].成都:西南交通大学出版社,2018.

[13] 孔锋.透视变化环境下的中国城市暴雨内涝灾害:形势、原因与政策建议[J].水利水电技术,2019,50(10):42-52.

[14] 孔杨.南昌市前湖电排站中现代化城市水利理念应用的探讨[D].南昌:南昌大学,2010.

[15] 李万来.基于BIM的水利工程项目信息化分析[J].中国住宅设施,2021(11):11-12.

[16] 李迎春.豫北地区河道水利工程管理存在的问题及对策[J].水利技术监

督,2018(2):35-37+43.
[17] 令彦强.乌鲁木齐市城市节水管理研究[D].乌鲁木齐:新疆大学,2020.
[18] 刘红勇,陆族杰.海绵城市建设项目管理模式研究[J].科技管理研究,2018,38(5):232-236.
[19] 刘经强,赵兴忠,王爱福.城市洪水防治与排水[M].北京:化学工业出版社,2014.
[20] 鹿佳明.给排水系统智慧化建设赋能韧性城市发展[J].中国安全生产,2022,17(4):54-55.
[21] 吕鹏翼.脱氮微生物的筛选及其在生物膜技术中的应用[D].北京:中国矿业大学,2018.
[22] 马军.城市河道生态修复及景观设计研究[D].西安:西安理工大学,2020.
[23] 宁长慧.给水排水工程施工便携手册——市政工程施工便携系列手册[M].北京:中国电力出版社,2006.
[24] 彭志祥.浅析城市水利工程及其发展趋势[J].广东科技,2012,21(3):107+137.
[25] 屈军宏.水利工程现代化与精细化管理方法探讨[J].杨凌职业技术学院学报,2020,19(4):17-19.
[26] 尚丽霞.水利工程管理的现代化发展及方向[J].农业科技与信息,2017(2):123-124.
[27] 孙秋慧,席力蒙.曝气增氧技术在工程应用中的研究[J].科技资讯,2021,19(34):59-61.
[28] 王炳坤.城市规划中的工程规划[M].天津:天津大学出版社,2011.
[29] 王威.研究城市给排水中的现代化指标体系[J].建材与装饰,2017(18):13-14.
[30] 王亚华,胡鞍钢.中国水利之路:回顾与展望(1949—2050)[J].清华大学学报(哲学社会科学版),2011,26(5):99-112+162.
[31] 王一.智慧城市视角下的海绵城市建设与运行管理研究[D].沈阳:沈阳建筑大学,2020.
[32] 王勇.节水节能在给排水设计中的应用[J].工程技术研究,2021,6(9):220-221.
[33] 吴晓飞,吴斌,兰飞.BIM技术在水利工程中的应用研究[J].居舍,2022

(9):166-167+177.

[34] 相远行,许立洋.市政给排水节能设计措施探究[J].节能与环保,2022(4):74-75.

[35] 薛智文.基于云模型的水利信息化水平测度研究[D].郑州:华北水利水电大学,2021.

[36] 薛重华,黄海伟,孔祥娟,等.热带海绵城市建设实践——三亚海绵城市试点建设路径[J].建设科技,2019(Z1):101-106.

[37] 杨艳.成都市城市河道水质模拟及整治方案研究[D].成都:西南交通大学,2019.

[38] 伊学农.城市防洪规划设计与管理[M].北京:化学工业出版社,2014.

[39] 张爱民,刘曙光.建筑设备工程[M].北京:中国水利水电出版社,2009.

[40] 张伟,王翔,赵晨辰,等.海绵城市建设实施路径探索——以宁波国家试点区系统化方案实施为例[J].给水排水,2021,57(S1):145-151.

[41] 张武术.浅析加强河道治理工程的管理措施[J].河南水利与南水北调,2020,49(4):73-74.

[42] 张颖宇.基于"智慧城市"理论的智慧水利工程管理[D].南昌:南昌大学,2018.

[43] 赵钟楠,刘震,王冠.基于多维视角的中国式水利现代化内涵初探[J].水利规划与设计,2022(2):1-4+15.

[44] 赵钟楠,刘震,张越.新时代推进中国式水利现代化的战略思路与路径[J].水利规划与设计,2022(8):10-12+32.

[45] 镇江市海绵城市建设指挥部办公室.镇江市海绵城市建设试点实践[J].江苏建筑,2019(6):8-11.

[46] 郑晓燕,胡白香.新编土木工程概论[M].北京:中国建材工业出版社,2007.

[47] 周培.对试点后海绵城市建设的思考[J].给水排水,2020,56(S1):659-665.

[48] 周鹏程.城市河道景观设计研究[D].北京:北京服装学院,2013.

[49] 周廷录.探讨城市防洪工程施工的现场管理[J].建材与装饰,2016(23):180-181.

[50] 朱修海.信息化技术在水利工程建设管理中的应用[J].中国高新科技,2022(2):149-150.

后　　记

水是生存之本、文明之源，是经济社会发展的重要支撑和基础保障，任何一个城市的发展都离不开水。城市水利指为解决城市防洪、供水、排水以及处理城市的废水等所进行的水利工作。城市水利问题是社会经济发展的产物。当前，随着我国改革开放的不断深入、城市化进程的加快，城市与水的关系越来越密切，城市建设侵占河湖的现象随处可见，而工业发展造成的河湖污染更是屡见不鲜。发达国家在各自经济的高速发展阶段都曾不同程度地遭遇过这一问题，并为之付出了沉重的代价和巨额的治理费用。我国在城市化进程中的水利工程问题更多、更复杂，因此，城市水利必须走一条绿色、和谐、可持续的发展道路。

城市水利工程包含供水工程、排水工程、城市防洪工程以及城市水污染治理工程等方面的内容。如果未做好这些工程的设计与管理，将会导致水污染、洪涝、水资源紧缺等问题越来越尖锐，并严重制约城市的可持续发展。因此，必须保证城市给排水工程、防洪工程的设计与管理水平，对城市河道进行综合整治，加快海绵城市的建设与创新，尽快实现城市水利现代化，从而促进促进城市水利高质量发展和城市人水和谐共生，使水利真正地服务于国计民生，与社会进步相匹配。